福建农林大学艺术学院、园林学院（合署）
中国林学会森林公园与森林旅游分会　｜　资助
国家林业草原森林公园工程技术研究中心

2019
中国森林公园
与森林旅游研究进展

——发展森林公园与森林旅游事业·助推生态旅游扶贫

兰思仁 董建文 ｜ 主编

中国林业出版社
·北京·

图书在版编目（CIP）数据

2019 中国森林公园与森林旅游研究进展：发展森林
公园与森林旅游事业·助推生态旅游扶贫 / 兰思仁，董
建文主编. —北京：中国林业出版社，2020.10
ISBN 978 – 7 – 5219 – 0863 – 3

Ⅰ. ①2… Ⅱ. ①兰… ②董… Ⅲ. ①森林公园 – 森林
旅游 – 旅游业发展 – 中国 – 文集 Ⅳ. ①S759.992-53
②F592 – 53

中国版本图书馆 CIP 数据核字（2020）第 202131 号

中国林业出版社·自然保护分社（国家公园分社）

策划编辑：刘家玲
责任编辑：许 玮

出版发行 中国林业出版社（100009 北京市西城区德内大街刘海胡同 7 号）
http://www.forestry.gov.cn/lycb.html 电 话：(010)83143576
印 刷 河北京平诚乾印刷有限公司
版 次 2020 年 10 月第 1 版
印 次 2020 年 10 月第 1 次印刷
开 本 889mm×1194mm 1/16
印 张 16
字 数 473 千字
定 价 60.00 元

EDITORIAL BOARD

PREFACE

"中国林学会森林公园与森林旅游分会 2019 年学术年会"致辞(代序)

(固原六盘山,2019 年 8 月 20 日)

尊敬的赵树丛理事长、尊敬的宁夏自治区政府副主席、固原市市长马汉成同志,尊敬的尹伟伦院士、王连志司长、罗永红主任、马玉芳主席、杨刚副书记,尊敬的各位领导、各位专家:

今天,中国林学会森林公园和森林旅游分会在固原召开学术年会。这次会议筹备得到了固原市委市政府、宁夏林草局等有关部门的大力支持,他们做了大量精心准备,倾注了无数智慧和心血。在此,我谨代表森林公园和森林旅游分会,向会议指导单位、共同主办单位和协办单位,致以最衷心的感谢!

特别让人振奋的是,中国林学会赵树丛理事长在百忙中专程出席会议。中国林学会有 40 多个分支机构,每年开展各类学术活动上百场。赵树丛理事长出席我们今天活动,既是对我们的肯定和鼓励,更是莫大的鞭策。等下,赵树丛理事长还要做重要讲话,我们一定要深刻学习领会,结合各自岗位实际抓好落实,以更加饱满的激情、更加扎实的举措,不断推进森林公园和森林旅游理论研究和实践创新往深里走、往实里走。

中国林学会森林公园和森林旅游分会的办会宗旨和首要任务,是保障森林公园和森林旅游的持续健康发展,满足人民群众日益增长的生态文化需求。这是我们共同的初心,是永恒的使命。去年,分会举行了第四次代表大会,选举产生第四届理事会,由福建农林大学继续作为分会理事长单位和秘书长单位。一年来,第四届理事会深刻认识自身承担的责任和使命,先后主办学术交流研讨 3 场,支持和协办 10 多场全国各地有较大影响力的森林旅游节、森林文化节等活动,共同牵头编撰中国林业百科全书森林公园与森林旅游卷,组织 100 多人次专家赴山东、贵州、山西等 20 多个森林公园开展技术服务和指导,在促进森林公园和森林旅游学术繁荣、同行交流和产业发展等方面发挥重要作用。

这次研讨会之所以主题定为"森林公园和森林旅游扶贫",主要着眼于 2020 年全面建成小康社会对森林旅游产业扶贫提出的新要求。全国多数贫困区位于大山区、大林区,森林旅游产业扶贫具有得天独厚的区位优势和产业优势。根据国家林草局最新的资料显示,全国依托森林旅游实现增收的建档立卡贫困人口约 35 万户、110 万人,年户均增收 3500 元;森林旅游吸纳社会投资总额达 1400 亿元。但总体而言,当前森林旅游在脱贫攻坚中的特殊作用还没有充分发挥出来，主要着眼于森林公园和森林旅游高质量发展的新要求，当前我国国家级森林公园总数达到898处，总面积达到1466.15万公顷，游客量突破16亿人次，占国内旅游人数的1/3，创造社会综合产值近1.5万亿元，但认真分析，其中不到5%的森林旅游地支撑了森林旅游的半壁江山，发展极度不平衡，必须深化森林旅游供给侧结构性改革；主要着眼于顺应社会主要矛盾变化对森林旅游产业发展的新要求，随着人民群众精神文化需求的不断增长，森林旅游的份量将越来越"吃重"，迎来新的历史发展机遇期。但必须承认存在森林公园与森林旅游产品开发层次较低，产品形式雷同单一，一味追求门票经济等问题，离高质量发展还有很大差距，有相当长的路要走。这些，都亟待进行更深层次的理论创新和实践探索。

脱贫攻坚是最大的政治任务，群众脱贫是最大的民生工程。习近平总书记和党中央旗帜鲜明地指出，脱贫攻坚由各级党政一把手负总责，全党全社会总动员。森林旅游扶贫是森林旅游事业发展的重中之重，这是重大政治任务，我们责无旁贷，决不能只见树木不见森林，决不能把丰富多彩的森林旅游工作简单化，要实事求是地抓好旅游扶贫。当前，全国各地森林旅游的发展水平、甚至发展阶段也不一样。如浙江、上海、北京、江苏等省(直辖市)的森林旅游已经在向旅游休闲度假转型，但更多地区仍处于森林旅游的初级阶段。发展阶段不同，对森林旅游的要求也不同。我们既要考虑到当前的扶贫"硬任务"，也要考虑到脱贫之后森林旅游的提升和长远发展问题。

这次研讨会之所以在固原召开，因为这里是脱贫攻坚第一线、硬骨头，曾经被联合国粮食开发署称为"不适合人类生存"的地方，是全面建成小康社会最有代表性、最具典型意义的地方。因为这里是全国首个旅游扶贫试验区，近年来，固原市对标宁夏自治区党委提出的"生态优先、富民为本、绿色发展"定位要求，坚持生态和经济并重、山绿和民富共赢的发展思路，深入实施"一棵树""一株苗""一棵草""一枝花"的"四个一"林草产业试验示范工程，取得显著成效，在生态建设和生态扶贫等方面取得了一批可复制可推广的成功经验，有许多好的经验做法值得我们学习。因为这里是我国东西部扶贫协作的样板，二十多前习近平总书记亲自主导、亲自抓起的闽宁扶贫协作，在经济、社会、文化等各领域都取得了历史性、根本性的成就。福建农林大学长期参与闽宁对口协作，尤其是去年5月以来，积极协助固原优化"四个一"林草工程顶层设计，提出"一屏一带一线三区五城"布局规划和生态旅游、养蜂、中药材、食用菌"四大融合发展产业"，提供技术指导、协助招商引资，市校合作结出了丰硕成果。

固原高度重视、全力支持这次会议在固原召开，前期做了充分准备，又特意把上午会议作为理论学习中心组扩大学习，要求在家的四套班子领导全部参加，是森林公园和森林旅游分会历次规格最高、规模最大的。我们一定要把会议开好、开出实效，决不辜负固原市委市政府和固原人民对我们的殷切期望，决不辜负大家对我们的关心和支持。

这次研讨会除了上午主旨报告外，还安排了近20场分组报告，报告内容涉及森林公园与森林旅游转型发展、森林公园体制机制创新、森林公园与国家公园建设、国家公园体系下的游憩与旅游、森林旅游与乡村振兴、森林旅游精准扶贫战略等多方面。在大会和分会场做报告的专家教授大多是各自领域的重量级人物,这些专家教授们的真知灼见,必能对森林公园与森林旅游发展新理念传递,促进森林公园和森林旅游扶贫功能发挥产生积极作用。

同志们!习近平总书记经常教导我们"既要绿水青山,也要金山银山。宁要绿水青山,不要金山银山,而且绿水青山就是金山银山"。建设森林公园,发展森林旅游就是对"绿水青山就是金山银山"的创新实践,具有无比广阔的发展空间,是神圣的事业、光彩的事业、永恒的事业!

让我们以本次大会为契机,互相学习、互相借鉴、启迪智慧、碰撞火花,努力取得更多更好的创新成果,努力为推动森林公园与森林旅游业发展做出新的更大贡献!

谢谢大家!

中国林学会森林公园与森林旅游分会理事长
福建农林大学校长

CONTENTS

目　录

佛教文化在森林公园植物景观规划设计中的应用

史建忠[1]① 张凝露[2]② 闫相宜[2] 周天宇[1]

（1 国家林业和草原局调查规划设计院，北京　100714；2 北京农学院园林学院，北京　102206）

摘　要：研究了佛教文化的具体内容，包括佛教"中国化"、佛教文化表现类型，探讨了佛教文化与森林公园植物景观规划两者之间的关系；尝试归纳出佛教文化在森林公园植物景观规划设计中的应用模式，包括佛教文化在森林公园植物景观规划设计的应用原则、应用方法和在具体公园分区植物规划中的应用以及应用意义。

关键词：森林公园；佛教文化；植物景观规划

引　言

随着人们日益渴望接受精神层面的享受，越来越多的人选择走入森林，森林旅游作为一种新型的旅游方式变成人们游玩的选择，森林公园作为森林旅游的载体受到人们关注。森林植物是森林公园的主体，在森林公园的植物景观规划设计中，森林植物景观担负着自然资源与人文历史融合的任务。"自古名山僧占多"，我国拥有佛教文化背景的森林公园众多，佛教文化作为中华优秀传统文化的重要组成部分，应该成为森林公园植物景观规划设计中的灵魂要素。大力挖掘佛教文化丰富多彩的物质产物和精神文化象征，采取适当的规划设计手法将其再现于森林公园植物景观规划设计中，不仅能突出森林公园的文化底蕴，满足游人的精神需求，更是其迈向多元化、差异化的有效途径。因此，如何在森林公园植物景观规划设计中继承和发扬佛教文化就显得十分重要。

1　佛教文化与森林公园植物景观规划

1.1　佛教文化的"中国化"

佛教文化的中国化进程是一次两国文明的沟通互鉴过程。2014 年 3 月 27 日，习近平在法国巴黎联合国教科文组织总部演讲时提出："文明因交流而多彩，文明因互鉴而丰富"的观点。他认为佛教的传播不单是一次宗教的输出，而是作为不同文明进行的交流交融、互学互鉴，在人类历史上具有典范作用。

---

① 通讯作者　史建忠，男，教授级高级工程师，主要研究领域为森林公园、风景园林景观规划设计。电话：13911766256。邮箱：13911766256@126.com。

② 作者简介　张凝露，女，硕士研究生，北京农学院园林学院风景园林专业，主要研究领域为风景园林景观设计、国家森林公园规划设计等。

佛教从古代印度诞生，于东汉初年传入中国，历尽两千多年与中国本土文化的长期交融和演化，中国人根据中华文化发展了佛教思想，建立了中国佛教文化的独有结构，衍生出了富有中国特色的佛教宗派体系。中国佛教文化已经变成中国传统文化中不可或缺的内容，早已渗透、影响到中国各个学科、各个领域。

在中国传播的佛教文化是以印度后期的大乘佛教为主导的，在佛教的后续发展中，形成了中国佛教自己的流派，即大乘八宗。现在，中国佛教文化不但是民族传统文化中不能丢弃的重要组成部分，而且在中国文明的大地上成长为独一无二的集中华文化成就于一体的宗教文化形式。

1.2 佛教文化的表现类型

佛教文化在中国发展传播的两千多年间，不断吸收和融合着其他中国文化特征，还影响着其他学科领域，渗透在社会各个方面。佛教文化发展至今，不光包括信仰、经典、思想境界等宗教方面的形式，还表现在植物、书画、园林、故事传说等"大众化"的形式，同时由于佛教文化应用于不同领域会有不同的表现形式，因此本文将重点研究以下3个佛教文化的表现类型。

1.2.1 佛教代表植物

（1）印度本土的佛教植物

在佛教诸多典籍之中，许多戒律寓言都赋予了世间的草木花卉以灵性，使其散发着浓厚的文化气息和佛教神韵。根据佛教的教规，传统印度本土的佛教代表植物统称为"五树六花"，"五树"是指菩提树、高榕、贝叶棕、糖棕和槟郎（表1）；"六花"指的是文殊兰、荷花、黄姜花、缅桂花、鸡蛋花和地涌金莲。

表1 印度佛教代表植物——"五树六花"

分类	名称	科	意义	拉丁名	异名
五树	菩提树	桑科	觉悟、智慧	*Ficus religiosa*	
	高榕	桑科	附有神灵	*Ficus altissima*	高山榕
	贝叶棕	棕榈科	作为"纸"，制作贝叶经	*Corypha umbraculifera*	
	糖棕	棕榈科	饮用	*Borassus flabellifer*	
	槟郎	棕榈科	药树	*Areca catechu*	
六花	文殊兰	石蒜科	智慧	*Crinum asiaticum*	十八学士
	黄姜花	姜科	—	*Hedychium flavum*	
	荷花	睡莲科	"净土"描述中有记载，真善美	*Lotus flower*	
	缅桂花	木兰科	—	*Michelia alba*	白兰
	鸡蛋花	夹竹桃科	寺庙树	*Plumeria rubra*	缅栀子
	地涌金莲	芭蕉科	善良的化身	*Musella lasiocarpa*	

（2）中国化的佛教植物

汉化的佛教植物为"松、柏、银杏、无患子、椴树、柳、樟树、桂花、丁香花、茶、菊花"等（表2），其中的佛家意蕴源于印度佛教本身，只不过结合了中国传统道教和儒学的思想。

表 2　中国佛教代表植物

类别	名称	拉丁名	科	功能	含义
常见绿树	松树	*Pinus* spp.	松科	食用、寺庭绿化	坚韧
	圆柏	*Sabina chinensis*	柏科		坚韧
	银杏	*Ginkgo biloba*	银杏科	绿化寺庙、雕刻佛手	"佛指甲"，生长慢、寿命长
	无患子	*Sapindus mukorossi*	无患子科	洗手果	驱邪保平安
	椴树	*Tilia tuan*	椴树科	可作菩提子	代替菩提树，与菩提树形态相似
	七叶树	*Aesculus chinensis*	七叶树科		
	柳	*Salix* spp.	杨柳科	临水种植	柳枝辟邪，代表离别、怀古
	樟树	*Cinnamomum bodinieri*	樟树科	雕刻佛像、作香料	佛教的香文化
常见花树	桂花	*Osmanthus fragrans*	木樨科	寺庙栽植	因佛教与道教的交流，而使桂花也成为中国佛教的常用植物
	丁香花	*Syringa oblata*	木樨科	绿化	暴马丁香又名"西海菩提树"
	玉兰花	*Magnolia denudata*	木兰科	庭院	外形像莲花，神圣
	菊花	*Dendranthema morifolium*	菊科	绿化、食用	高洁
禾本	竹	*Arrow Banbbo*	禾本科竹亚科		君子比德

另外，佛教在饮食方面忌荤腥，其中的"荤"便是指蒜、葱、薤、韭菜、芫荽等有刺激性气味的植物，在佛教文化中五荤使人嗔，因此避免种植忌讳植物。

1.2.2　佛教精神思想

（1）基本精神

中国佛教精神作为印度佛教与中国传统文化的融汇，不但延续了印度佛教的文化宽容和出世精神，而且融合了中国传统的人文精神、入世精神，完成了佛教精神的"中国化"。中国佛教虽然观点各异、宗派众多，但其思想精神从根本上来说追求的都是帮助人觉悟解脱，重视对人及人生的关注。

（2）中国佛教文化与自然生态思想

佛教拥有特别的生态观。根据佛教的基本精神我们知道，佛教的理念总是把自然界生命和整个生态环境关联在一起，佛教的观点是宇宙万物相互联系，主张"众生平等"，这些观念都是以自然生态为基础的，佛教的生态思想对于现阶段的生态文明建设和森林公园建设有着重要的应用参考价值。

1.2.3　佛教文化对寺庙园林的影响

佛教自印度传入我国后融合了我国的传统文化，形成了具有中国特色的佛教，并且进一步影响了我国寺庙园林的规划、布局，形成了佛教寺庙特有的园林形式。寺庙园林在造景布局上必然要与佛寺的庄严形象相契合，寺内林木苍翠葱郁，放生池碧波荡漾。在选址上，佛教讲究空静，僧人为了更好地参禅修行，大都喜欢在山清水秀之地修建寺庙。他们崇尚天人合一，认为人们只有从自然中吸取了"悟"的养料，才能获得心灵的最终解放，因此大江南北的山水名胜之地几乎都被佛堂寺庙所占据，即使位于市井也必须营造静谧的氛围。所以建造者往往会在有限的寺庙园林中，借山林景观衬托寺庙的严肃幽深，通过借景、障景等一系列手法，营造以自然景观和人文精神感受为主、更注重"天人合一"境界的寺庙园林景观。

1.3　佛教文化与森林公园植物景观的关系

对于拥有深厚的佛教历史积淀的森林公园，其本身的佛教文化与森林公园的关系相互依存、密不可分，森林植被是森林公园中的主体景观，因此森林公园中的植物景观是体现森林佛教文化的主体。

1.3.1　佛教文化是森林公园植物景观的设计灵感

在进行植物景观规划设计之前，应该对森林公园所在区域进行充分的调查和研究，了解自然资源和佛教文化特征，了解其历史文脉，然后通过合理的森林公园植物规划原理展示其佛教文化。

1.3.2 森林公园植物景观是佛教文化的表现载体

森林是人类生存、繁衍和发展的源头，同时也是人类文明的摇篮。森林公园植物景观规划的设计理念和手法蕴含着佛教的众生平等、慈悲为怀的生态智慧；森林公园植物的种类选择承载着佛教植物文化；森林公园中寺庙周围的植物景观，承载着佛教文化深林参禅的精神思想。因此可以说森林公园植物的自然生态环境、植物景观氛围、植物选择等都是佛教文化的载体。

2 佛教文化在森林公园植物景观设计中的应用

2.1 应用原则

2.1.1 表现佛教生态关怀

随着城市化进程的加快，近年来在我国森林公园建设发展的过程中，森林公园规划过于追求经济性与功能性，人工建设的痕迹盲目毁坏了自然资源。佛教不是生态学，但其蕴含着丰富的生态思想，在森林公园植物规划和设计中应注重生态性，结合佛教的生态观念来保护和规划设计植物景观。要注意适地适树，合理应用乡土植物、现有地形地貌及水源等生态资源。

2.1.2 凸显佛教元素

在森林公园植物景观规划中应当注重佛教文化的展示，对于当地佛教历史、佛教传说、佛教派系等进行充分的了解与挖掘，根据森林公园规划的要求加以改进并应用到森林公园的植物规划中去。既保持森林公园与所在城市传统文化的连续性，同时突出森林公园的佛教主题特色，又塑造并宣传城市的中国传统文化。

2.1.3 融合当地环境

在植物的空间组织、树种选择方面注意与森林公园所在城市生态环境融合；注意与城市文化环境的呼应，使游客在森林公园中不仅感受到森林的佛教意蕴，还能够体会到整个城市的佛教文化历史。

2.2 应用方法

2.2.1 佛教基本精神的应用

佛教文化精神意在追求解脱，修佛需要空寂、清净的自然环境，讲究灵感的顿悟。森林公园中的山水花木则使用自然的景观体现"永恒"的载体，植物景观不仅可以营造远离尘世、安静、自然的生态环境，还能够给人创造精神的依托和内心的安慰，一如"林下瞑禅看松雪"，世间自然的花木风光全都暗藏佛教玄机。佛教精神讲求的"一花一世界"的意境促成了森林公园植物景观规划设计时追求"芥子纳须弥"形式的美。因此应用佛教基本精神营造森林公园植物景观意境，要从佛教文化的精神思想和修行方式入手，结合佛教"六根"说，就是人的五种感官（眼、耳、鼻、舌、身）加之"意根"（思维），根据森林公园本身的生态环境，把森林公园的佛教文化主题传递给广大香客和游人。

（1）佛教追求的是"解脱"，追求寂静、空的环境。在选择植物风景林种类时，需要选择那些生长到数千年不死，常绿到永远的青春高大乔木，如松、柏、女贞等。同时，孤木不成林，即使选择这样的树种，也要选择列植或者片植成林，"千千石楠树，万万女贞林"，就像寺庙周围的风景树林称为"丛林"一样，植物景观的佛教静谧意境形成也需要如此。

（2）佛教追求的是"解脱"，不单是追求环境上的安静，更是追求心灵上的"净"，因而我国许多寺庙名为"净苑"。所以以森林公园寺庙景观区的引导林为例，在引导林中设置"洗心泉"，其中植物选择既要考虑其形象美，又要考虑植物引起的一种精神美。因此常选择种植有寓意的植物如莲花，并选择菩提、松、柏等作为引导林，这样可使人静心养性，给人以更多启示。

2.2.2 再现佛教诗歌、历史传说

在对森林公园植物景观进行规划设计时，对佛教故事中的场景进行提炼，对诗词中描写的氛围进行总结，再与森林公园环境本身、森林资源加以结合与合理利用，可以生动地将佛学故事、诗词、画卷中的场景展现在游人眼前，使游人、香客身临其境，感受森林公园的佛教文化氛围。

根据佛教传说，佛陀一生中的几个关键时刻都与植物有着密不可分的联系：于无忧树下诞生，在菩提树下顿悟，最终涅槃在两棵娑罗树间。例如，结合佛陀在菩提树下悟道成正觉的传说，选取在森林公园中种植菩提树，结合佛陀涅槃的故事选择娑罗树作为庭荫树，可以瞬间带入佛教文化的历史氛围中。或结合印度佛教携带摘抄在贝叶上的经、纶、律三藏经来中国传教的传说故事，在我国南方森林公园佛寺相关景区内种植贝叶棕榈树。例如，现在我国西双版纳景洪市的大缅寺周围都栽植了这种贝叶棕榈树，成为傣族佛教文化的象征。在森林公园中亦可结合本身的自然条件模拟与佛教思想、佛教环境相关的诗词、书画中的植物景观相似的场景，让游客加深对佛教意境的体会。例如，弥陀经说："极乐国土，七重栏楯，七重罗网，七重行树"，这七重行树就是指现在植物设计中的行道树或者列植手法的树木种植，种植多层树木也可以看作是在佛教庄严净土氛围营造中不可或缺的方式。现在许多寺院，都是深藏在竹林中，四面修竹繁森，例如，浙江天台山方广寺正是处在一片林海之中，竹林中夹杂着乌桕、枫香等秋色树种，这正是"紫竹林下修正果"的现实反映。又如，浙江普陀山济慧寺周围，遍植香樟，其中在下路种植桃花形成桃花路，在修竹庵旁的小径边修万竹林，一如"曲径通幽处，禅房花木深"的现实写照。

2.2.3 选择佛教植物

佛教作为常给人带来神秘感和神圣崇拜的一种信仰，要突显森林公园中佛教的意蕴和神圣庄重的环境氛围，佛教植物是森林公园植物景观设计不可或缺的组成元素。佛教植物就是"物化"佛教文化的一种形式，可以作为佛教的精神图腾、佛教法会活动等的媒介，起到传承佛教文化、强化森林公园佛教主题和烘托森林公园佛教气氛的作用。需要强调的一点是，要尽量选择乡土植物，在体现佛教文化的同时还能和森林公园本身的自然环境融合在一起。例如，五台山国家森林公园在对森林公园原有森林景观和生态保育区内的森林进行维护和保留的同时，通过适当地补植风景林木，既保持了生态性又增加了景观多样性和文化主题。在大白塔下修建皇城花木园，园中选择种植五台山的独特植物品种迎红杜鹃，同时搭配龙爪柏、紫丁香等佛教文化代表植物，五台山文殊道场的佛教文化得到传承。峨眉山的楠木类植物得到了广泛种植，尤其是在佛教主题景区。楠木作为我国南方常见佛教植物，最常使用的是桢楠和紫楠两种，在峨眉山的伏虎寺一带遍植楠木，几乎将诸多寺庙隐没于郁郁森森的一大片桢楠林中，构成"深山藏古寺"的佛教文化氛围。苏州天平山放生池中的荷花、北京法源寺园中的丁香花等，无一不是在用这些植物向世人诉说着佛教的文化韵味。还有可以选择代表佛教修行品质的植物——寿命达到千百年的长寿树种，或历经自然灾害也能顽强生存的树种种植在森林公园的佛寺景区内。如云南彝族地区的松树崇拜，就是出于它们对松树神灵祈福的一种诚信与寄托，于每年三月初三向松树举行大祭。同时为了修行离开家门亲人，走向丛林，这是一种解脱的需要，或许是一种信念的依存，或许也是有痛苦、伤情的。到了丛林，苦心先苦身，为了信奉与生活的需要，必须建立菜园、茶园、果园以及生产性的竹林或薪炭林等，这些特殊的植物环境既是僧侣劳动的场地，也是体现佛教修行的心灵殿堂。

2.2.4 结合佛教建筑、小品

通过植物景观设计展现森林公园的佛教文化主题，凭借单独的植物是无法完成的，还需要植物景观和其他景观资源相配合，比如，在有佛教历史的森林公园中常常会有大到寺庙、亭，小到影壁、石

碑、石塔、佛像等构筑物，也有置石、石灯笼等佛教景观小品。构筑物和植物景观在形成佛教文化主题上是相辅相成的。以森林公园中的佛教寺庙为例，在植物种类的选择和配置上，必须与寺庙建筑本身及环境相协调。例如，规则种植常绿灌木搭配在石灯笼旁，由于石灯笼造型简洁，多为浅色花岗岩制成，且体量较小，因此灌木既可以作为背景衬托素净的石灯笼，又契合石灯笼营造佛前供灯的庄严感。杭州灵隐寺影壁前的大香樟，香樟的树干微微倾斜，构成影壁的框景，而常绿茂盛的枝叶又形成一片浓荫的覆盖层，加强明暗对比，更能清晰地看到荧幕上"咫尺西天"的书法题字，使佛寺的主题更加突出。

主要包括：应用佛教文化在植物景观总体规划中和各景观分区中。

2.3 应用内容

2.3.1 在总体植物规划中的应用

应用佛教文化精神和生态观念为规划理念的指导，主要是结合森林公园现状植被的资源状况，配合森林公园总体规划的主题，明确佛教文化栽植主题。主要植物景观营造以运用大地景观艺术的表现手法，展示森林公园广域的四季生命壮美。规划形成如竹林景观区、松柏植物林、茶园植物景观区等佛教文化主题的栽植区域。

植物选择主要为运用春花秋色乡土乔木，如主要补植彩叶阔叶树种，如刺槐、枫杨、黄檀、栎类、栾树等，营造彩叶林；也可在林下补植彩叶灌木，如黄栌、金边黄杨、紫叶小檗等，形成拥有四季景观的针阔混交林景观。

2.3.2 在各景区分区中的应用

规划时不光需要体现出植物景观的整体形式，还要结合佛教的生态思想和具体应用方式，着眼于公园总体的资源特点和佛教文化主题与内涵，充足地展示各森林公园景观元素间的配合，力求达到森林植物景观在各个分区的佛教主题体现，具体包括应用佛教文化在植物群落的组成、搭配以及分区内的主干植物的选择等。

森林公园的分区除了通过园路进行明显的划分外，还可直观地通过植物进行"软划分"。在公园中运用不同类型的植物进行空间划分，在增加景观的趣味性和完整性的同时，还可凸显空间顺序和大小联系。在这里，按照森林公园中管理服务区、一般游憩区、核心景观区和生态保育区的普遍景区功能分区划分方法，介绍佛教文化在每个分区中植物规划设计里的应用。

2.3.2.1 管理服务区植物景观规划设计

森林公园的入口通常被划分在管理服务区内，作为森林公园的门面，它彰显了公园的主题与气质，因此想体现森林公园的佛教文化应该注重入口区域的设计。

森林公园的入口通常由入口大门、管理服务建筑、集散广场和停车场等要素构成。公园门前广场作为森林公园的开始空间和游憩引导空间，需考虑森林公园的佛教文化主题，规划适宜当地文化特色同时满足感官欣赏水平及主题性的植物景观。因此为突出佛教文化，广场可增加拥有佛教意义的花草配置花池、花境等植物组合和塑石、喷泉、景观池等景观小品；或运用当地有佛教代表性的大乔木，采用孤植庭荫树、对植和列植等规则的手法营造植物景观，制造庄严的佛教主题效果。同时也可利用植物矩阵，选择森林公园内佛教景区的主题树种制造林下空间，既为游人创造了幽静的休闲空间也呼应了公园主题。在广场边缘选择地被花草、灌木等植被，用植物作为"软边界"营造边界空间。如若森林公园大门附近设有停车场，一般可选择冠大荫浓的乔木种植在车位外围，搭配整齐花灌木，既可遮蔽烈日又可划分停车场内外环境空间。

2.3.2.2 一般游憩区植物景观规划设计

森林公园中一般游憩区是承载游人活动最多的功能区，主要包括休闲娱乐、科普文化、健身运动等，作为佛教文化主题森林公园，一般游览区则主要是为游人提供感受森林生态文化和欣赏佛教古迹景观的游览区域。

以佛教寺庙类景区为例。佛教文化历史丰富的森林公园，寺庙所在范围一定是最核心的景观点，同时也是植物景观设计中的重点。寺庙景观节点的植物景观设计主要分为寺庭、寺径、寺门三部分。

在寺庙建筑中，大多数都是一进一进的院落式，最少也有一个前庭一个后院，在此的前庭和后院统称为寺庭。前庭通常设有水池即放生池，作为寺庙入门后的第一个空间，常常是以放生池为中心，水池通常多呈横向长方形，池中种植荷花。寺庭中乔木选取代表菩提树的树木如菩提树、椴树、七叶树、榕树或松、柏等作为庭荫树对称地栽植于寺院，增加肃穆宁静的气氛。花树类为紫薇、桂花、山茶、玉兰、绣球等色彩淡雅又有味香的树种。代表君子之气的竹类则栽植于侧庭或后院。寺径由山门而入，通常为一条笔直的路直接对接大殿，因此寺径两旁树木选择高耸的森林公园基础树种，整齐地列植于寺径两侧，意在增加对朝拜的庄严气氛。寺门（山门）两旁一般选取古树对植。寺庙一般在寺门口都有影壁设立，在影壁周围的植物以衬托影壁为主，最好选择小花、小草掩盖壁面与地面的过渡处即可，以烘托佛寺庄严气氛为主。

2.3.2.3　核心景观区植物景观规划设计

该区森林资源、核心景观集中，通常出于对生态保护的需要，该区域不设置车行道。对于具有佛教文化背景的森林公园，该区域常划分在佛教游览区或生态观赏类的区域内，如重点植物专类园景区、湿地植物景区等，承载文化内涵和生态内涵。

（1）湿地植物景区

由于每个森林公园的环境不同，具体的湿地功能不同，因此在这里归纳了在蕴含佛教文化的森林公园中的湿地植物景观设计原则。

a. 生态思想原则

要充分分析湿地所处的自然环境，结合森林公园的生态环境，应用佛教生态自然观于规划设计中。选择适宜在当地生存的湿地植被，在规划植物种类时考虑到候鸟、水中动物、人类等的生活环境不受影响，体现众生皆平等的思想于规划当中。同时也要在配置时结合湿地植物的生态习性、形态特征，在此基础上用专业的植物配置手法、构图技巧等景观设计原理合理地进行种植设施，以充分展示湿地植物景观的观赏特点及风貌。

b. 艺术美学原则

要遵循韵律与节奏、转变与同一、协调与对比、对称与平衡等设计规律。通过色彩、线条等构图特点，灵活运用倒影、透景与借景等手法，营造出如诗如画般的湿地植物景观、湿地植物环境。

c. 佛教文化性原则

根据森林公园的佛教文化的主题定位，选择适合当地生长的、有佛教代表性的植物进行植物种植。在具体配置时，应注重佛教意境的营造，展示湿地植物景观的佛教意味。

（2）植物专类园景区

在专类植物的选择上应该与森林公园本身所蕴含的佛教渊源相关，强调专类园的文化特色，如竹园专类园、茶园、丁香园等。在对植物专类园进行规划设计时，应将公园的地质地貌特征、历史人文景观和乡土植物相结合，发掘并突出森林公园整体的佛教文化特色，形成有佛教文化主题的、形式区别于其他专类园的植物景观，形成一园一境。其次，对于核心景观区内的专类园景区，在植物规划时应以保护自然生态为主，尊重原有区域的植物种类，按照规划主题和需求科学合理地补植需要的植物。要科学地运用植物物种的生物学特性、生态习性，了解植物的审美特征、文化含义以及植物的附加价值，合理地采用植物景观设计的艺术手段强调植物专类园中的植物主题性，充分地发挥植物专类园观赏、生态、文化历史展示等作用。

2.3.2.4　生态保育区植物景观规划设计

该区域在森林公园的功能上以生态修复为主，坚持"众生平等"的理念，原则上不进行人工干扰，对于有问题的植被可以进行合理的砍伐和补植。此区域的自然生态植被通常生长良好，拥有高生态敏感度，该区的植物景观价值在于，它本身拥有的稳定的森林生态系统、清晰的植被分布层次和壮观的植被林相景观。

2.3.3　在水域植物景观规划设计中的应用

水环境、水景观与佛教有很深的渊源。在佛教的"净土"描绘中，认为极乐世界应该是心无杂念、生态环境幽美、生态和谐的。其中突出强调了在极乐世界中应该有良好的水环境，因此表现佛教氛围、水景观节点植物设计是重要部分。

森林公园中常有各式各样的水体，这些水体都不是孤立地存在，而是借助植物、构筑物形成相应的空间环境。植物与水景的配合在这里分成水面植物与水边植物。

（1）水面植物

水面植物在植被设计上指水面上桥、堤、岛等上面的植被景观和水生植物，它们是划分水面空间的主要题材，也是表现佛教文化的重要手段。在选择水中植物时，应该以荷花为主，栽植在临亲水岸的水域。因佛教净土中描绘的极乐世界水中莲花遍植，莲花出淤泥而不染的高洁性格与佛教所主张的解脱过程不谋而合，就像完成从此岸经过渡达到彼岸、从纷杂苦楚的尘世抵至无忧的净界的过程。在设计水中构筑物上的植物时，应因地制宜地选择有佛教意味的花木和本土花灌木、地被植物。

（2）水边植物

种植在水岸的植物主要有乔木孤立式种植、乔灌屏障式种植与花草的搭配种植。在森林公园水岸环境中，应选择大乔木如柳树进行栽植。因为柳树是我国佛教的代表性植物之一，人们认为它能消弭苦痛、驱邪避凶，柳树在佛教文化里最广为人知的形态便是观世音菩萨手中拿着的用来驱除人间痛苦的杨柳枝。同时还应注重色彩构成，色彩纷杂会显得过于凌乱和嘈杂，不符合佛教清净修行的主旨，因此应选择开花素雅的花树进行丛植或对植，营造岸边安静、幽深的意境。

2.4　应用意义

2.4.1　保护和传承佛教文化

佛教文化在中国漫长的发展过程中，在每一个地区都形成了自己的宗教习俗、佛教艺术、宗教信仰，代表着一个地区的传统文化积淀，也属于该地区乡土文化的一部分。对于拥有佛教历史的森林公园，在其蕴含的佛教文化的基础上进行改进与提炼并融入时代特征，以植物景观的形式应用于森林公园规划设计中，是对乡土特色、佛教文化的保护，更是对中国传统文化的传承，同时也是对森林公园所在城市的历史积淀及特色文化的有效传承和推广。

2.4.2　满足人们的精神需求

人们在游览森林公园时，除了满足基本的休闲功能外，开始渴望森林公园能够带来精神内涵与艺术审美并重的游憩环境。将佛教文化表现在森林公园的植物景观规划中，即使不是佛教信众也可以从植物景观中寻得一份佛教的关怀。

2.4.3　提高森林公园的文化价值

对于自身拥有佛教底蕴的森林公园，在植物规划中表现佛教文化，可以提高植物景观的外在、内在双重美感。同样佛教文化也属于该地区乡土文化的一部分，对佛教文化进行运用同样也是对地域文化的展示，提高森林公园植物景观的文化价值，增加森林公园的辨识度。

3 结论与反思

本文以森林公园植物景观为研究对象，以宗教文化为切入点，探讨了如何将宗教文化应用到森林公园植物景观规划设计中的相关内容。文章的侧重点是在丰富森林公园植物景观文化历史内涵的同时，实现对宗教文化的传承与发扬。从两个层次阐述了宗教文化在森林公园植物景观规划设计中的具体应用方法，第一个层次是较为直观的物化，即应用宗教文化代表植物，结合宗教建筑、小品设施等物质形态的宗教文化元素；第二个层次是宗教文化内涵在规划设计思想中的转化，即应用宗教文化所蕴含的精神思想观念在景观设计中的立意和意境营造方面的体现与应用。总结出宗教文化应用于森林公园植物景观规划设计的具体内容，主要有应用宗教文化在森林公园各个景观分区的植物规划和景观节点的植物景观设计等。

在我国森林公园中存在植物景观同质化的问题。因为每个森林公园都拥有自己独特的自然条件、文化历史背景、地域景观特色等，森林植被作为森林公园的主体，不同的植物选择、不同的植物景观意境等都能为森林公园营造不同的气氛。将森林公园本身的文化内涵融入整片森林中去，使游客不单单是通过文化硬质景观、建筑、文字介绍等人为刻意地接受公园文化，而是能做到经由植物的规划设计，于无声处提升游人的文化认同感，同时突出森林公园的主题性。

参考文献

龚杰. 当代佛教寺庙园林景观营建对策研究——以东林寺净土苑为例[J]. 中外建筑，2015(06)：156 – 157.

管欣. 中国佛教寺庙空间的意境塑造[J]. 安徽农业大学学报(社会科学版)，2006(02)：116 – 119.

教亚丽，张义君. 植物与佛教(上)[J]. 植物杂志，2000(02)：25 – 26.

李楠. 佛教文化主题园营造初探[D]. 北京：北京林业大学，2010.

太虚著. 佛学常识[M]. 北京：中华书局，2010：12 – 20.

魏道儒. 从文明交流互鉴角度认识和理解佛教——学习《习近平在联合国教科文组织总部的演讲》[J]. 世界宗教文化，2014(03)：1 – 4.

谢小菲，龙岳林. 中国佛教文化在庭院景观设计中的传承与应用[J]. 湖南农业大学学报(自然科学版)，2012，38(S1)：90 – 93.

袁洁. 佛教植物文化研究[D]. 杭州：浙江农林大学，2013.

张为为. 佛教文化在法门寺景观规划设计中的应用研究[D]. 咸阳：西北农林科技大学，2013.

森林公园道教文化景观规划应用研究

史建忠① 闫相宜② 胡佳奇² 周天宇¹

（1. 国家和林业草原局调查规划设计院，北京 100714；2. 北京农学院园林学院，北京 102206）

摘 要：研究了道教文化的具体内容，包含了起源和发展进程、基本教义和五大宗派、与中国传统文化的关系、森林公园建设中自然观念的体现和当代价值，梳理了森林公园景观规划的基本理论，分析了两者之间的关系；试图总结道教文化在森林公园景观规划中的应用模式，涵盖了道教文化在森林公园景观规划设计中的应用原则、应用方法、具体运用内容以及应用意义。其中具体运用内容包括在主题定位中的应用、在总体规划中的应用、在各景区分区中的应用、在道路景观中的应用。对于今后我国森林公园保护和传承道教文化，提升森林公园旅游竞争力方面具有借鉴作用。

关键词：森林公园；道教文化；景观规划

1 概　述

近些年来，森林旅游业越来越受到人们的认可和接受，成为人们一种新的"走出去"的方式。森林公园内蕴含着丰富的自然和人文资源，是其内在物质文明的体现。道教文化是森林公园景观规划设计中重要的文化交流纽带，中国拥有众多以道教文化为背景的森林公园。深入挖掘道教文化的物质文明与精神文化象征，通过合理的设计手段呈现在森林公园景观规划中，不仅能在众多景观同质化森林公园中脱颖而出，还能满足游人"得道成仙"的精神需求，更是在中国文化传承方面开辟了一条新思路。因此，研究如何在森林公园景观规划中应用和传承道教文化变得尤为重要。

2 道教文化与森林公园景观规划

2.1 道教文化相关概念

"道家"这个词首先出现在西汉司马迁的《论六家要旨》中。它指的是先秦时期以老庄思想作为突出代表的学术派别，或秦汉时期流行的黄老学说。在思想理论方面，他们都以"道"作为最高范畴。他们主张尊重道德，体现自然，以清净无为的方式治理国家。

"道教"是在汉代黄老道理论的基础上形成的宗教实体，吸收了古代巫术和神仙理论。它不仅有其独特的经典教义和组织各种民间活动，还分出了很多派别，世世代代进行传承，并且制定出了规范的

---

① 通讯作者　史建忠，男，教授级高级工程师，主要研究领域为森林公园、风景园林景观规划设计。电话：13911766256。邮箱：13911766256@126. com。

② 作者简介　闫相宜，女，硕士研究生，北京农学院园林学院风景园林专业，主要研究领域为风景园林景观设计、国家森林公园规划设计等。

戒律，有特定场所进行传教学习。

虽然道教不能完全等同于道家，但它们之间却有着千丝万缕的联系并相互作用着。道家哲学思想，神灵倡导的各种养生方法，古代巫术和对鬼神的崇拜，是道教形成其宗教学说，制定出修炼的方式方法，以及有特定呈现形式的三个主要来源。此外，儒家的神道伦理思想和推崇的忠诚与孝道，佛教轮回因果观念，墨家的刻苦精神，以及阴阳学术等，这些都被道教融合汇通后形成了自己的核心理论，对中国人的精神生活和风俗习惯有着很大的影响。

2.2 森林公园景观规划相关概念

2.2.1 森林公园

1999 年，"森林公园"有了严格的定义："具有一定规模和质量的森林风景资源和环境条件，可以开展森林旅游，并按法定程序申报批准的森林地域"。1982 年张家界国家森林公园建设完成，自 20 世纪 80 年代至 90 年代末，森林公园的概念被众多学者修订补充，1993 年原林业部定义森林公园为：森林景观优美，自然景观和人文景观集中，具有一定规模，可供人们游览、休息，可进行科学、文化、教育活动的场所。1996 年原林业部在原有定义的基础上增加：还应利用森林公园的多种功能，以开展森林旅游为宗旨。从本质来讲，今天森林公园的构成要素是：森林景观，自然人文景观，可以进行科普旅游的一定地域。

2.2.2 森林公园景观规划的意义

中国共产党第十九次全国代表大会将"人与自然和谐相处"作为新时期坚持和发展中国特色社会主义基本战略的重要组成部分。森林公园具备生态、科普宣教、调节气候等功能，森林借助人力最大程度地提升其景观价值为人们带来美的享受，同时可持续发展的自然资源反过来助力人类子孙后代持续受益。森林公园是森林生态系统的缩影，也是森林旅游事业的主要载体。在森林旅游产业振兴过程中，注重开展森林保健、森林医疗、森林康养等新领域的开发与研究，将森林公园的游憩产业与服务业等第三产业形成新的"区块链"，在保护自然资源的基础上增加利润，从某种意义上来讲，可以真正做到依靠青山繁荣地区经济。

2.3 道教文化与森林公园景观规划设计的关系研究

2.3.1 森林公园规划建设中的道教生态自然观

在森林公园的规划建设中体现了很多生态自然观念，比如，崇尚自然的生态观；天人合一，就近取材的环保观；以人为本，生态养生的园林观；物欲贵俭，物尽其用的资源观；自然情趣，陶冶情操的山水观；自然无为，可持续发展的实践观等。在对森林公园进行选址时，为了创造最顺应自然，最适宜游人的森林游憩空间，应将中国传统风水理论与宗教文化相结合，创造"天人合一"和谐环境，在提升风景质量的同时还有利于人的身心健康。在森林公园内用人工手段创造景观建筑时应顺应道教中"因地制宜"的规则，尽量使用生态材料，追寻道教"返璞归真"的生态思想。在植物选择上，有必要强调植物的美学特性，将道教思想融入其中，选择具有道教文化特征的植物，可以进一步烘托出道教文化气氛。在规划时还应注意理水，简单说就是尽量引用城市河道水，使其共同组成水循环系统，充分利用大自然的自净性，免于出现水污染。

2.3.2 道教文化与园林植物

在众多道教典籍以及神仙传说中都赋予了世间乔灌木草以道性，使其沾染上了浓厚的宗教文化气息与神话色彩，颇具韵味（表1）。

在森林公园景观规划中，在景区景点具体植物种植设计里，同样可以运用有道性的植物进行种植栽培，在营造景观的同时那些传统道教文化故事可以普及给游人，既寓教于乐又可使道教文化得到传扬。

表 1　道教代表植物

类别	名称	拉丁名	科	功能	含义
乔木	松树	*Pinus* spp.	松科	食用、绿化	健康长寿，快乐和吉祥
	圆柏	*Sabina chinensis*	柏科	宫观绿化	健康长寿，刚正不阿，能驱妖孽
	杉树	*Taxodiaceae*	杉科	绿化	健康长寿
	香樟	*Cinnamomum camphora*	樟科	宫观绿化	健康长寿
	椿树	*Ailanthus altissima*	苦木科	宫观绿化	健康长寿
	银杏	*Ginkgo biloba*	银杏科	绿化、宫观栽植	健康长寿，幸福吉祥。银杏叶边缘二裂，柄处又合为一，象征"阴和阳""一和二"的对立统一哲学关系
	玉兰	*Magnolia denudata*	木兰科	庭院种植	—
	桂花	*Osmanthus fragrans*	木樨科	宫观栽植	多子多福
	石榴	*Punica granatum*	石榴科	宫观栽植	多子多福
	栗子树	*Castanea mollissima Blume*	壳斗科	宫观栽植	多子多福
	桃树	*Amygdalus persica*	蔷薇科	宫观栽植	是五行之精华
	柳树	*Salix* spp.	杨柳科	临水种植	柳枝辟邪，代表离别、怀古
	茱萸	*Cornus* spp.	山茱萸科	宫观栽植	寓意吉祥，可驱邪
	无患子	*Sapindus mukorossi*	无患子科	洗手果	驱邪保平安
水生类	莲花	*Nelumbo*	睡莲科	水中造景	神话故事道教八仙中的何仙姑手持莲花，寓意人在生死烦闷面前保持平静
草本类	艾草	*rtemisia argyi*	菊科	绿化、药用	艾叶加工后可用作灸法治病，艾可辟邪除秽
	人参	*Panax ginseng*	五加科	—	中华九大仙草之一
攀援类	葫芦	*Lagenaria siceraria*	葫芦科	—	驱邪，多子多福
菌类	灵芝	*Ganoderma lucidum*	灵芝科	—	《道藏》中的中华九大仙草之一

2.3.3　道教文化与森林公园旅游

通过道教旅游，游客可以观赏道教文化遗迹、建筑、雕刻等人文资源，欣赏优美自然风光和独具道教特色的园林环境，再加上景区偶有组织的宗教活动，游客可以在身体、精神、心灵上全方位感受道教文化，以达到最终目标"得道成仙"。

对于有道教文化资源的森林公园，在规划开发建设时既要保证自然环境不被破坏，又要通过人工手段突出当地道教文化特色使道教文化得到传播。因此，道教旅游森林公园规划应充分发挥自身优势，注重生态旅游，尊重道教适应自然、崇尚自然的理念。在开发时不破坏生态环境，在选址布局中，根据当地情况、当地材料灵活布局，应保持道教宫观原有的自然风貌。

3　道教文化在森林公园景观规划设计中的应用

3.1　应用原则

3.1.1　表现道教自然生态观念

在道教文化"道法自然"的自然生态观理念指导下，努力建设森林公园生态文化，通过科普宣教这种互动的方式向公众传播保护环境的观念。森林公园景观规划时应时刻牢记并运用道教自然生态观念，造景材料因地制宜地进行选择，合理运用现有地形、水系、道路等生态自然资源进行景观营造，突出森林公园独有景观特色。

3.1.2 体现质朴的田野哲学

在森林公园景观规划设计中，将质朴田野哲学精神融入设计中，象征着道教人文精神在物化中得到延续。

3.1.3 突出道教元素

森林公园景观规划设计应该在更多细节方面加强对道教文化的展现。规划前对当地道教历史、道教传统神话故事、宫观遗迹、文人字画、摩崖字画等文化资源进行深入调研和发掘，之后应用到森林公园景观规划设计中。此做法使得森林公园与所在城市有了历史文化联系纽带，同时突出了森林公园道教文化主题特色，为该城市中国传统文化的传播增添了力量。

3.1.4 与当地文化环境相融合

道教文化在森林公园景观规划设计中的应用，应注意道教文化森林公园本身与城市文化背景相匹配，不应该与城市文化有所不同或相互冲突。因此，游客在游览森林公园时可以感受森林中的道教韵味，还能够对整个城市的道教文化历史有感悟。

3.2 应用方法

3.2.1 道教基本哲学观的应用

从森林公园的总体规划层面来讲，遵循着道教教义中的"人法地，地法天，天法道，道法自然"的基本活动准则，森林公园的建立或存在从根本上就是对道教哲学观应用的延伸。对于有道教文化资源的森林公园，为了能够更直接更准确地向游客传播中国传统文化，建设以道教文化为主题定位的森林公园就是一个使传统文化得到传播与延续的有用方法。

3.2.2 再现历史神话传说

对于以道教文化为主题的森林公园，在进行景观规划设计时可以将当地的历史神话传说融入设计中，赋予景区以文化主题，突显文化内涵，有利于吸引游人前来探寻历史典故，在增加道教文化科普性的同时，使得整个景区文化特性有了质的提升，彰显森林公园文化主题的内在气质和独特性。

3.2.3 选择道教元素园林小品

小品建筑是景观设计中重要的造景要素之一。在景观小品的选择上可以选择有牌匾刻字、道教图案景观墙、被赋各种道教精神的具有动物形象的雕塑、道教文化元素铺装图案等，在小品颜色上要选择尽量朴素的搭配，以黑灰白为主，贴合道教的朴素思想，突出道教文化氛围。

3.2.4 道教植物景观营造

选择有道教文化精神的植物。松柏象征着道教徒渴望青春永驻，贴合道教追求"羽化成仙"的教义气质，同时把宫观氛围烘托得更加肃穆、庄重；桃树可以驱邪辟邪，桃树结的仙桃果实可以延年益寿；莲花象征纯洁和超脱尘俗，有道教八仙中何仙姑手持莲花的典故；竹子有劲直、贤德气质；银杏、古柏象征"福寿"，表达长生不死愿望，是道观长生久视的象征等。此外，在森林公园规划时还应注重对古树名木的保护，因为它们本身就富含中国传统文化气质，是天造的文化传承载物。

3.3 应用内容

3.3.1 在主题定位中的应用

山林的存在为宗教文化的传播和发展提供了肥沃的养料。对于具有丰富道教文化资源的森林公园，在规划时，就可以将道教的"道法自然""天人合一"的自然观和养生观与道教旅游文化相结合。在规划中设立康养区和道教文化游览区，从而可以上升到森林公园的主题定位上来，将道教文化精神内涵加入主题定位中，增加森林公园的旅游竞争力。

3.3.2 在总体规划中的应用

将道教文化哲学精神和生态观念作为规划理念指导应用到总体规划中，主要是结合森林公园自然资源、景点、文化遗址现状等，配合森林公园总体规划的主题定位，从而进一步明确各景区道教文化主题和植物景观规划中的道教文化主题。

对于有道教文化资源遗迹的森林公园，为了增加游客与道教文化更深入更具体的交流，可以增设道教文化科普展览馆、茶园文化展示区、植物引种科普园等道教文化主题的游人体验区。在植物景观营造方面，可以运用大地景观的表现手法，表现森林公园植物的季相变化，以及在景区内选择运用有道教文化特征的植物，建立具有独特道教文化内涵的植物观赏区。

3.3.3 在各景区分区中的应用

道教文化可以应用到管理服务区、一般游憩区、核心景观区、生态保育区中去，既有对道教自然生态观的应用，又有对传播道教文化更加深入细致的应用。

管理服务区景观规划设计：管理服务区是森林公园的重要节点，它可以代表一个森林公园的文化主题和气质，是游人对森林公园认识的第一印象，所以一个有道教文化资源的森林公园，管理服务区是展示和传播道教文化的重要节点。以道教文化为主题的森林公园，在入口标志选择上要选有道教文化特点且富有个性造型，在体量和材质上要切合道教文化气质；在管理服务区的植物景观规划上，应配合道教文化主题、周边环境，因地制宜地营造出有文化主题的植物景观。

一般游憩区景观规划设计：一般游憩区内包含有很多不同类型的游憩活动项目，将大致分为道教宫观类景区、生态科普宣教类景区、植物专类园景区、森林康养类景区等，但不局限于此。

道教宫观类景区：在道观园林中设置楹联匾额题字碑刻，以文字的形式向游客传播道教思想；通过太极八卦、太极双鱼图的道家标识以及道教神像、法坛、金阙道教小品向游人传达宗教信号；椅子、亭子、垃圾桶等园林小品的道教特色通常体现在其颜色选择与搭配，装饰图案的组合，外部造型等方面。在道路铺装图案的选择上大多选择龙凤组合、莲花与鱼、五只蝙蝠围绕寿字分布等，材料上通常选择以偏灰色材质为主。在道观园林的植物选择方面，最喜爱常绿植物，可以营造出一种肃穆、庄重的氛围，也更容易让修行之人快速入定，达到清安明净的状态。同时，道观花木都被赋予了道教色彩，是某一文化理想的象征物。从道观整体来看，其绿化面积就远远大于它的建筑面积，这时就需要用到群植来达到气势宏大的气氛，使得道观的气势借助植物继续扩大延伸。

生态科普宣教类景区：该区通常会建有生态展览馆、当地宗教文化展示区、森林博物馆、森林昆虫鸟类等生物博物馆等的文化传播建筑，因此在选址方面，应该遵循道教生态自然观原则，选择地势平缓的区域，以减少土方工程，选择植被生态系统较稳定的地块，即使人工干预对自然环境有影响，依靠其自身恢复能力强的特点，也可以达到人、自然、建筑的和谐相处。

植物专类园景区：中国园林受到道教文化的影响，善于赋予植物以情怀与品格，应用植物表达造园意境。所以在森林公园的景观规划中不能缺少对植物专类园的景点规划，对于有道教文化资源的森林公园而言，植物专类园的设置更重要。植物专类园设计首先应与公园的地质地貌特征类型、历史人文景观资源、乡土植物相、道教文化主题景区相结合，在深刻挖掘当地道教文化资源的基础上，设计突出了道教文化特征，在主题和形式上不同于一般的植物专类园，实现"一景一题"。

森林浴、森林康养、森林辟谷养生类景区：这些景区景点注重森林植物景观，尽量减少人造材料的设置。选址时应该选择那些具有典型森林外貌与群落结构，有较大森林面积，树木群疏密相间有致的地方。另外选择可以阻挡视线，有空间分隔作用的灌木层，以及主要树种有较强杀菌作用的区域。设置以森林康养为主的道教文化展示区，在养生的同时传播道教文化，在道教科普宣教方面可以起到事半功倍的效果。

核心景观区：该区域在规划建设上以保护为主，游览为辅，需要进行严格的保护。因此该区除了考虑到设置安全保障设施外，还应该尽量避免新建其他旅游项目和餐饮设施，尽量尊重现状。出于保护这一点，规定该区禁止设置车行道。此区也可以设置植物专类园、道教辟谷养生、森林康养等项目，既最少地对自然环境进行干预，游人又可以贴近大自然修心养性，同时符合道教养生观和"天人合一"自然观。

生态保育区：生态保育区的功能是生态恢复和保护，因此基本不进行开发和建设，游人也禁止入内。所以该区域的建设重点是保护和修复，人类运用合理科学技术手段可适当介入，使山体内的动植物系统更加丰富和稳定。这符合道教"道法自然"的自然生态观，也正是由于对该区域保护得比较到位，所以该区域的自然植被通常生长较好，拥有清晰的植被分布层次和壮美的自然林相景观。

3.3.4 在道路两侧景观营造中的应用

森林公园道路与其两侧植物景观构成了森林公园的绿色廊道和生态廊道。道路植物景观营造需要注意空间的变化，用穿插、围放、转折等造景手法，产生空间的动态变化，使植物景观有韵律感。森林公园道路是连接公园不同功能区、景区间的桥梁，更是各个景区文化交流的融合剂，对于有道教文化景观资源的森林公园，充满道教文化意蕴的道路景观的存在，可以更加烘托道教文化景区的文化内涵。在路旁树种的选择上可以选择抗性强的花灌木，以自然式种植的形式散植在底层，颜色上忌过分鲜艳乱杂，形态体量上忌差异过大，贴合道教文化主题，使游人视觉上获得一丝恬静，心灵上寻得一丝安宁。

3.4 应用意义

3.4.1 保护和传承道教文化

道教是中国传统文化的现代象征，在当代艺术活动、行为规范、服饰、崇拜对象等方面都具有浓厚的中国色彩。森林公园是道教文化最重要的文化聚集地之一，将道教文化中的元素应用到森林公园景观规划设计中，以宫观园林环境、茶园、摩崖字画遗迹、森林康养道教辟谷养生体验活动等作为道教文化输出载体，更加强调道教文化的本质，有利于加强人们对道教文化的重视，促进道教文化的传承。

3.4.2 满足人们"得道成仙"的精神需求

人们进入森林公园开展游览活动，除了对森林公园的休闲功能感兴趣外，更加渴望得到内心精神层面的安慰和审美情趣上的提升。将道教文化应用到森林公园景观规划中，使人们得到视觉上的文化冲击的同时，还能在园林景观自然生态环境中感受到道教文化，内心得到释怀。

3.4.3 提高森林公园旅游竞争力

当一个森林公园注入了独特的文化，它就有了独立的灵魂，在不知不觉中就在散发它独有的魅力，这时在旅游方面就有了强大的竞争力。将道教文化注入到森林公园中，通过人工技术手段将道教文化应用到景观规划设计中，因此，森林公园有了灵魂，旅游竞争力自然会增强。

4 结 论

森林公园作为人们亲近自然、传播生态文明、展现中国传统文化的首要场所，承担着文化科普与传播的重任，因此在森林公园总体规划建设中，在尊重当地自然资源与历史文化资源现状和保护自然的基础上，要将中国传统文化融入森林公园规划设计中。目前，学者对道教文化的研究已经很充分，但是对道教文化在森林公园景观规划中的应用研究却还远远不够。道教文化作为森林公园中的一个景观特色主题，还有很大的研究空间和发展前景。

参考文献

陈戈，夏正楷，俞晖. 森林公园的概念、类型与功能[J]. 林业资源管理，2001(3)：41.

杜爽. 风景名胜区中道教名山文化景观的初探[C]. 中国风景园林学会 2014 年会论文集(上册)，2014.

房仕钢. 国内外森林公园规划建设的对比研究[J]. 防护林科技，2008(4)：82.

胡锐. 道教旅游文化与道教文化旅游辨析[J]. 宗教学研究，2008(4)：23.

王志新. 森林公园应在发挥森林多种功能方面寻求突破和发展[A]. 吉林林业科技，2018，47(5)：36.

旅游精准扶贫相关研究综述

杨 华①

（北京林业大学，北京 100083）

摘 要：通过回顾国内外旅游扶贫的研究现状，阐述了旅游精准扶贫概念，从旅游精准扶贫的主要核心内容精准识别、精准帮扶模式、精准管理三个方面分析了旅游精准扶贫机制、监测和评估等方面研究成果，并指出森林旅游助推精准扶贫为视角的研究尚少，缺乏理论指导。

关键词：精准扶贫；扶贫模式；森林旅游

1 研究背景

20 世纪 80 年代中期，在我国的旅游发展实践中，提出了旅游扶贫概念，它是在旅游资源丰富的贫困地区，采用的一种脱贫致富的扶贫方式，旅游精准扶贫是精准扶贫理念的具体应用，发展旅游业已成为重要的扶贫方式和战略。其中，森林旅游业在增加贫困地区经济收益和促进贫困者脱贫致富等方面具有重大意义。我国 60% 的贫困人口、14 个集中连片特困地区、592 个国家扶贫开发重点县分布在山区、林区、沙区，这些地区森林风景资源丰富、环境优美，林地、林木资源是山区百姓的主要生产资料，其显著的生态、经济和社会效益，在扶贫开发中比较优势明显，特别是在精准发力上，优势突出，发展森林旅游在脱贫攻坚中正发挥着重要作用。目前，森林旅游精准扶贫已经成为我国扶贫攻坚新的政策和措施。森林旅游一方面在助力脱贫攻坚中具有天然的地缘优势，另一方面具有产业链条长、就业门槛低、带动能力强等优势，是最贴近贫困人口生活、最容易帮助贫困人口增收的产业方向之一。

2013 年 11 月，习总书记在湖南湘西考察时，首次明确提出了"精准扶贫"思想，指出扶贫要"实事求是，因地制宜，分类指导，精准扶贫"。2013 年底，国家扶贫办制定了《关于创新机制扎实推进农村扶贫开发工作的意见》，明确提出要建立精准扶贫工作机制。精准扶贫就是针对扶贫工作中存在针对性不强和效率不高这一现象，运用科学有效程序、方法和相应的资源，对扶贫对象实施精确识别、精确帮扶、精确管理的治贫方式。2016 年，国务院印发《"十三五"脱贫攻坚规划》将"森林旅游扶贫工程"列入脱贫攻坚重要工程范围；《"十三五"旅游业发展规划》也指出，拓展森林旅游发展空间，鼓励发展"森林人家""森林小镇"，助推精准扶贫。据国家林业局初步统计，全国依托森林旅游实现增收的建档立卡贫困人口达到 35 万户、110 万人，年户均增收 3500 元。

近年来，随着旅游精准扶贫的实践积累，学术界对旅游精准扶贫开展了大量研究，旅游精准扶贫的内涵、识别、机制、模式、策略等理论方面研究成果丰富，旅游精准扶贫效率及其评价研究以定性研究较多，定量研究较少，丰富的森林旅游资源使发展森林旅游成为帮助贫困地区和贫困人口脱贫致富的重要途径之一，但以森林旅游精准扶贫为视角的研究尚少。

---

① 作者简介 杨华，北京林业大学。电话：13661348025。邮箱：huayang@ bjfu. edu. cn。

2 国内外相关研究综述

2.1 国外旅游扶贫研究

国外学者对贫困问题展开了大量研究，与旅游扶贫相关的研究主要为有利于贫困人口发展的旅游（Pro - Poor Tourism，PPT）和消除贫困的可持续旅游（Sustainable Tourism and Eliminating Poverty，ST - EP）两种。虽未提及"精准"二字，但其研究重点精准定位在贫困人口身上。

2.1.1 旅游扶贫概念研究

PPT 是英国国际发展署（DFID）在 1999 年的可持续发展委员会报告中提出的概念。PPT 将研究重点定位在贫困人口身上，强调贫困人口能够从旅游业中获取净利益，并且强调收益的综合性（包括社会、经济、文化、生态等收益）。它不是一种特殊的旅游产品，也不是旅游业的一个组成部分，其核心是贫困人口的发展，而不是全面扩展整个旅游产业。ST - EP 是 2002 年世界旅游组织和联合国贸易与发展会议（UNCTAD）提出的，ST - EP 在内涵上与 PPT 趋于一致，但更为注重旅游的可持续发展。ST - EP 侧重于可持续旅游的减贫方式，不仅关注旅游扶贫的经济效应，还关注旅游发展中出现的各种问题，如生态破坏等。目前，PPT 影响更大更广，已成为国际上通过发展旅游来实现减贫的主要理念、原则及操作模式。

2.1.2 旅游扶贫对象研究

随着 PPT 在旅游扶贫实践中的推广和应用，国外已将旅游扶贫的对象明确定位于贫困人口，旅游扶贫目标也明确定位于贫困人口的净收益及其能力发展机会的保证，即贫困人口从旅游发展中获得的综合收益要大于其在旅游发展中的付出。如 Ashley 等（2001）对促进贫困人口从旅游发展中受益的角色进行了清晰定位，并针对贫困人口提出帮扶措施，明确各旅游扶贫帮扶主体责任及帮扶行为，提高贫困人口旅游扶贫参与帮扶的针对性。南非的《黑人经济权利法案》《旅游业提高黑人经济实力宪章与记分卡》、负责任的旅游、减少贫困计划为目标的理念也突出体现了贫困人口在旅游扶贫过程中的主体地位。许多学者也提出了多种识别策略，如 Alkire 和 Apablaza 等学者认为教育程度、收入水平和居住条件等是衡量贫困的主要标准，并基于此构建了慢性多维贫困的测度指标体系，分析了智利跨时期（1996—2006 年）多维贫困持久性特征。

2.1.3 旅游扶贫效应研究

正面效应的研究。Ashley 等的研究表明：旅游业的发展能为贫困人口提供更多的就业机会，提高其收入和生活水平，使穷人摆脱贫困。Mitchell 等发现旅游扶贫在促进地区和贫困者经济增长、降低贫困发生率等方面发挥着重要作用。Muchapondwa E 等和 Mohammad 的研究也表明发展旅游业具有减贫的效用，可以帮助许多发展中国家脱贫致富。更重要的是，Zarandian 和 Shalbafian 等学者认为旅游扶贫可以促进当地居民对个人贫困、社会技能和生活态度的认识产生积极的转变。

负面效应的研究。Ashley 等认为由于贫困人口的差异性，不同的人有不同的参与条件，因此获得了不同的净收益。相对富裕的人通过旅游扶贫获得更多的效益，而穷人获得的效益较少，甚至可能是负数。Taylor 的研究也表明：大部分的旅游效益都倾向于高收入群体，因此在扶贫过程中会出现收益不平等的现象，拉大了贫富差距。Rogerson C 研究了南非 Meander 地区，结果证明，黑人社区在旅游对社区的带动效益感知上要远远小于白人社区。针对贫困人口受益不平等的情况，Shah K 建议可以分析旅游供应链中利益相关者的利益。此外，旅游发展会占据当地居民有限的土地、森林、水和其他生计资源，使当地贫困人口因为资源的匮乏陷入更深的贫困。Mastny L 指出贫困地区原本已经十分匮乏的资源因为旅游的发展遭到了破坏和浪费，例如，缺水地区极为珍贵的水资源可能会遭到旅游者不恰当的使用。

2.1.4 旅游扶贫策略研究

Truong & Hall 指出，旅游业发展中利益分配不均导致当地居民利益冲突，只有实现旅游扶贫效益的合理分配，才能提高当地贫困人口对旅游扶贫积极影响的认识，这也是制定扶贫政策的重要因素。Thomas 从产业链的角度定量分析了老挝和马里贫困地区旅游扶贫效应，并提出了改进措施。Koens 和 Thomas 对南非两个旅游扶贫小城镇的实证分析表明，小型旅游企业和决策者的监管不力是阻碍旅游扶贫绩效的重要因素。因此，要加强对旅游企业行为的监管。Meyer 针对南非部分地区旅游严重漏损问题，提出要加强旅游业与当地贫困社区之间的联系，改善当地社区从旅游业发展中受益的框架。Pillay 等提出通过促进旅游目的地农业与旅游业相融合的机制，以增强旅游扶贫效应。

2.1.5 生态旅游扶贫研究

Kiernan K 指出自然资源丰富的发展中国家适合通过自然生态旅游扶贫，可以改善生态环境，保护当地生物多样性。Christof Seiler 等以著名的生态旅游目的地普林塞萨港为例指出生态旅游为当地居民创造了新的就业岗位和收入来源，但仍然存在利益分配不均等问题，并扩大贫富差异。Shackleton 等阐述了林地和森林对南非农村生计和减贫的重要性，结论表明，旅游业是南非经济增长最快的部门，森林资源是当地生计的重要组成部分。据估计，稀疏森林和草原面积占南非总面积的35%，旅游业的估值至少为250亿卢比；繁茂森林中有69%的生物群落保护区，每年的旅游价值可能高达62亿卢比，大部分人口依托森林资源、参与林业活动摆脱了贫困。Manwa 等指出，博茨瓦纳政府将旅游业视为一种有意义的、可持续的经济活动和多样化机会，政府和国际捐助机构正在通过旅游促进减贫。研究调查利益相关者的看法，研究结果表明，森林保护区的生态旅游可通过直接效应(就业、中小型企业)、间接效应(合伙企业)和动态效应(可持续生计)三种途径将旅游的效益转移给穷人，来缓解森林资源附近弱势群体的贫困，这也印证了森林旅游扶贫模式的减贫效用。

2.1.6 区域实证研究

学者们主要研究亚洲、非洲、南美洲等发展中国家的扶贫旅游。这些地区拥有丰富的旅游资源，但经济发展相对缓慢，生活水平较低。Spenceley 等研究了南非五家不同的私人旅游企业，并分析了 PPT 战略实施的成本和效益，另外还指出政府政策可能激励私人部门更加关注贫困问题，反之亦然。Rogerson 以亚历山德拉镇区为例，对旅游扶贫在促进不同城乡经济发展中的作用进行了比较研究。Akyeampong 以加纳卡昆国家公园周边居民为研究对象，通过调查，对居民的旅游发展期望、经验和感知进行了研究。也有关于发达国家的案例，Holland 等比较了乌干达和捷克共和国的乡村旅游现状，并指出国家旅游整体形象对乡村减贫发挥了一定的作用。Katherine 研究了坦桑尼亚北部社区的生态旅游、社区旅游、保护和治理系统、摄影旅游之间的关系，指出生态旅游和社区旅游在促进经济增长方面发挥了一定作用，但开展旅游扶贫并合理分配利益是困难的。Scheyvens 研究了斐济旅游扶贫的现状，发现影响旅游扶贫效果的原因是当地居民参与旅游业的比例较低，缺乏直接参与的机会。Butler 等以苏格兰格拉斯哥旺地区为例，在扶贫旅游原则的基础上，阐述了旅游业发展在促进地方经济中的重要作用，指出政府应为旅游业的发展提供支持，并提出实施旅游扶贫的新途径。Rose King 等以泰国埃桑地区的一个村庄为例，指出当地旅游扶贫面临着资金回报率低、受援助人少的问题，并提出了相应的解决方案，为其他贫困村庄的减贫提供参考。

2.1.7 研究方法多样

贫困作为世界面临的一个共同难题，显示出复杂的多维性，而其多维数据的不完整性使得旅游扶贫贡献的衡量更加困难。数据不完整的主要原因之一是数据采集过程极其复杂。此外，开发机构的工作人员和开发项目的原始投资者没有正确理解数据的完整性，以及据此分析对整个旅游扶贫的意义。

因此，学术界普遍研究旅游扶贫对宏观经济的影响和贡献。Mitchell 以冈比亚一揽子旅游为例，通过价值链分析方法来衡量旅游扶贫效果。Blake A 等运用可计算的一般均衡理论测度旅游扶贫效应。Maye 以德国6个国家公园为研究对象，运用乘数效应理论研究旅游扶贫。随着研究的不断深入，旅游扶贫领域也引入了其他学科更为优秀的研究方法。Delle 采用地理加权回归模型研究旅游扶贫效果的空间分异。

2.2 国内旅游精准扶贫研究

"旅游精准扶贫"的概念，最早是在 2014 年《国务院关于促进旅游产业改革发展的若干意见》（国发〔2014〕31 号）中提出来的，强调扶贫过程中采取的措施和方案要有针对性，实施过程中充分考虑人、地、时间等因素，做到识别、帮扶、管理各个环节都精准化，从而实现旅游扶贫"扶真贫""真扶贫"的目标。旅游精准扶贫，就是精准扶贫理念在旅游扶贫领域的科学应用。国内学者的相关研究主要集中于以下几个方面：

2.2.1 旅游精准扶贫的核心内容研究

旅游精准扶贫的核心内容包括三大部分：精准识别、精准帮扶、精准管理。在旅游扶贫实践中，精准识别是前提，识别扶贫客体与主体对象；精准帮扶是关键，建立完善多样的帮扶可行模式；精准管理贯穿整个扶贫工作，保障各个环节健康有序运行发展（图1）。

图1 旅游精准扶贫的核心内容

（1）精准识别

精准识别过程包括对贫困人口的识别、旅游扶贫目标人群的识别和旅游扶贫项目的识别。目前，我国对贫困人口识别的办法，一是基于家庭收入和支出的入户调查，二是社区参与的方式，三是建档立卡。邓维杰指出根据国家政策对贫困村进行分类管理，以确定贫困的规模；采取从上到下整合的贫困户识别机制，以精准识别帮扶对象。许佳等（2015）用"一少一低一无"的标准精准识别扶贫对象。贺立龙等、王小林使用多维度贫困测度法评价并识别贫困人群，李鹍和叶兴建提出"参与式"识别法取代"层级式"识别法。

邓小海引入市场筛选机制和构建"意愿-能力"模型识别旅游扶贫目标人群，并使用"RHB"（资源、人、效率）框架对旅游扶贫项目进行识别。王新歌等从开发条件识别、项目识别、目标人群识别三个方面构建了旅游扶贫的精准识别体系。吴倪磊在政府给予旅游扶贫信贷资金的假设下，提出一种使贫困人口主动参与而非贫困人口主动退出的主动识别贫困人口机制。

（2）精准帮扶

吴靖南、邓小海等指出，实现旅游扶贫精准帮扶应首先确定该地区旅游扶贫的发展思路，再根据旅游扶贫精准帮扶的实施层次，构建包括地区层次帮扶、社区层次帮扶和个体层次帮扶的"三位一体"旅游扶贫精准帮扶体系。

（3）精准管理

邓小海等认为旅游扶贫精准管理包括三大路径：旅游扶贫要素管理、旅游扶贫过程管理与旅游扶贫效果管理。

综上所述，对于精准识别、精准帮扶、精准管理等核心内容的研究能够推进旅游扶贫工作的有效开展，有利于提高旅游扶贫效率和实现旅游"真扶贫""扶真贫"的目标。

2.2.2　旅游精准扶贫机制研究

　　旅游精准扶贫的核心问题是"扶持谁""谁来扶""如何扶"，因此其运行机制也是围绕这三个问题建立的。邓小海指出，旅游精准扶贫是由旅游精准扶贫识别(前提)、旅游精准扶贫帮扶(关键)、旅游精准扶贫管理(保障)构成的有机系统，三个子系统相互联系、相互作用，形成良好的循环和发展即是旅游精准扶贫的合理机制。张春美等提出乡村旅游精准扶贫的运行机制：通过明确的识别条件确定适合该地区发展的旅游项目和贫困人口，以贫困地区的贫困人口为帮扶客体，以政府为主导的社会各界力量为帮扶主体，通过各种帮扶方式，让贫困人口参与到多种形式的乡村旅游开发中，实现脱贫致富的目标。吴亚平等认为旅游精准扶贫机制包括精准识别机制和贫困人口受益机制，后者是核心。耿宝江等从微观视角分析四川藏区旅游精准扶贫驱动机制与作用机理，认为贫困人口利益诉求的理性行为及扶贫主体的驱动是旅游扶贫可持续发展的动力源泉，贫困人口通过分享、匹配、学习三种方式实现旅游脱贫目的。龙祖坤通过调研韶山市新湖村贫困户，提出旅游精准扶贫机制：政府精准识别贫困户，依据致贫原因选择精准帮扶方式，并采取相应的激励措施，使受扶对象逐步脱贫。杨海平提出了武陵山片区的旅游精准扶贫机制，包括议事决策机制、利益协调分配机制和监督约束机制。

　　综上所述，旅游精准扶贫机制一般包含了帮扶客体、帮扶主体、精准帮扶方式，以及过程动态管理等几方面的内容。

2.2.3　旅游精准扶贫模式研究

　　旅游精准扶贫模式由当地资源、地理、政策、社会环境等因素决定，根据不同贫困地区的实践，形成了各种模式。李静以米仓山大峡谷旅游景区为例，提出景区旅游精准扶贫模式为：统筹精准利用专项基金，引入市场主体搭建旅游精准扶贫平台，通过公私合作保障旅游精准扶贫的可持续性。杨祎等分析了六安市旅游精准扶贫模式有政府主导型、市场主导型、邻里互助型和景区帮扶型。邸明慧等以河北省环京津23个贫困县的旅游开发为研究对象，利用四象限法进行分类，提出了核心企业主导型、政策性项目拉动型、产业互动发展型、大区带动发展型4种旅游扶贫模式。马芬提出南江县以政府为主导实现旅游扶贫跨越式发展的旅游精准扶贫模式。桂拉旦等在乡村文化资源、传统乡村旅游要素与新农村建设相结合的基础上提出了"文旅融合"乡村旅游精准扶贫模式。吴亚平等提出少数民族村寨"农旅融合"旅游精准扶贫模式。姚云贵等认为旅游精准扶贫模式可以分为以下五种：旅游景区＋贫困村、旅游合作社＋农户、旅游产品＋电子商务、旅游双创＋就业、旅游业＋精神文明。罗兴构建了全域旅游背景下的旅游精准扶贫模式：①全区域覆盖，拓展扶贫广度和深度；②全要素参与，构建"旅游＋"精准扶贫平台(旅游＋购物、旅游＋互联网、旅游＋生态)；③全产业融合，延长精准扶贫产业链。方澜、胡柳等学者认为，"互联网＋"可以为旅游精准扶贫带来信息红利，具有成本低、范围广和效果好等营销特点，建议积极推动"互联网＋旅游"的扶贫开发模式。邢慧斌，张玉强从连片特困区层面研究了旅游精准扶贫模式，其中邢慧斌提出河北省连片特困区政府引领＋产业融合发展的旅游精准扶贫模式；张玉强等对旅游精准扶贫(大别山区)、金融精准扶贫(武陵山区)和易地搬迁精准扶贫(秦巴山区)三种精准扶贫实践模式进行了比较研究。

　　综上所述，学者们大多以贫困地区旅游扶贫实践为基础，总结出多种具有代表性的旅游精准扶贫模式。按主导主体分类有政府主导型、市场主导型和企业主导型三种；按主导产业分类有旅游业主导、文旅融合、农旅融合等；对旅游业主导模式还可以细分为"旅游＋""互联网＋"、景区帮扶、项目拉动等，这些模式可为其他贫困地区提供科学合理的经验指导。

2.2.4　旅游精准扶贫监测和评估研究

　　李侑峰强调了精准扶贫监测与评估体系是一项紧迫和重要的任务，事关精准扶贫的成败。监测与评估体系涉及面广，内容庞大，由单个试点到全面推广，将其建立完善是一个长期的过程。精准扶贫监测与评估体系是一个规范完整的体系，构建该体系可从组织体系、流程体系、指标体系、方法体系、信息体系、绩效考评体系等子体系来充分体现出监测与评估的动态性、精确性和科学性。史志乐等构建包括经济增长绿化度、资源利用与环境保护程度数、社会发展能力指数、扶贫开发与减贫效果指数4个一级指标和21个二级指标体系，对绿色减贫指数进行测算和分析。邓小海从目标层、评价层、评价项目层、评价因子层4个层次构建了旅游精准扶贫效果监控体系。

2.2.5 旅游精准扶贫存在的问题及策略研究

针对旅游精准扶贫过程中出现的各种问题，学者们从以下几个方面探讨了其策略和发展路径。

（1）资源开发方面

针对旅游资源开发与保护存在冲突；产品结构单一、缺少创意等问题，首先要能够准确识别贫困地区旅游资源的容量和质量，深挖资源潜力，从而选择合适的旅游开发项目。当然，鉴于资源稀缺和环境保护的要求，在进行旅游精准扶贫过程中，资源的开发利用必须达到最优配置的状态才能更好地促进贫困地区脱贫致富。李荣菊进一步补充旅游精准扶贫需要多举并施，创新发展，突出旅游产品特色，提高产业竞争力。

（2）产业结构整合优化

林移刚在生产要素配置不合理的基础上，提出乡村旅游精准扶贫的实现路径：合理规划旅游生产要素；升级旅游生产要素配置；创新旅游高级生产要素。张春美等认为，优化农村产业结构，实现一二三产业的一体化发展，可以逐步延伸产业链，增加就业机会，拉动区域经济。

（3）贫困人口素质

针对贫困人口普遍存在思想意识落后、参与积极性不高的共同问题，要建立长效培训机制，在旅游精准扶贫策略上应加强贫困人口技能培训，转变他们的思想观念，提升"造血"能力和综合素质，以实现自身的可持续发展，使他们更好地参与到旅游扶贫项目中。

（4）政府职能

何茜灵等认为，基于贫困地区的优劣条件，政府和村委会应在协调、组织和引导中发挥积极作用，营造良好的政策环境和投资环境，并合理解决各方利益矛盾问题。曾名芹等指出旅游资源开发欠缺科学性，探讨地方政府引导下优化整合旅游生产要素的机制，提出完善乡村旅游扶贫建设体系。针对基础设施不完善、旅游扶贫被动化，政府应努力建设基础设施和配套服务设施，改善贫困地区的旅游交通设施、乡村环卫设施、接待服务设施，逐步改善贫困地区的基本生活、生产条件。

综上所述，国内学者针对旅游精准扶贫过程中出现的问题进行相应的策略和发展路径研究，研究结果呈现多元化状态，政府相关政策也会随之进行调整，这有助于为贫困人口和扶贫项目合理配置资源。

2.2.6 旅游精准扶贫效应研究

田翠翠等以重庆高山纳凉村为研究对象，利用层次分析法（AHP）构建了贫困户个体、贫困家庭、纳凉村社区3个层面的旅游精准扶贫效应评价指标体系，提出以模糊综合评价法为基础的效应指数计量模型，但没有进行实证研究。党红艳、金媛媛运用灰色关联分析法，分析了旅游业发展对区域经济发展的效应，得出影响旅游扶贫效应的因素主要有资源禀赋、产业基础和政策环境。刘兆隆等构建了居民幸福感和乡村旅游精准扶贫关系的理论框架，将居民幸福感作为乡村旅游精准扶贫效应的探究性指标，并以此为基础设计问卷。并对四川甘孜藏族自治州柏杨坪村乡村旅游扶贫效益进行了实证研究，结果表明乡村精准扶贫能够从经济、社会、环境、文化四个维度与居民幸福感发生理论关联。

综上所述，在研究内容上，学者们主要关注于旅游扶贫宏观区域层面的效应研究，从经济、社会和生态环境三个方面来构建指标体系，实现对贫困地区的旅游扶贫效应评价；在研究方法上，多采用基于实地调研的定性和利用层次分析方法或模糊综合评价法构建指标体系的定性方法。

3 旅游扶贫研究述评

（1）国内外学者肯定了旅游扶贫这一有效途径，长期关注旅游扶贫问题的研究。如机制、模式、效应、策略等获得了丰富的研究成果，为旅游扶贫的作用和实施做了某些方向性的解读和阐释。

（2）国外学者主要站在微观角度，贫困人口的期望、经验和感知是他们研究旅游扶贫的切入点。国外学者对于如何提高贫困人口参与旅游发展的程度已有大量研究，且在旅游扶贫的参与主体研究中，重点突出了社会群体等非政府组织的帮扶作用；在旅游扶贫的效应研究中强调不仅要关注经济效应，还应重视环境、生态等非经济效应。但部分研究者仍对其减贫效应提出了质疑，提出有负面效应的存在，并进行了实证研究。

（3）国内学者随着国外 PPT 概念的引入以及国家"精准扶贫"理念的影响，已将旅游扶贫的研究目标指向扶贫对象的发展和受益层面。总的来说，旅游精准扶贫的研究取得了丰硕的成果，但以森林旅游助推精准扶贫为视角的研究尚少，缺乏理论指导。

参考文献

邓小海，曾亮，云建辉. 旅游扶贫精准管理探析[J]. 广西广播电视大学学报，2017，28(2)：56 - 63.

邓小海. 旅游精准扶贫研究[D]. 昆明：云南大学，2015.

桂拉旦，唐唯. 文旅融合型乡村旅游精准扶贫模式研究——以广东林寨古村落为例[J]. 西北人口，2016(2)：64 - 68.

郭剑英. 旅游精准扶贫研究综述[J]. 乐山师范学院学报，2017(4)：57 - 60.

黄华芝，廖茂，吴信值. 国内外旅游扶贫研究述评[J]. 兴义民族师范学院学报，2014(4)：5 - 8.

龙祖坤，杜倩文，周婷. 武陵山区旅游扶贫效率的时间演进与空间分异[J]. 经济地理，2015，35(10)：210 - 217.

龙祖坤，罗栋，任红丹. 基于扶贫效率的旅游精准扶贫机制构建——以韶山新湖村为例[J]. 湖南财政经济学院学报，2017，33(1)：63 - 69.

罗兴. 全域旅游背景下城口县旅游精准扶贫基础与模式研究[J]. 绿色科技，2016(23)：130 - 132.

马芬. 南江县旅游精准扶贫机制研究[J]. 经营管理者，2017(7)：42 - 43.

史志乐，宋涛. 燕山 - 太行山片区绿色减贫指数分析[J]. 经济研究参考，2017(7)：20 - 39.

王雪飞，伏文强，熊希瑞，等. 广元市森林生态旅游发展的思考[J]. 四川林勘设计，2016(1)：52 - 54.

吴亚平，陈品玉，周江. 少数民族村寨旅游精准扶贫机制研究——兼论贵州民族村寨旅游精准扶贫的"农旅融合"机制[J]. 贵州师范学院学报，2016，32(5)：57 - 61.

邢慧斌，曹颖，周磊，等. 京津冀协同发展中河北省连片特困区旅游精准扶贫模式研究[J]. 农村经济与科技，2017，28(1)：88 - 89.

杨海平. 武陵山片区乡村旅游精准扶贫机制研究[J]. 现代商业，2017(5)：177 - 178.

杨祎，梁宜人，黄润. 六安市旅游精准扶贫模式研究[J]. 皖西学院学报，2016，32(2)：19 - 22.

张春美，黄红娣，曾一. 乡村旅游精准扶贫运行机制、现实困境与破解路径[J]. 农林经济管理学报，2016，15(6)：625 - 631.

张玉强，李祥. 我国集中连片特困地区精准扶贫模式的比较研究——基于大别山区、武陵山区、秦巴山区的实践[J]. 湖北社会科学，2017(2)：46 - 56.

Akyeampong O A. Pro - poor tourism：residents' expectations，experiences and perceptions in the Kakum National Park Area of Ghana[J]. Journal of Sustainable Tourism，2011，19(2)：197 - 213.

Ashley C，Roe D，Goodwin H. Pro - poor tourism strategies：making tourism work for the poor[J]. A Review of Experience，2001(2)：20.

Bennett O, Roe D, Ashley C. Sustainable tourism and poverty elimination study[J]. Overseas Development Institute, 1999.

Foucat V S A. Community – based ecotourism management moving towards sustainability, in Ventanilla, Oaxaca, Mexico[J]. Ocean & Coastal Management, 2002, 45(8): 511 –529.

Manwa H, Manwa F. Poverty alleviation through pro – poor tourism: the role of Botswana forest reserves[J]. Sustainability, 2014, 6(9): 5697 –5713.

Meyer D. Pro – Poor Tourism: From Leakages to Linkages. A conceptual framework for creating linkages between the accommodation sector and "poor" neighbouring communities[J]. Current Issues in Tourism, 2007, 10(6): 558 –583.

Pillay M, Rogerson C M. Agriculture – tourism linkages and pro – poor impacts: the accommodation sector of urban coastal KwaZulu – Natal, South Africa[J]. Applied Geography, 2013, 36(1): 49 –58.

Rogerson C M. Pro – Poor local economic development in South Africa: The role of pro – poor tourism[J]. Local Environment, 2006, 11(1): 37 –60.

Spenceley A, Seif J. Strategies, impacts and costs of pro – poor tourism approaches in South Africa[J]. Gastroenterología Y Hepatología, 2003, 20(9): 459 –460.

基于环境教育下的森林公园景观规划研究

张冬冰① 王 松 黄 凯②

（北京农学院，北京 102206）

摘 要：环境教育是人们以自然环境为背景，引导公众走进自然并欣赏自然，通过多种教育方式，向人们传播自然知识，提高公众对于自然的认知和热爱。森林公园拥有丰富的自然资源，可以为自然教育提供合适的场所。文章通过分析国内外自然教育研究现状，借鉴相关实践经验，提出森林公园在环境教育方面存在的问题，找出其可挖掘的潜力，提出适用于森林公园的环境教育理论和方法，并结合北京奥林匹克森林公园进行案例研究，共同探讨基于自然教育视角下对于森林公园的景观规划研究利用，从而加强对森林公园环境教育体系的建设，为森林公园推广环境教育提供一些参考。

关键词：森林公园；自然教育；规划设计

1 概 述

随着生态旅游的快速发展，与环境教育结合的发展是必然的趋势。环境教育是以人类与环境的关系为核心，以解决环境问题和可持续发展为目的，以提高人们的环境意识为任务，以教育为手段而展开的一种社会实践活动过程。我国幅员辽阔，依托于丰富的自然资源，森林的生态旅游正在如火如荼地发展，对环境教育的需求也在与日俱增。而森林公园良好的生态环境为环境教育提供了保障，同时有利于唤醒人们的生态意识，通过获取森林生态知识，进而引导人们的生态行为。目前，我国森林公园的景观规划设计及管理、运营等方面略显粗放，尚不能很好地利用森林公园的自然资源，发挥其良好的环境教育功能。所以本文基于国内外理论与实践研究，提出森林公园的环境教育系统框架，通过优化森林公园的景观资源结构，发挥环境教育功能，加强生态文明建设，促进森林公园的可持续发展。

2 研究背景

2.1 研究意义

《国家教育事业发展"十三五"规划》中明确提到："要强化生态文明教育，将生态文明理念融入教育的全过程，普及生态文明法律法规和认知。"森林公园作为人们认识自然、了解自然的重要场所，把环境教育理念更好地渗入在森林公园中，有助于人们更好地认识自然环境，认识人与自然和谐共生的生态关系，从而对践行生态文明建设具有重大意义。

---

① 作者简介 张冬冰，女，在读研究生，研究方向为风景园林规划与设计。邮箱：13873338842@163.com。
② 通讯作者 黄凯，男，教授，硕导，研究方向为旅游管理和观光农业。邮箱：hk2878@163.com。

2.2 研究目的

环境教育活动的开展主要分为课堂教育和户外教学两种方式，本文着重通过户外教学的相关实践经验，针对以森林公园为主体的户外场地进行景观研究，提出适合森林公园的环境教育体系，从而最大程度地实现森林公园的经济效益、社会效益、生态效益。

2.3 研究方法

本文的研究方法主要是通过对森林公园中的景观表现形式、内容、目标、受众群体等要素进行分析，确立环境教育体系的基本框架，结合环境教育理论和实践设计手法，提出具体可行的森林公园环境教育的景观规划方案。

2.4 研究框架（图1）

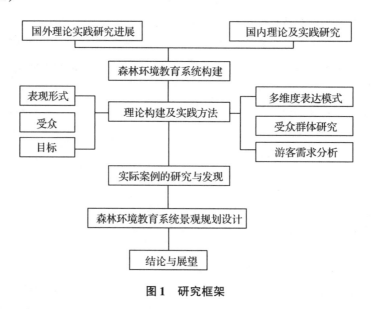

图1 研究框架

<h1 style="color:white">3　国内外研究现状</h1>

3.1 国外理论实践研究进展

英国是最早注重森林环境教育的国家之一，早在1882年，在爱丁堡设立了第一个野外学习互动中心，注重体验参与式环境教育，并取得了良好的反响。韩国在森林教育上，注重对于自然休养林的教育，林内设置博物馆、动物村等，让人们可以进行自然学习和研究。日本在森林公园的环境教育理念上则是注重人与自然的和谐共生，通过开发一系列的森林体验活动，包括自然观察活动、森林的林业活动体验、野外活动等，让人们更好地融入自然。美国更是把森林环境教育体系纳入国政部国家公园管理局中，采取科普解说、野外考察、在线多媒体及课程等方式，让公众更好地理解环境教育。与大陆相比，台湾在森林的环境教育方面，发展理念较为成熟，环境教育的教育内容、环境解说、志工服务等方面较为系统全面。

3.2 国内现状及理论实践研究

首先，长久以来，我国的森林环境教育发展由于影响力不足、对环境教育的重视程度不够及过快的经济发展速度等问题，导致总体进程较为缓慢，引导学生认知的方式多为课堂知识普及以及科普馆等较为单一的形式，缺少自然环境参与及体验感知等积极有效的探索方式。其次，我国的环境教育覆盖的年龄群体层次较少，较多地针对儿童、青少年群体，针对其他年龄层的实践研究较少，因此环境教育的整体水平有待提高，需要降低群体间的认知差异性。再次，森林公园在环境教育方面开设的体验活动较少，设施不够完善，对于森林资源的文化宣传与普及的程度较低，所以应加强文化传播作用，通过开展丰富的游线活动，优化森林公园的景观结构，加深对环境教育的体验与认知。

针对这一情况，近年来也有所改变。伴随着党的十八大，习近平总书记对建设美丽中国，加强生态文明理念，提升生态环境质量等目标的提出，国家对于生态文明建设越来越重视，公众对于环境问题的关注也日益密切，更多的人开始重新审视人与自然的关系，渴望回归自然，而环境教育作为人与自然情感连接的桥梁，迎来了良好的发展机遇。根据全国自然教育论坛筹委会不完全统计，2015 年到2018 年进入了自然教育行业快速发展时期，2018 年以工商注册为代表的机构高达 226 家（图 2），其中，以民间为主的机构也拥有广阔的市场前景。这表明，中国当代的自然教育，是环境教育为适应当代中国社会发展需求和解决现实环境问题，而演化成的一种具有中国特色的教育行业形态。但同时与之相对的，对于环境教育人才的空缺与体系化的不完善，又限制着它的发展，所以我们应加快环境教育体系的人才培养，构建专业、合理、完备的环境教育体系。

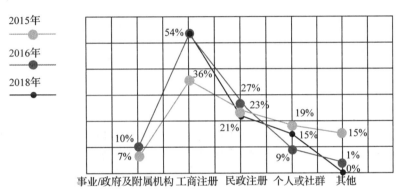

图 2　自然教育机构注册情况

4　森林公园环境教育系统构建模式

4.1　多维度表现形式

森林公园以其独特的自然环境特点，可以利用多种表现形式，按照不同的年龄层次、文化程度，可以采取不同的环境教育手段。

4.1.1　自然观察

自然观察，是指人在游览过程中对森林中的动植物资源可以进行较为直观的观察与感受。森林公园自然环境教育通过这种方式让人与自然近距离地接触，同时，在森林公园的景观规划过程中，要留出适当的自然观察体验区域，便于人们的活动与交往。

4.1.2　环境解说

环境解说，是指通过工作人员对森林公园中动植物资源情况的讲解，把环境教育内容传达给受教者，这种方式有利于人们的互动交流，灵活度高。另外，常规解说方式的宣传手册和指示牌，灵活性低，互动性较弱，所以我们可采取电子科技化手段，用模拟的空间立体化传播手段把森林教育的内容传播给人们，增强人们交互的体验，增加环境解说的多元性。

4.1.3　体验式教学

体验式教学强调的是在实践中学习，本质是一种寓教于乐的方式。在体验式教学里，人们可以体验到互动的快乐，增强合作与沟通意识。在现实中，我们可以充分利用森林资源，设计出科学、有趣的环境体验项目，让教育对象在活动中获得环境教育知识，同时突出森林公园的特色，又能起到积极且富有成效的教育作用。

4.2 受众群体活动研究

环境教育最重要的是培养人们终身学习，终生教育的能力。在森林公园的景观规划过程中，要注重对于环境教育空间的活动组织与规划，最大程度地利用景观资源价值，同时，根据年龄阶段的差异，采取不同的环境教育方式，加强不同年龄层次对于环境教育的认知(表1)。

表1　森林环境教育的受众群体分类

名称	年龄段	特点	环境教育目标	宜用方式
孩童	0～6岁	活泼好动，好奇心强	环境教育启蒙阶段	自然观察及趣味活动、手工等
少年	7～18岁	自我意识迅速发展	引导正确的环境观念	环境教育科普和森林保育等活动
大学生	19～22岁	具有较高的文化素养	加强环境教育自主性	森林公署与高校组织环境教育活动
青年	23～40岁	社会的中坚力量	释放压力，愉悦身心	开展森林生态旅游等体验项目
中年	40～55岁	阅历丰富，经济实力强	环境教育对孩子的影响	森林公署亲子活动等体验项目
老年	55岁以上	完备的人生经验，睿智	寻求与自然的高度契合	森林康养及森林疗养活动

4.3 游客需求分析

4.3.1 环境价值需求

伴随着目前自然教育的快速发展，我们要把握好良好的时代契机，把对森林公园环境教育目标与大众对自然的需求结合起来，对于森林公园中的自然景观(如气象景观、季相变化等)、植物景观、水景观等结合环境教育进行改造提升，吸引更多的游客驻足观赏。

4.3.2 教育内容需求

针对不同年龄段的不同需求，我们应当设计适应不同年龄段的深层次的环境教育衍生产品。同时，应增加对于地理、生态等方面科学知识的普及，对有关动植物的名称习性要加以详细说明，另外，应注重场地设施与自然结合的协调性，保持自然度，让人们更易于接受。

5　奥林匹克森林公园案例研究

5.1 研究区位与概况

奥林匹克森林公园位于北京市朝阳区北五环，地处南北中轴线的北端，东至安立路，西至林萃路，北至清河，南至科荟路。公园全园占地680公顷，公园内的森林资源较为丰富，以乔灌木为主，绿化覆盖率95.61%，四季分明，降水集中，春季干燥多风，昼夜温差较大，夏季炎热多雨，秋季晴朗少雨，光照充足，冬季寒冷干燥，气候条件好。其中，园内的绿地面积占地约450公顷，其中约有53万株乔木、80余种灌木和100余种地被植物，176种鸟类品种，形成了具有生物多样性的自然林系统。

5.2 环境教育需求分析

森林公园具有较高的吸引力和丰富的旅游资源，合理的开发利用能够产生较好的环境教育影响力。通过在奥林匹克森林公园长久的户外教学实践经验，森林公园环境教育主要体现在教育对象和教育活动上。针对教育对象，可分为孩子、中青年、老年人三个层次。其中，孩子主要以青少年为主，青少年处于环境观念与人生价值观念形成的关键期，所以应把环境教育纳入中小学课程体系中，让孩子更加正确地认识环境教育，从通过认识自然，体验自然，进而保护自然环境。中青年，则是社会的中间力量，需要通过景观规划的宣传与引导，提升其环境意识和环境素养。公园作为老年人日常锻炼的场所，环境教育可以更好地进行传播。在教育活动上，通过打造亲子教育项目，拉近孩子与父母之间的感情。同时，通过节庆与花展的融合，吸引更多的人赏花摄影，扩大森林公园的知名度。另外，森林公园还可以开展环境教育知识专题活动，避开白天高峰时段，通过观察昆虫夜间活动，认识萤火虫等活动，起到良好的教育效果。图3为开展环境教育时的场景。

图3　环境教育——观察野外昆虫实践活动

5.3　环境资源偏好及分析

植物空间特性是指利用植物的空间形态特征，通过植物的高度、密度等，营造出开敞空间、半开敞空间等丰富多变的植物空间类型。根据样本调查，可以看出人们较为喜欢半封闭、半开敞的空间，因为这样的空间能够为游客提供一定私密的空间和荫蔽性，人们具有开阔的视野，能够较好地开展环境教育活动(图4)。

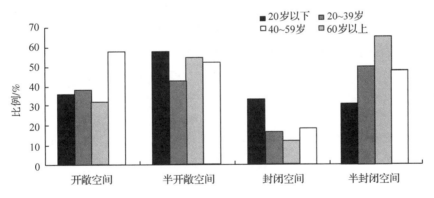

图4　各年龄段对植物环境空间特性的偏好

5.4　现有环境教育的不足及优化措施

奥林匹克森林公园作为北京市环境教育科普基地之一，环境教育科普方面目前仅有生态馆以及以休闲健康为目的的乐跑道，教育培训、学术研究等以保护自然为目的的教育活动较少，同时，可根据游客的不同需求，设计参与性活动，提高积极性，加强体验式环境教育，让人们可以在自然体验中得到身心素质教育的提升。以植物来说，可以进行植物搭配来营造出具有教育意义的一些小型的植物景观，比如不同叶形的植物组合，同花期不同花序的花带组合等；以昆虫来说，在公园中可以选择用生物防治的方法来进行管理，以虫治虫，少用农药，或者建造一些昆虫喜欢的环境景观，吸引益虫，不但可以保护生物多样性，还可以进行科普教育，一举多得，还有就是在现有的环境状况下适当增加一些小径，可以让人在树林中或者草坪中穿行，从而减少人为践踏草坪，增加人与自然的亲近感。

6 结论及展望

本文立足于自然环境视角对森林公园环境教育的设计要点进行归纳总结，并通过实地勘察法和实例论证法、总结分析法等方法对具体案例——北京奥林匹克森林公园进行分析，并提出对于森林公园环境教育体系建设的设想。

6.1 完善设施，年龄层次全覆盖

首先，环境教育要服务全体市民，覆盖各层次年龄段，针对不同年龄阶段设置不同的环境教育方案。其次，是要完善基础设施，要选择开发潜力较大并且不影响环境的区域，便于环境教育活动开展，通过森林观察小径、森林氧吧等活动作为切入点，让教育对象通过观察、体验、探险等形式间接地获取环境教育知识。

6.2 强化体验，形成完备环境教育体系

森林公园应以园内丰富的森林资源为基础，注重森林公园环境教育的户外体验，开展寓教于乐的环境教育，同时梳理已有景点，使室内与户外联动，使课堂讲授与实践体验有机结合，并且力邀植物和野生动物的专家进行合作交流，来规范完善环境教育体系。

6.3 制定法规，提升宣传力度

环境教育的建设，需要健全的法律法规的保障。同时，还可依托新媒体等平台优势，对于森林公园的环境教育，采取线上线下联动的推广模式，同时，及时获取平台发布的教育活动信息及建议等，扩大森林公园的影响力和关注度。

6.4 加强森林公园资源和文化特色研究，结合自身特点发展环境教育

构建环境体系是一项任重道远的任务，要实现这一目标，需要环境教育的民族意识得以确立和发展，并且深化在我们素质教育的过程中。森林公园在建设过程中，要加强对于森林公园资源和文化特色的研究，通过环境教育结合自身特点更好地进行发展。

参考文献

陈苗佩. 从行为说起——论奥林匹克森林公园公共性[J]. 建筑工程技术与设计, 2017(25)：443.

龚文婷. 国家森林公园自然教育基地规划设计研究——以甘肃子午岭国家森林公园为例[D]. 咸阳：西北农林科技大学, 2017.

李姝颖, 王靖文. 奥林匹克森林公园典型植物群落物种组成与结构调查[J]. 现代园艺, 2019(6)：115 – 116.

李亚星. 园林植物种植与造景分析 ——以北京奥林匹克森林公园为例[J]. 现代园艺, 2016(4)：67.

孟凡, 孟子卓, 薛亚美. 奥林匹克森林公园植物群落调研报告[J]. 现代园艺, 2018(16)：122.

彭才元. 湖南五尖山国家森林公园总体规划浅析[J]. 林业与生态, 2018(11)：37 – 38.

彭伟, 甘萌雨. 基于游憩者视角的游憩环境教育实证研究——以福州国家森林公园为例[J]. 生态经济(学术版), 2012 (001)：243 – 246, 250.

戚文娟. 儿童友好型公园绿地调查与评价研究[D]. 合肥：安徽农业大学, 2016.

唐寅婉. 浅谈奥林匹克森林公园的环境教育功能[J]. 管理观察, 2013(8)：16 – 17.

夏泽. 鸡峰山森林公园野生园林植物资源及利用[J]. 农业科技与信息, 2016(1)：130 – 131.

徐睿. 由奥林匹克森林公园鸟类多样性衡量其景观及生态环境水平研究[J]. 安徽建筑, 2017, 24(6)：18 – 24.

严以振. 资源节约型环境友好型社会的文化构建. 中国现代化研究论坛论文集[C]. 2007(5)：296 – 300.

杨围围，乌恩．亲子家庭城市公园游憩机会满意度影响因素研究——以北京奥林匹克森林公园为例[J]．人文地理，
　2015(1)：30.

姚予疆．生态文明教育与媒体融合[J]．人与生物圈，2018(5)：68 – 69.

俞诗言．陈雨婷．生态理念下的风景旅游规划方法探析[J]．智能城市，2016(7)：20 – 21.

不同年龄段人群的森林康养形式

尹立红① 任俊杰 刘祥宏 高声远 黄巍 徐灏杰 回全福 朱仁元

(北京乾景园林股份有限公司，北京 100093)

摘 要：我国很早就十分重视全民身心健康问题，首部《中华人民共和国体育法》于1995年获得通过，同年国务院颁布《全民健身计划纲要》，号召全民健身，倡导全民参与到强身健体的锻炼中来，旨在全面提高国民体质和健康水平。当前，我国已进入社会主义现代化建设和实现小康社会的关键时期，更要努力做好全民健身的各项工作，为新时期实现重要目标打好坚实的基础。我国森林资源丰富，具有发展森林康养的先天优势。本文发挥森林康养优势，发展针对不同年龄段人群的森林康养形式，对于不同年龄段人们所面临的健康问题给予相应的缓解对策，使森林康养更好地助力全民体质提升与健康生活。

关键词：森林康养；年龄段；全民健身

1 森林康养的概念及作用

森林康养是以丰富多彩的森林景观、沁人心脾的森林空气环境、健康安全的森林食品、内涵浓郁的生态文化等为主要资源和依托，配备相应的养生休闲及医疗、康体服务设施，开展以修身养心、调适机能、延缓衰老为目的的森林游憩、度假、疗养、保健、养老等活动的统称。森林康养对人体健康具有十分有效的保健作用，具有养身、养心、养性、养智、养德"五养"功效，也就是对身体、心理、性情、智慧、品德有治疗的效果。

森林能释放出大量负氧离子和芬多精。负氧离子进入人体后，能调节人体中枢神经系统活动，防治和改善呼吸系统疾病，促进新陈代谢，提高免疫力，还能消除人们的紧张情绪，减少心理压力。芬多精又称植物精气或植物杀菌素，存在于植物的根茎叶干花中，能够帮助人类杀死病菌，促进新陈代谢，减缓压力，促进身心健康。森林康养可以显著提高人体血液中自然杀伤免疫细胞的活性，增加抗癌蛋白的数量，从而增强人体的免疫力和抗癌能力；同时能在一定程度上缓解人们的精神压力，放松人们的心情，让人体会到回归大自然的宁静和美妙。

2 森林康养的不同模式

从20世纪90年代开始，美国、日本等林业资源丰富的国家开始致力于发展森林康养产业，推动

---

① 作者简介 尹立红，女，硕士研究生，北京乾景园林股份有限公司研发助理。电话：13717518725。邮箱：yinlihong@qjyl.com。

森林生态的资源共享，提高森林产业的经济效益。现如今的森林康养发展，以德国的森林医疗、美国的森林保健和日本的森林浴最具特色。

2.1 森林医疗型的德国模式

德国将森林康养称作森林医疗，主要方式为医疗康复以及对疾病的预防疗养。在19世纪，德国在一个森林小镇中建立了世界第一个关于森林疗养的基地。到现在，德国已有数百座森林医疗基地。森林疗养发展作为德国的一项医疗政策，已逐渐成为医疗保险体系的重要一环。同时，森林医疗的快速发展，扩大了森林医疗的市场，推动了德国医疗专业的发展。

2.2 森林保健型的美国模式

美国的森林康养以保健型模式为主，借助美国丰富的森林资源，通过生态休闲旅游来使游人减缓压力，放松身心，从而可以在一定程度上预防疾病。美国的森林康养项目将旅游度假、运动娱乐和疗养保健结合在一起，吸引外来游客进行旅游保健。

2.3 森林浴型的日本模式

日本森林康养的口号是"入森林、浴精气、锻炼身心"，形成了独特的森林浴模式，利用森林步道进行运动休憩。虽然起步较晚，但其发展较为迅速。1982年，日本将森林医疗理念引进国内，联合林学、医学等多学科专家进行研究，并在全国开始规划森林浴基地。因其对森林康养及森林浴理论研究的大力投入与实践，日本在短时间内成为在森林康养方面处于世界领先地位的国家。

3 不同年龄段人群的森林康养形式

当前，随着我国经济快速发展，各年龄层压力也越来越大，且人口老龄化问题越来越凸显，由此带来的全民健康问题层出不穷，高额的医药费给多数家庭带来了不小的经济负担。儿童青少年是祖国未来的希望，中青年是社会整体发展的主力军，而老年人是全社会的宝贵财富，所有人的身心健康，都关系着国家富强和民族振兴，必须引起足够的重视，并采取相应措施改善国民整体健康情况。

2016年6月15日，国家发布了全民健身计划（2016—2020年），在此后的五年中，面对人民群众日益增长的体育健身需求、全面建成小康社会的目标要求、推动健康中国建设的机遇挑战，需要更加准确把握新时期全民健身发展内涵的深刻变化，不断开拓发展新境界，使其成为健康中国建设的有力支撑和全面建成小康社会的国家名片。

在此背景下，发展适合不同年龄段人群的森林康养形式，可以有效地提升国民体质，缓解诸多健康问题，助力全民健身计划顺利进行。

3.1 适合儿童的森林康养形式

近几年，早教理念在中国逐渐受到人们的重视。繁重的家务和工作常常让家长分身乏术，因此也不得不把孩子送入早教机构。幼儿园生态环境教育注重知识灌输，忽视亲身体验，长期的室内教育导致的肥胖、注意力不集中、抑郁等问题又让家长陷入两难境地，人们对"过度正规化"的早期教育模式忧心忡忡。

森林教育是指在林地环境里，为儿童提供亲身体验的机会，以此来培养他们自信心和自尊心的一种户外学习过程与实践[3]。孩子的幼儿时期是身体和心灵发育的重要阶段，需要接受大自然的刺激来得到感知上的全面发育，如果仅以"服从式"的方式来获取知识，便失去了对新鲜事物的感知能力。森林教育，是顺应孩子天性的产物，让孩子通过感官刺激，在自然中获得身心成长原动力，既能全面提高孩子的认知能力，又能愉悦孩子的情绪，提升孩子的身体素质。

3.1.1 野外考察

儿童在老师指导下观察各种动植物，让孩子选择一种感兴趣的进行记录，从而体验生命的奥秘，丰富自然科学阅历。

3.1.2 感官体验

导师充分调动学生的听觉、视觉、嗅觉等感官系统，辨别物体的声音、颜色、气味等属性，锻炼儿童感官的灵活性，对外界有更直观的认识。

3.1.3 野外生存

儿童需要学会寻找食物，生火做饭，以及如何利用刀具等简单的野外生存技能，在此过程中提升动手能力，学会团结协作，帮助他人。

3.1.4 环境保护

教学生植树，为动物建造简易巢穴，救治受伤动物，清理垃圾，培养学生环境保护意识，与自然和动植物做朋友，培养敬畏和爱护之心。

3.1.5 体育游戏

主要通过包括爬树、攀岩、搭建房子等形式培养学生平衡能力和使用工具的能力，培养儿童独立解决问题的能力。

3.2 适合青少年的森林康养形式

青少年由于重文化轻体育的教育环境、不良饮食习惯、生活方式的转变、体育教学单调无趣等原因，体质与健康存在着诸多隐患，如心肺功能、速度、爆发力、力量、耐力素质等体能指标呈下降趋势、超重及肥胖孩子急剧增多、视力不良检出率居高不下、心理健康问题呈增长趋势、与周围人的人际关系日益恶化、社会适应能力差等。

森林能够为青少年户外体育锻炼提供优质空间，丰富的植被种类和层次为开展各类户外活动创造了条件，富有趣味性的体验，能让青少年在不知不觉的情况下，充分调动身体和大脑尽情参与，克服日常生活中的惰性和依赖，增强体魄，树立自信心，更加健康地成长。

3.2.1 手工坊

设置专门的操作和展陈场地，充分利用森林现有资源，由专业人员进行指导，主要进行木工制作、竹编制作、家庭园艺制作、植物精油制作等，可提升青少年的动手能力，激发想象力和创造力，以及实现美好愿望的能力。

3.2.2 森林拓展

依据青少年生理、心理成长特征，依托森林环境资源，以原生态材料打造拓展场景、器材等，开展生态健康的拓展项目，锻炼体魄的同时强化团队精神。

3.2.3 森林探险

由专业人员带队，体验丛林穿梭和野外求生、脱险，为长期在城市生活的青少年打开自然的大门，学习古老有效的各种野外技能，增长见识、技能，提升体能。

3.2.4 马术训练

培养青少年的耐心、意志力和掌控力，正确引导青少年的价值观和人生观。马术对青少年成长的精神帮助意义深远，马术训练可以锻炼青少年的独立自主能力和独自解决问题的能力。

3.3 适合中青年的森林康养形式

中青年主要受亚健康问题困扰，由于阶段工作、婚姻、家庭、社会等方面的压力较大，常常出现饮食不合理、缺乏运动、作息不规律、睡眠不足、精神紧张、心理压力大、长期不良情绪等情况，进而容易产生冷漠、失望、无助、孤独、空虚、轻率等情感方面的问题。

饱受亚健康问题困扰的中青年，应远离压抑的城市和工作环境，置身于自然清静的森林之中，通过各种舒缓、优雅的活动方式，让疲惫的身体得到充分的放松，缓解各个部位长久以来的不适，让身心沉静下来，充分释放积年累月的压力和烦躁，让身心重获新生。

3.3.1 森林瑜伽

在森林适宜处建设平台，联合专业瑜伽机构，定期定时定点进行专业瑜伽训练，周围设置屏障或提示避免打扰，在大自然的怀抱中聆听鸟叫虫鸣，呼吸清新空气，拥抱广阔天地，在森林里运动能吸入更多大自然的氧气，通过调整呼吸，失眠、肠胃消化的问题自然而然便能得到调节。

3.3.2 森林浴

在森林内专设舒适的林间漫步道，路旁自然式种植含药理效果的芬香物，漫步道主要用于游客散步，不影响其他游客的前提下可慢跑，为保证安全性，禁止自行车穿插及同行，同时设有残障人士专用通道及设施，方便其使用，根据人体体能特征适当距离沿路设置休息驿站，提供洗手间、休憩、观景服务。

3.3.3 芳香疗养

在森林内设置专门区域，在森林自然生态的环境下，使用以各种芳香植物为原材料的产品，通过引用温泉沐浴、洗发、漱口、熏香、精油按摩的方式进行芳香疗养。

3.3.4 森林品茶

在森林内建设品茶馆，配以听泉、抚琴等项目，丰富品茶体验。同时可引入以茶为原料的菜馆，其中绿茶宜与口味清淡的菜搭配，红茶适合与口味色泽重的菜肴搭配，乌龙茶适合与油腻的菜肴搭配，如铁观音炖鸭、龙井虾仁、绿茶肉末豆腐、茶叶饭、红茶蒸鲫鱼等。

3.4 适合老年人的森林康养形式

老年人因体表外形改变、器官功能下降、机体调节控制作用降低等原因，患病率及住院率均远高于其他年龄的人群，具有发病缓慢、临床表现不典型的特点。老年人多患的是慢性病，主要病种是循环系统、消化系统和呼吸系统疾病，还易产生并发症与多脏器损害。同时，由于社会角色转变，闲散在家容易产生孤独、压抑的心理，有些老人即使与子女生活在一起，也会因子女的不关心、不沟通感到寂寞孤独，会出现悲观失望、情绪抑郁。

森林清幽静谧的环境能为缓解老年人身心健康问题提供帮助，通过舒缓的运动和科学的医疗膳食等，帮助老年人提高免疫力，延缓衰老，预防各种老年慢性病，老年人群体性运动还可以加强相互之间的交流，强身健体的同时使头脑保持灵活、心情更加愉悦，避免老年痴呆症的发生。

3.4.1 森林医疗

根据科学依据，建设完善的康养基地、康养师团队和疗养方案。基地建设以森林为"客厅"，设置登高远眺的"瞭望广场"和近距离接触森林环境的"自然吧台"，在平坦开阔的空间引入医院或健康保健类组织来此建设区域性老年康复、预防医疗等保健设施。建设"医疗花园"，以系统的园艺疗法，通过游览、休憩、活动和劳作的方式进行身心疗养。引进专业的森林康养师，并定期组织培训，不断更新改进，并及时更新改善针对老年疗养人群的疗养方案，使其功效性更强、效果更好。

3.4.2 森林太极

选择森林中的平坦开阔地开展森林太极养生锻炼，由专业太极师父带队进行晨练示范，根据老年人身体状况传授适宜的拳架招式，在运动中增强心脏功能，改善循环系统，扩大肺活量，提高老年人的平衡能力，防止骨质疏松。

3.4.3　森林药膳

以森林中药食同源植物作为食材，以健康食谱做成养生保健菜肴，充分考虑老年人饮食禁忌，食物要粗细搭配、松软、易于消化吸收，使老年人在享受美味的同时达到强身健体的效果。

4　总　结

关注不同年龄段人群身心健康，有助于全民健身计划的实施，根据不同年龄段人群身心健康状况发展有针对性的森林康养形式，可以更好地缓解相应的健康问题。森林康养，通过合理的规划和实施，充分利用不可多得的自然资源，能够为全民健身提供更多样的思路，使追求身心健康变得更加舒适、惬意、愉悦，并以此充分调动健身养生人群的主观能动性，形成康养良性循环。

参考文献

陈洁真. 浅析老年人亚健康与中青年人亚健康之异同[J]. 中国自然医学杂志，2006，8(2)：154.

陈勇，万瑾. 森林教育：构成、经验与启示[J]. 教育科学文摘，2013(4)：75-76.

杜朝云，蒋春蓉. 森林康养发展概况[J]. 四川林勘设计，2016(2)：6-9.

马宏俊. 森林康养发展模式及康养要素分析[J]. 林业调查规划，2017，42(5)：124-127.

马军. 我国儿童青少年面临的主要健康问题及应对策略[J]. 北京大学学报，2013，45(3)：337-342.

湖南省国家级森林公园游客网络评论空间格局研究

陈翠婷①

（中南林业科技大学旅游学院，湖南 长沙 410004）

摘 要： 游客网络评论对于森林公园调整营销策略，了解消费者感知具有重要作用。了解国家级森林公园的游客网络评论空间格局，不仅对国家级森林公园的网络营销起到指导作用，同时可以在空间层面了解不同区域旅游者对于森林公园的认知和满意度分布，对湖南省国家森林公园的整体发展和区域化精准营销具有重要作用。本文借助 Arcgis 空间分析工具和 ROSTCM 文本分析工具，利用最近邻指数法、核密度分析法和内容分析法对湖南省国家级森林公园游客网络评论空间格局进行分析。通过分析，得到以下结论：湖南省国家级森林公园为均匀性分布，湖南省国家级森林公园游客网络评论在空间上形成了三个一级聚集中心和三个二级聚集中心，三个一级聚集中心分别是张家界湘西高密度评论聚集区、常益长高密度评论聚集区和永州衡阳高密度评论聚集区。三个二级聚集中心为怀化邵阳中密度聚集区、株洲郴州中密度聚集区和岳东南中密度聚集区。湖南省国家级森林公园游客网络评论内容可以归纳为旅游体验、旅游环境、公园设施与服务三大类。五年间游客网络评论内容也表现出一定的演变规律，游客从传统的关注公园内的景点外，开始慢慢呈现出对公园内环境和服务的关注。最后，针对湖南省国家森林公园游客网络评论空间格局提出了提升公园信息化建设、加强森林公园线上营销和提升公园服务水平三点建议。

关键词： 国家森林公园；网络评论；空间格局；核密度分析

1 引 言

2018 年，我国森林旅游游客量突破 16 亿人次，森林公园作为森林旅游的主体，成为越来越热门的旅游目的地。森林公园的申报数量和游客人次都在逐年增长，越来越多的居民开始逃离城市，走进森林，拥抱自然。森林公园的空间格局决定着森林旅游的发展格局，了解森林公园的空间格局有利于推动森林旅游空间布局的优化，同时也能促进森林资源的合理有序开发。2019 年 6 月中共中央办公厅、国务院办公厅印发了《关于建立以国家公园为主体的自然保护地体系的指导意见》，提出要根据自然生态系统原真性、整体性、系统性及其内在规律，依据管理目标与效能并借鉴国际经验，将自然保护地按生态价值和保护强度高低依次分为国家公园、自然保护区、自然公园 3 类，并确立国家公园的主体地位。森林公园作为自然保护地的重要组成部分，是国家公园发展的重点，其空间分布特征对于国家公园试点的选择具有重要指导意义。

我国在线旅游市场规模在不断扩大，根据中国产业研究院发布的《2019 年在线旅游市场预测报告》显示：2018 年中国在线旅游用户突破 4 亿，预计 2019 年将达到 5.2 亿人次。旅游者越来越倾向于在网

---

① 作者简介　陈翠婷，女，硕士研究生，研究方向为森林旅游。邮箱：214345725@qq.com。

络上购买旅游产品，并在旅程结束时撰写网络评论，游客网络评论的口碑效应越来越明显，直接影响到未出行的游客是否会预订旅游产品。森林旅游产品的预订量也在逐年攀升，其网络评论的数量越来越多。在了解森林公园现实空间格局的同时，对其网络评论空间格局进行分析，可以从不同角度为我国森林公园和国家公园的空间选择提供依据。

2　研究综述

2.1　森林公园空间分析

目前关于森林公园空间分析的研究主要集中于森林公园景观格局、森林公园空间分布特征、森林公园游客分布特征、森林公园选址、森林公园空间可达性等方面。在对森林公园景观格局进行研究时，学者们从大地自然景观、林地景观等多个方面进行了研究。森林公园空间分布特征则主要聚焦于省域层面。森林公园游客分布特征为分布不均衡，并且具有很强的季节性，客流分布与景区生态旅游承载力之间存在负相关关系。森林公园整体可达性较好，具有明显的交通指向性。

2.2　游客网络评论分析

游客网络评论的研究已经越来越多，从评论撰写者到评论接收者的研究都不断涌现。主要聚焦于旅游目的地形象、游客满意度、网络口碑等。现阶段游客网络评论的研究维度也越来越广，张军等通过两个实验研究评论效价和评论内容属性对出游意向的影响，发现当评论内容只涉及单一属性时，评论内容属性显著调节评论效价与出游意向之间的关系，当评论内容涉及两个属性时，核心吸引物为正面评论，服务配套为负面评论所激发的出游意向显著高于核心吸引物和服务配套的评论内容均为正面时的出游意向。还有学者通过提取景区网络评论数据，构建了旅游景区网络舆情指标。

大多数网络评论研究都是以某一典型的景区进行分析，针对森林公园这一大类进行研究的较少，研究方法也多是采用文本分析法。"旅游＋互联网"模式是景区发展的趋势，森林公园也需要提升景区信息化建设，注重在线旅游者的体验。目前从空间的角度去研究游客网络评论的论文较少，从空间上分析可以更加清晰地了解旅游目的地的评论分布特征，进一步为我国森林公园信息化水平的提高和在线旅游的发展提供指导依据。

3　研究方法和数据来源

3.1　研究区域概况

截至 2018 年底，湖南省林地面积为 1110.85 万平方千米，森林覆盖率为 59.68%。湖南省国家级森林公园的数量为 63 处，居全国第一，涵盖湖南全部的地州市。湖南省森林公园分布广，对湖南省进行国家森林公园研究具有显著代表性。

3.2　研究方法

3.2.1　最邻近指数法

空间分布结构可以划分为均匀、随机与凝聚分布三种形式。当区域内点状要素为随机分布时，其理论上的最邻近距离公式为：

$$R_E = \frac{1}{\sqrt{2n/A}}$$

最邻近点指数为实际最邻近与理论最邻近距离之比，当最邻近指数 $R < 1$ 时，表明点状要素为凝聚

分布; $R=1$ 时, 为随机分布; $R>1$ 时, 为均匀分布。

3.2.2　核密度分析

核密度分析法是一种非参数密度估计方法。它假设地理事件可以发生在空间的任一地点, 但是在不同的位置上所发生的概率不同。点密集的区域事件发生的概率高, 点稀疏的地方事件发生的概率低。该分析方法可用于计算点状要素在周围邻域的密度, 可以显示出空间点较为集中的地方。

3.2.2　内容分析法

内容分析法是把不规则、不系统的文字、图片等信息转化成为系统的数据资料, 由表征出的词句意义推断准确意义的过程。本文利用 ROSTCM6 对湖南省国家级森林公园的评论文本进行分析。

3.3　数据来源

国家级森林公园的位置坐标通过百度地图坐标拾取系统进行获取, 得到 63 个保护地坐标数据, 导入 Arcgis 空间分析软件进行分析。

通过比对各大旅游网络平台的国家森林公园评论数量, 最终选取携程网、同程网以及去哪儿旅行网三个网站的评论数量。这三个网站是我国目前较大的 OTA, 同时游客网络评论数量也较多, 数据充足。利用 Gooseeker 爬虫软件对湖南省国家级森林公园的网络评论数据进行抓取评论时间为 2014 年 3 月至 2019 年 3 月五年的数据, 通过筛选, 有 6 处国家级森林公园没有评论, 最终得到 57 处国家级森林公园网络评论数据, 通过筛选整合, 最终得到评论文本 25023 条。

4 湖南省国家级森林公园现实空间格局

利用 Arcgis 进行最邻近指数分析, 得到湖南省国家级保护地的实际平均最邻近距离为 34579 米, 理论最邻近距离为 30376 米, 最邻近指数为 1.14, 呈现出均匀分布状态。通过对比之前学者对保护地的研究分析, 大部分的保护地和森林公园都呈现出聚集分布状态, 但湖南省由于国家级森林公园数量众多, 分布范围广, 呈现出均匀分布的状态, 这种资源分布格局更有利于资源享有的平均化, 造福民众(图 1)。

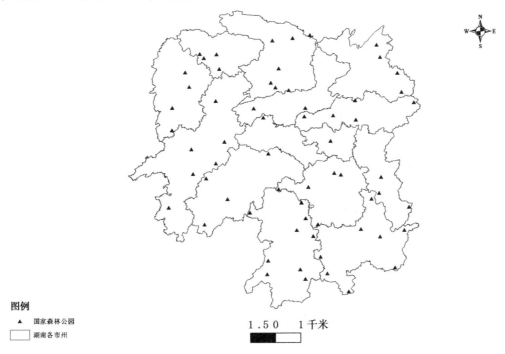

图 1　湖南省国家级森林公园分布图

5 湖南省国家级森林公园游客网络评论空间格局

5.1 湖南省国家级森林公园游客网络评论空间演变规律

5.1.1 湖南省国家级森林公园游客网络评论总体空间格局

对湖南省国家级森林公园游客网络评论进行核密度分析，以森林公园网络评论数量为权重，得出湖南省国家级森林公园游客网络评论空间格局(图2)。

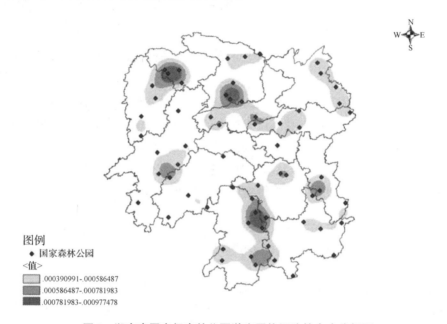

图例
- ◆ 国家森林公园
- <值>
  - .000390991 - .000586487
  - .000586487 - .000781983
  - .000781983 - .000977478

图 2　湖南省国家级森林公园游客网络评论核密度分析图

通过分析，我们可以发现：湖南省国家级森林公园游客网络评论分为三大聚集片区，分别是以张家界国家森林公园和天门山国家森林公园为核心组成的张家界湘西高密度评论聚集片区，以湖南桃花源国家森林公园、湖南天际岭国家森林公园为核心形成的常德益阳长沙聚集片区，以湖南阳明山国家森林公园、湖南金洞国家森林公园、湖南九嶷山国家森林公园为核心形成的永州衡阳聚集片区。这三个一级聚集片区所包含的国家级森林公园数量较多，同时国家级森林公园的游客网络评论数量也较高，形成了整个湖南省游客网络评论高聚集区。

第二层级的游客网络评论聚集中心同样分为三个区域，分别是怀化邵阳评论中密度聚集区、株洲郴州评论中密度聚集区和岳东南评论中密度聚集区。怀化邵阳中密度聚集区主要集中于怀化和邵阳交界地带，以湖南中坡国家森林公园、湖南云山国家森林公园为主形成的游客网络评论聚集带。株洲郴州中密度聚集区同样聚集于两市交界处，以湖南神农谷国家森林公园、湖南莽山国家森林公园和湖南九龙江国家森林公园为主。岳东南中密度聚集区为湖南五尖山国家森林公园、湖南幕阜山国家森林公园等形成的岳阳东南部游客网络评论聚集带。

5.1.2 不同地市的湖南省国家级森林公园游客网络评论空间格局

对不同地市的湖南省国家级森林公园游客网络评论进行分析，可以将其分为三类：高密度区、中密度区和低密度区。高密度区主要是以张家界市和长沙市为主，其中张家界市评论数量远远超过省内其他地市，是长沙市网络评论的五倍左右，在整个省内聚集效应最明显，这也得益于张家界市内的张家界国家森林公园和天门山国家森林公园的强吸引力和高知名度。中密度区主要是以湘西土家族苗族自治区、郴州市、永州市、常德市、株洲市和岳阳市形成的第二阶梯聚集区，这些地区评论数量相差不大，处于中等水平。低聚集区为娄底市、怀化市、邵阳市、衡阳市、湘潭市和益阳市（表1）。

表1 不同地市国家级保护地游客网络数量

城市	国家级森林公园数量	评论总数
张家界市	4	16600
长沙市	5	3531
湘西土家族苗族自治州	4	964
郴州市	8	944
永州市	8	920
常德市	6	848
株洲市	3	621
岳阳市	4	278
娄底市	1	97
怀化市	5	67
邵阳市	2	63
衡阳市	4	60
湘潭市	1	19
益阳市	2	11
总计	57	25023

结合本地区的国家公园数量来分析其网络评论数量，可以发现地区间的差异较明显。郴州市与永州市的国家级森林公园数量是省内最多的，常德市也有6个国家森林公园，但是其评论数量处于中等水平。岳阳市和衡阳市国家级森林公园数量居中，但评论数量不高，尤其是衡阳市，评论平均数量极少。这几个市应将本地知名的森林公园进一步建设，打造自身亮点。加强信息化建设，针对线上旅游者推广更多营销活动，增强品牌效应，提升知名度。联动区域内其他森林公园合力提升本市森林公园的发展水平。张家界市国家级森林公园的数量在全省处于中等水平，但是其评论数量远远超过全市平均水平，是最吸引在线旅游者的目的地，张家界有史以来就是湖南省旅游名地，本区资源优势明显，带动全省森林旅游的发展。

5.2 湖南省国家级森林公园游客网络评论时间演变规律

通过图3我们可以得知五年间湖南省国家级森林公园的网络评论呈上升趋势（表2），2014年3月至2015年3月，评论数量仅为2530条，在2018年3月至2019年3月达到了8613条，比2014年3月至2015年3月增长3.4倍。但是，国家森林公园的数量并不是一直处于递增状态，在2016年3月至2017年3月是唯一出现负增长的一年。2017—2019年间评论数量的增长放缓，这与互联网行业逐渐失去人口红利的现象关系紧密。

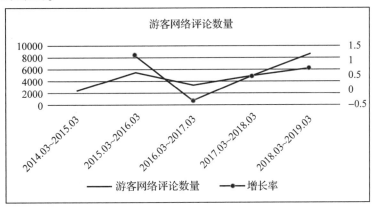

图3 湖南省国家级森林公园游客网络评论数量时间演变图

表2　五年内湖南省国家级森林公园游客网络评论数量表

时间	评论总数
2014. 03 ~ 2015. 03	2530
2015. 03 ~ 2016. 03	5520
2016. 03 ~ 2017. 03	3404
2017. 03 ~ 2018. 03	4956
2018. 03 ~ 2019. 03	8613
总计	25023

5.3　湖南省国家级森林公园游客网络评论内容演变规律

5.3.1　湖南省国家级森林公园游客网络评论内容总体分析

将湖南省国家级森林公园的游客网络评论文本进行高频词分析，发现主要可以归纳为旅游体验、旅游环境、公园设施与服务三大类（表3）。其中旅游体验又可细分为情绪类词汇和感知类词汇。情绪类词汇涵盖两大类，正面情绪和负面情绪，旅游者总体对于湖南省国家级森林公园的感知较好，"不错""值得""可以""开心"等词语都位于前列。但同时旅游者也反应出负面情绪词汇，如"一般""遗憾"等，但是频次并不高。游客总体旅游体验较好。

表3　湖南省国家级森林公园网络评论高频词表（前五十）

序号	特征词	频数	序号	特征词	频数
1	不错	9000	26	刺激	2266
2	景区	8076	27	天门洞	1980
3	值得	7352	28	推荐	1748
4	可以	7098	29	壮观	1530
5	风景	6812	30	天梯	1520
6	方便	6774	31	开心	1504
7	索道	6480	32	天子山	1466
8	张家界	5578	33	环境	1422
9	天门山	5308	34	一般	1418
10	公园	4984	35	电梯	1390
11	没有	4954	36	武陵源	1346
12	排队	4620	37	环保	1344
13	森林	4574	38	便宜	1308
14	时间	4444	39	体验	1286
15	栈道	4110	40	价格	1240
16	门票	3974	41	适合	1230
17	玻璃	3970	42	自然	1208
18	导游	2746	43	下雨	1140
19	空气	2744	44	喜欢	1132
20	缆车	2644	45	大自然	1118
21	特别	2468	46	仙境	1114
22	漂亮	2454	47	优美	1110
23	服务	2454	48	樱花	1096
24	天气	2386	49	清新	1002
25	游玩	2352	50	遗憾	980

旅游环境类的词汇有"风景""漂亮""天气""刺激""壮观""环保""自然""清新"等，这些词汇反映出游客不只是关注森林公园的景色，同时对森林公园重要的保护功能也有所关注。森林公园主要的意义是景观资源的保护与保存，旅游者的保护意识的提升也将有利于森林资源永续可持续利用。

公园设施与服务中，公园设施词汇出现较多的是"索道""栈道""玻璃""缆车""电梯"，这些都是湖南著名张家界国家森林公园和天门山国家森林公园中的重要吸引设施，出现的频率较高，也是游客体验较多的项目。旅游者对于公园内的服务关注度也较高，"服务"一词排名23，旅游者多次提到公园内的服务质量，对于门票、商品价格和导游的关注较高。

5.3.2 湖南省国家级森林公园游客网络评论高频词演变分析

通过提取五年间的高频词数据，分析湖南省国家级森林公园游客网络评论的高频词演变规律（表4）。整体来说，高频词变化较小，与总体评论高频词一致。但是在2014年3月至2015年3月间出现了"向日葵""樱花"等词语，这些词汇多出现在湖南省天际岭国家森林公园的评论中，天际岭国家森林公园的樱花节在2014年3月~2015年3月期间参观人数火爆，吸引了众多游客前往。在2015年3月~2016年3月期间，"排队""小时"等词语排名较靠前，公园内排队现象明显。在2016年3月~2017年3月期间，"空气"和"刺激"这两个词语出现，游客除了关注传统景点和设施，也开始关注公园内的环境。2017年3月~2018年3月，"张家界"排名提升，游客对于公园名称有了更强烈的感知，对张家界的感知也越来越强烈。在2018年3月~2019年3月期间，"导游""服务"一词出现在前二十，旅游者除了关注公园景色，对于旅程中的服务也更加关注，森林公园在开展旅游的过程中也要更加注重服务水平的提升。

表4 2014.03~2019.03湖南省国家级森林公园网络评论高频词表（前二十）

序号	2014—2015	2015—2016	2016—2017	2017—2018	2018—2019
1	不错	不错	方便	景区	景区
2	方便	方便	不错	值得	不错
3	值得	值得	可以	不错	值得
4	景区	排队	索道	可以	可以
5	可以	可以	景区	风景	风景
6	风景	景区	风景	索道	张家界
7	空气	索道	值得	景色	景点
8	没有	小时	栈道	天门山	公园
9	门票	没有	天门山	张家界	景色
10	向日葵	门票	玻璃	没有	索道
11	漂亮	天门山	排队	公园	导游
12	森林	栈道	没有	方便	森林
13	索道	玻璃	公园	栈道	时间
14	公园	公园	张家界	玻璃	天门山
15	植物园	张家界	森林	森林	方便
16	张家界	漂亮	小时	门票	排队
17	小时	森林	门票	天气	门票
18	天门山	缆车	空气	排队	服务
19	排队	便宜	缆车	空气	栈道
20	樱花	天气	刺激	缆车	玻璃

6 结论与建议

6.1 结论

本文对湖南省国家级森林公园的游客网络评论空间格局进行了研究，通过利用 Arcgis 空间分析工具和 ROSTCM 内容分析工具，从空间演变规律、时间演变规律和内容演变规律三个方面进行分析，得到以下结论。

（1）湖南省国家级森林公园游客网络评论空间格局

湖南省国家级森林公园最邻近指数为 1.14，为均匀分布状态。湖南省国家级森林公园游客网络评论在空间上形成了三个一级聚集中心和三个二级聚集中心，三个一级聚集中心分别是张家界湘西高密度评论聚集区、常益长高密度评论聚集区和永州衡阳高密度评论聚集区。三个二级聚集中心为怀化邵阳评论中密度聚集区、株洲郴州评论中密度聚集区和岳东南评论中密度聚集区。湖南省国家级森林公园游客网络评论在不同地市上呈现出高密度区、中密度区和低密度区。

（2）湖南省国家级森林公园游客网络评论时间演变规律

湖南省国家级森林公园在 2014 年 3 月至 2019 年 3 月五年间总体呈现上升趋势，但是并不是一直递增，2016 年 3 月至 2017 年 3 月这一年出现负增长。

（3）湖南省国家级森林公园游客网络评论内容演变规律

湖南省国家级森林公园游客网络评论内容可以归纳为旅游体验、旅游环境、公园设施与服务三大类。五年间评论高频词出现一些变化，游客从传统的关注公园内的景点外，开始慢慢呈现出对公园内环境和服务的关注。

6.2 建议

（1）提升森林公园信息化建设

在智慧旅游的时代，森林公园的信息化水平对于公园的发展至关重要，湖南省许多森林公园资源优势明显，但是旅游者数量低，网上所能检索的信息较少，这些森林公园应加大信息化投入，提升公园知名度。

（2）加强森林公园线上营销

在线旅游者数量庞大，同时年龄偏轻，森林公园应抓住在线旅游者的特点进行精准营销，结合目前最热门的营销方式，如短视频或其他线上营销方式，进一步吸引旅游者。

（3）提升公园服务水平

森林公园开发旅游是适度的开发，但其服务质量要能与接待能力匹配，森林旅游的人次在逐年增加，森林公园的服务质量是决定旅游者旅游体验的重要因素。森林公园应对服务接待人员进行培训，并建立健全考核机制，全面提升景区服务水平，同时对于园区的硬件设施也要进一步提升，建立适合公园自身的服务设施，提升整体接待水平。

参考文献

陈贤干. 福建省森林公园落界"一张图"与景观空间格局分析[J]. 林业勘察设计，2017，37（02）：14 - 19，23.

龚箭，杨舒悦. 基于网络评论的旅游目的地评价研究——以我国 31 个省市自治区为例[J]. 华中师范大学学报（自然科学版），2018，52（02）：279 - 286.

郭昕冉. 基于新浪微博的 5A 级山岳型旅游景区网络口碑研究[D]. 南昌：江西财经大学，2018.

刘萌玥，陈效萱，吴建伟，赵玉宗，唐顺英. 旅游景区网络舆情指标体系构建——基于蚂蜂窝网全国百家 5A 级景区的游客评论[J]. 资源开发与市场，2017，33(01)：80 - 84.

庞玮，马耀峰，陈婷. 西藏青年旅舍住宿体验与满意度研究——以拉萨平措康桑国际青年旅舍为例[J]. 西藏大学学报（社会科学版），2016，31(04)：172 - 178.

阙晨曦，池梦薇，陈铸，等. 福州国家森林公园景观格局变迁及驱动力分析[J]. 西北林学院学报，2017，32(06)：169 - 177.

索志辉，梁留科，苏小燕，等. 游客体验视角下开封旅游目的地形象研究——基于网络评论的方法[J]. 地域研究与开发，2019，38(02)：102 - 105.

王鑫，李雄. 数据驱动的城市近郊郊野公园选址——以北京北郊森林公园为例[J]. 中国园林，2015，31(07)：21 - 25.

魏琦，欧阳勋志. 江西省国家森林公园空间分布特征分析[J]. 林业经济，2018，40(06)：86 - 91.

吴承照，刘文倩，李胜华. 基于 GPS/GIS 技术的公园游客空间分布差异性研究——以上海市共青森林公园为例[J]. 中国园林，2017，33(09)：98 - 103.

熊鹰，董成森. 武陵源风景区旅游客流量时空变化与调控对策[J]. 经济地理，2014，34(11)：173 - 178.

徐美，李达立，刘春腊，等. 湖南省森林公园空间分布特征及其影响因素分析[J]. 资源开发与市场，2018，34(07)：1004 - 1009.

杨丽婷，刘大均，赵越，等. 长江中游城市群森林公园空间分布格局及可达性评价[J]. 长江流域资源与环境，2016，25(08)：1228 - 1237.

杨伶，张贵，王金龙，等. 湖南县域森林资源禀赋空间格局演变分析——一种空间网络模型的构建与验证[J]. 资源科学，2017，39(07)：1417 - 1429.

张军，赵梦雅，时朋飞. 什么样的好评让你更心动？多维度网络评论效价与出游意向影响研究[J]. 旅游科学，2018，32(04)：47 - 59，84.

张若愚. 基于文本情感分析的江西省 5A 级景区网络口碑综合评价[D]. 南昌：华东交通大学，2017.

中办国办印发《关于建立以国家公园为主体的自然保护地体系的指导意见》[N]. 光明日报，2019 - 6 - 27.

基于 GIS 的湖南千家峒国家森林公园游步道选线研究

韩欣彤①

（中南林业科技大学旅游学院，湖南长沙 410004）

摘　要： 游步道是森林公园的重要组成部分，是连接各景点及观景点的步行道路，是一项主要的基础设施。GIS 技术在森林公园规划中应用广泛，其强大的分析功能具有其他技术无法比拟的优势。通过 GIS 的地形分析，景点密度分析，对千家峒国家森林公园游步道进行选线分析，筛选千家峒国家森林公园游步道选线途经的重要景点，确定千家峒国家森林公园游步道选线，为森林公园步道建设提出有意义的建议以促进森林公园发展。

关键词： 游步道选线；GIS；千家峒国家森林公园；地形分析

1　引　言

随着工业化及城市化的快速发展，人们生活水平的日益提高，人类社会生产活动对城市环境带来了一定的污染。同时，正因为人们的物质生活水平不断提高，人民群众对于旅游的需求日益提高，越来越多的人追求精神享受、生态环保、可持续发展等观念。森林旅游（forest recreation）是国际上正在兴起的一种有利于保护森林的新型旅游业，是一种集休闲时尚与生态保护于一体的旅游活动。目前，全国已有各类户外俱乐部总数量超过 1000 家，户外运动爱好者 1.3 亿多人，我国森林旅游游客量在 2017 年达到了 13.9 亿人次，创历史新高。长距离徒步旅游，穿越自然，体验自然也成为当下人们的重要需求。

湖南省森林资源丰富，是中国植物资源丰富的省份之一，森林覆盖率 59.57%；林地面积 1036.99 万公顷，约占全国森林总面积的 6.6%。《湖南省森林旅游与康养千亿级产业发展行动计划（2018—2025 年）（征求意见稿）》中指出，森林旅游及康养基础设施建设将更加稳固。到 2025 年，全省将建设森林绿色通道 10000 千米，森林骑行廊道 3000 千米，森林步道 3168 千米及森林康养步道和游览步道 1500 千米。

美国是全球范围内建立和发展国家森林步道最早的国家，1937 年美国阿帕拉契亚步道全线贯通，其长达 3200 千米。游步道是森林公园的重要组成部分，是连接各景点及观景点的步行道路，是一项主要的基础设施。从景观生态学的角度上看，游步道是作为景观的廊道而存在，一定程度上破坏了景观原有的稳定性。

---

①　作者简介　韩欣彤，女，中南林业科技大学在读硕士研究生，研究领域为森林旅游及乡村旅游发展研究。电话：13975870865。邮箱：739107660@ qq. com。

2　研究区域概况

　　湖南千家峒国家森林公园位于湖南省永州市江永县高泽源林场境内，地处都庞岭山脉南部，距县城 20 千米，距桂林 150 千米，公园总面积 4430.93 公顷，其中国有土地面积 2960.4 公顷，集体土地面积 1470.53 公顷。公园地理坐标：东经 110°08′20″ ~ 110°13′25″，北纬 25°15′03″ ~ 25°22′05″。公园最低海拔双河口 304.2 米，最高海拔天门岭 1803.9 米，相对高差约 1500 米。公园内山峰林立，层峦叠嶂，生态环境优良，保留有中亚热带向南亚热带过渡地带上最典型与最具代表性的植被类型及森林生态系统，孕育了大量的珍稀动植物资源。

　　森林公园的对外交通主要是 S325，自县城出发沿 S325 至允山镇转县道，约半小时到达森林公园。森林公园距 S325 公路 6 千米，距江永站 24 千米，距道贺高速出口 24.3 千米，距厦蓉高速出口 39 千米。公园内道路网络已经初具规模，且布局合理，主要有公园大门至两河口、古宅湖公路，两河口沿小古源河—上李家坪碎石公路、两河口沿古宅湖—深冲电站碎石公路。但部分景点游步道档次较低，需要新扩建步道或对原有道路进行提质改造。

3　步道选线影响因子选取

　　森林公园游步道的选线至关重要，影响其选择的因素也有许多，主要考虑如下几项因素。

3.1　地　形

　　在游步道的选线中，对地形因素的要求主要考虑三个方面——坡度、坡向和高程。坡度是指地面的倾斜程度，即地势陡峭与否，在游步道的选线过程中，应尽量选择坡度较低，便于徒步，安全系数高的区域；坡向是指坡面的朝向；高程是指地形的起伏情况，千家峒国家森林公园山峰海拔多在 300 ~ 1800 米，因此游步道的选线对纵坡也有一定要求，要与地形条件相符。

3.2　地质地类

　　地质情况是游步道建设必须考虑的因素之一，不良的地质现象应避免游步道的建设，以免给游客带来安全隐患。地类即土地利用现状分类，森林公园的游步道建设应处理好各种不同地类的关系，综合考虑地质地类因素，避免造成土地的不合理利用。

3.3　景观资源分布

　　游客在对森林公园游览的过程中除了感受森林资源整体的状况外，其游览线路沿线的景点是对游客能产生吸引力的重要景观。森林公园游步道的规划应在符合森林公园功能分区要求的基础上，串联景点，满足游客的视觉心理特征，合理布局步道建设，景观的分布特征分析是游步道选线不可缺少的因素。

4　游步道选线研究

4.1　地理要素分析

　　地理信息系统（GIS）的本质就是空间可视化的辅助决策系统。GIS 在分析和处理问题时能够方便地使用多种数据源，重视空间分析模型的设计和集成，具有空间定性、定量和定位的综合分析功能，这些特征使得基于 GIS 的道路选线成为可能。影响森林公园游步道选线的因子数量繁多，其中某些因子对路线的设置有着重要的影响，某些次之。因此，因子的选取合理与否决定了游步道选线的结果是否可行。

借助 Arcgis10.5 对森林公园进行地形分析，分析其高程、坡度及坡向，结果如图 1 所示。

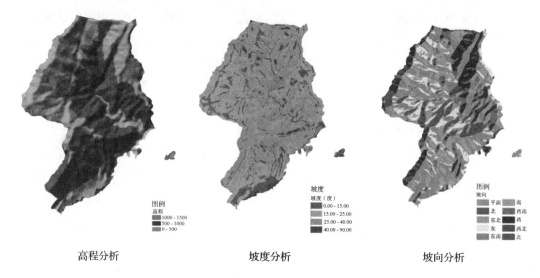

高程分析   坡度分析   坡向分析

图 1　森林公园地形分析图

由图 1 可见森林公园的高程分布呈现明显的阶梯状，中东部区域高程集中在 200～500 米范围内，属于人类活动的主要区域，从整体上来看，具有较高的开发程度，其生态敏感度较低。东北及西北以及西南区域以低山和中高山为主，多分布自然植被，是生物的主要栖息地，生态价值和敏感度较高，从研究区域的高程来看，中东部以及盘山管理服务区具备一定的开发用地条件。在游步道选线时不应过度改变山形及高差，应尽量配合地形，减少地质地貌的破坏。坡度是影响水土流失和植被分布的最重要因素，陡坡地区一般植被条件较好，一旦破坏不易恢复，可能造成严重的水土流失。从分析可见，森林公园中东部现状道路周边以及盘山管理服务区区域坡度都较为平缓，适宜开发。森林公园的游步道建设还与景点的布置有着密切的关系，坡度越大，景观敏感度就越大，景观被注意和观察的可能性就越大。坡向对采光十分重要，因此对开发建设用地的选取具有一定的作用，从研究区域的地理位置和气候特征来看，南向坡度具有较好的光照条件，相对适宜开发建设，而北向则最不适宜建设。

4.2　风景资源分析

依据《中国森林公园风景资源质量等级评定（GB/T 18005—1999）》标准，对森林公园整体的森林风景资源进行综合分析和评价，同时结合中国林地数据库（俗称全国林地"一张图"）的遥感影像和航片、DEM 数据、林地图斑界线、基础地理信息、林地专题图等森林风景资源属性数据与空间数据，以乔木林、竹林、灌木林和红树林四种林地类型为角度，利用已有森林资源小班因子数据，结合森林资源分类与代码森林类型和森林风景资源评价标准，采用 GIS 地理信息系统技术对森林公园的森林风景资源进行质量调查与等级划分（图 2）。

根据中国森林公园风景资源分类标准，通过对

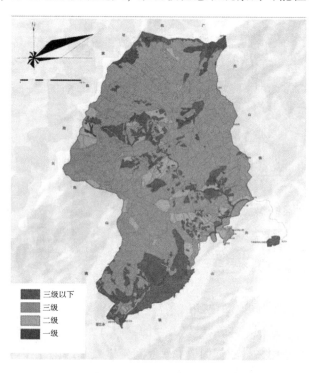

图 2　森林公园风景资源分级分布图

千家峒国家森林公园各项资料的收集和现场调查，对有明显风景资源特征的资源进行统计。依据《中国森林公园风景资源质量等级评定（GB/T 18005—1999）》，建立森林公园风景旅游资源定量评价体系，对森林公园风景资源单体进行定量的评价。由表 1 可见，森林公园共有 63 个风景资源单体。其中，生物资源最多，为 21 个，占 33.33%，人文资源较少，占风景资源的 4.76%（图 3）。

表 1　森林公园主要风景资源分类表

序号	资源类型	主要风景资源单体	数量(个)	百分比(%)
1	地文资源	天门岭、判官山、仙人浴、菊花顶、驼鸟孵蛋、飞来宝匣、尚方宝剑、蝙蝠岩、青蛙戏水、仙人洞、宝塔山、铁钉石、牛形脊、腰子山、观音山、八仙脊、狗头山与仙人居、黄金洞、将军岭、龟蛇戏水	20	31.75
2	水文资源	古宅湖、小古源河、古宅河、青龙潭瀑布、长寿泉、高岩口瀑布、袖珍瀑布、梯口瀑布、钻头矿瀑布、一线天瀑布、鸭公冲瀑布、回龙瀑布、飞水岩瀑布、观音潭、白水潭	15	23.81
3	生物资源	伯乐树群落、福建柏群落、石笔木群落、翅荚木群落、长苞铁杉群落、白克木群落、楠木群落、红楠群落、古圆槠群落、道县野生柑桔群落、凹叶厚朴群落、古蚊母树、万年蘡薁栲、千年观光木、千年猴欢喜、古阔瓣白兰、古青冈栎、双叉小叶青冈、五棵树、枯木逢春、四姐妹	21	33.33
4	人文资源	战场遗迹、盘王庙、古宅湖大坝	3	4.76
5	天象资源	云雾景观、日出景观、冰山舞雪、彩霞	4	6.35
		合计	63	100

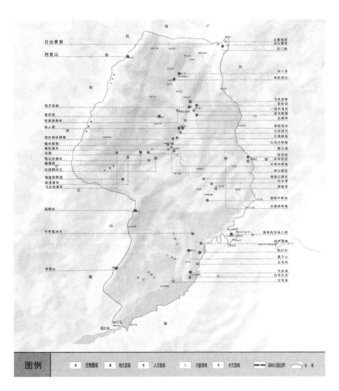

图 3　森林公园景点资源分布图

借助 Arcgis10.5 软件中的核密度分析工具生成千家峒国家森林公园景点资源分布核密度图（图 4）。千家峒国家森林公园景点资源在空间上呈现点状集中，但整体不均衡的分布特征，森林公园中间区域，即李家坪景区内景点资源分布密度较高。森林公园核心景观区内景点资源分布也相对密集。古宅湖景区（一般游憩区）内沿湖景点资源分布较为丰富。

图4　森林公园景点资源分布核密度图

4.3　保护地规避

从生态保护角度出发，分别从地区生态敏感性、用地适宜度和区划的完整性综合考虑，森林公园分为以下功能区：生态保育区、核心景观区、一般游憩区、管理服务区。千家峒森林公园景区综合划分为：小古源景区、古宅湖景区、李家坪景区以及李家坪管理服务区、双河口管理服务区、盘山管理服务区。景区命名以地域以及功能作为主要思想。其中小古源景区全部属于核心景观区；古宅湖景区、李家坪景区属于一般游憩区。根据所搜集资料和森林公园及自然保护区保护建设规范，为了合理使用资源，保护自然环境，维持生态稳定，使用 Arcgis 对所收集到的矢量数据进行整理，排除研究区域范围内自然保护区的核心区、缓冲区和国家森林公园的生态保育区，千家峒国家森林公园游步道选线可选范围如图5所示。

图5　森林公园游步道建设可选址区域范围图

4.4 游步道选址确定

森林公园内游步道所将要途经的重要景点如表 2 所示,筛选时主要根据上文中对千家峒国家森林公园所进行的地形分析、景观资源评价、资源密度分析及保护地规避分析进行。

表 2 游步道选线重要景点筛选表

功能分区	重要景点
核心景观区	一线天、小石板、仙人浴、小古源河
李家坪景区	青龙潭瀑布、高岩口瀑布、楠木群落、凹叶厚朴群落、红楠群落等
古宅湖景区	古宅湖、蓬莱岛、古寨大坝

根据地形分析选线,对所选景区景点串联,千家峒国家森林公园游步道选线如图 6 所示。

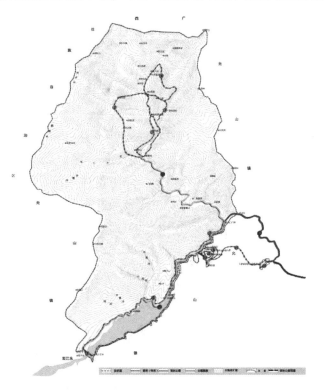

图 6 森林公园游步道选线图

根据上文对景观资源的密度分析可知,核心景观区内西北部资源分布密度较高,区域内资源较为丰富。以小石板为起点向东南方向至天门河河道与天门河溯溪步道相连接,可形成一条环形步道,全长 1455 米。以小石板为起点,往东北方向沿双叉溪经宝峰石、水坝、龟蛇戏水、天然溢洪口至仙人浴再连接至一线天,全长 2155 米。

一般游憩区(李家坪景区)内旅游资源密度较高,景点分布较为集中,根据上文中进行的地形分析,该区域内适建性较高区域面积较大,且生态敏感性较低。因此对区域内游步道进行如下选线,以上李家坪为起点至青龙潭瀑布沿青龙河西侧修建一条沿河亲水游道,经楠木山、梯口瀑布、仙人洞、青蛙戏水、千年钩栗至青龙潭瀑布,再沿青龙河东面经鸵鸟孵蛋、三口之家、长寿泉回到上李家坪形成环形游步道。游步道长度为 2750 米。以上李家坪为起点依托现有登山小路修建一条向西北方向经白沙湾鹭毛山再向东至小石板,沿青龙河东面至青龙潭瀑布形成环形游步道。步道全长 4750 米。

一般游憩区(古寨湖景区)内旅游资源密度较高,景点分布亦较为集中,根据上文中进行的地形分析,该区域内适建性较高区域面积较大,且生态敏感性较低。该区域内古宅湖景观良好,湖边地势平

51

坦适建性较高，森林负氧离子含量较高，围绕古宅湖大坝可修建环湖观光步道。在蓬莱岛芭蕉谷区域可规划一条环形登山步道，长1200米。由蓬莱岛至古宅湖大坝3位置修建一条峡谷观光步道，考虑到水位因素，步道修建位置为山体中间处，步道可以采用木质以及钢结构架空方式修建，全长3463米。在充分考虑森林公园景观资源及地形地貌特征的基础上，打造森林公园游步道系统。将上李家坪作为起点，形成森林公园北面多个环形游步道。将双河口作为起点，形成森林公园南面以亲水步道为主题的集康养、休闲为一体的步道体系。

4.5 游步道配套设施选址研究

根据资源查阅，可在各游步道沿线每隔300米设置小型休憩平台1处满足游客休息需求。建设古源亭、题字壁景观休息亭两处既可增添景观效果又能满足游客休憩需要的景观亭、休憩亭。在森林公园内登山步道沿线可建设登山步道休息站，向游客提供休憩场所。

5 结 论

基于GIS的游步道选线，是在建立了地形模型的基础上，分析森林公园的地形地貌特征，对森林公园的景点分布进行调查，根据其分布特征及资源自身特征，在综合分析基础上对森林公园的游步道进行选线。通过GIS的分析不仅可以减轻外业调研的工作量，也可以更加科学、快捷地确定森林公园游步道选线，方便路线方案的定量分析、比较和优化。通过GIS的地形分析，景点密度分析，对千家峒国家森林公园游步道进行选线分析，可使森林公园步道体系形成环线，为森林公园步道建设带来方便。

参考文献

陈永贵，陈英存，杨润，高阳林. GIS技术支持下森林公园道路选线的辅助设计[J]. 西北林学院学报，2008(04)：184-188.

付晶，郑中霖，高峻. GIS技术在旅游线路设计中的应用[J]. 上海师范大学学报(自然科学版)，2006(03)：92-97.

林盛兰. 美国国家游径系统及典型案例研究[D]. 北京：北京交通大学，2010.

王兴国，王建军. 森林公园与生态旅游[J]. 旅游学刊，1998(02)：15-18，61.

吴妍. GIS技术在森林公园评价及规划中的应用[D]. 哈尔滨：东北林业大学，2004.

张冠娉，吴越. 基于GIS的鹅形山森林公园游步道选线系统的建立[J]. 中外建筑，2012(05)：111-113.

张杰，那守海，李雷鹏. 森林公园规划设计原理与方法[M]. 哈尔滨：东北林业大学出版社，2003.

南山国家公园体制试点区工矿企业退出及补偿机制研究

王根茂[1,2]① 谭益民[1,3] 柏智勇[1,2] 张双全[1]

(1. 中南林业科技大学旅游学院，湖南长沙　410004；2. 国家林业和草原局森林旅游工程技术研究中心，湖南长沙　410004；3. 湖南工业大学，湖南株洲　412007)

摘　要： 设立国家公园的主要目的就是保护具有国家代表性的大面积自然生态系统，南山国家公园体制试点区范围内有较多与资源保护无关甚至会对生态系统造成破坏的工矿企业，通过现场调研和评估，建立了试点区工矿企业退出及补偿机制，主要结论如下：(1)试点区范围内的所有非法经营的企业，严格保护区和生态保育区范围内的所有矿点、水电站、风电站，试点区范围内能耗高、污染物排放量大、环境破坏严重的工矿企业必须直接退出；(2)试点区范围内对环境破坏影响不大的企业，试点区范围内退出补偿金额巨大的企业以及试点区范围内生产设施设备落后、产品附加值相对较低、生产不能满足可持续发展要求的企业实施逐步退出机制；(3)对于符合补偿条件的企业灵活采取不同补偿方式；(4)建立一套工矿企业退出的完善的保障体系。工矿企业退出及补偿机制的构建有利于妥善处理利益相关者核心利益问题，有利于促进试点工作的顺利进行，也为其他试点区处理此类问题提供参考。

关键词： 湖南南山国家公园体制试点区；工矿企业；退出机制；补偿机制

《建立国家公园体制总体方案》指出：国家公园区域内不符合保护和规划要求的各类设施、工矿企业等逐步搬离，建立已设矿业权逐步退出机制。学者们主要从环境保护和有关法律法规的角度来研究工矿企业的退出机制。唐湘博、刘长庚以湘江流域的重污染企业为例，研究了重污染企业的退出方式和补偿问题，并建议制定重污染企业的退出和补偿的相关政策。王小华结合吉巴德－萨特斯维特的操纵定理，构建了以政府主导，市场为手段的重污染企业退出机制。学者主要从环境保护的角度并结合利益相关者等理论来研究工矿企业退出补偿的问题。罗亚萍提出以生态补偿的方式开发旅游环境资源，运用市场化手段能够较好地解决旅游环境资源外部化的问题。王爱敏从环境保护的角度，探讨了水源地保护区土地利用者、企业和居民的补偿机制。胡小飞、傅春根据利益相关者理论，结合利益主体之间的演化博弈分析，提出了能够协调各利益主体之间的关系补偿对策建议。闵庆文、甄霖、杨光梅、张丹在国内外文献调研的基础上，结合了几个典型案例的调查，对自然保护区生态补偿的有关问题进行了探讨，目的是为生态补偿机制的建立和自然保护区的有效管理提供科学依据。胡保卫、李怀恩研究了农业非点源污染控制补偿机制问题，确定了补偿的对象、内容、标准等，以此提出了农业非点源污染控制工作的建议。李潇、李国平通过文献分析，并运用经济学的相关理论研究了生态补偿的标准问题，提出了不同功能区的生态补偿标准，并以汉中市为例测算了汉中市生态补偿金额。肖更生、许华夏研究了生态补偿的范围，并确定了补偿的对象，提出了污染企业顺利退出和补偿的对策建议。黄静波、肖海平、李纯、蒋二萍通过构建禁止开发区域生态旅游发展协调性评价指标体系及评价模型，

① 基金项目：湖南省研究生科研创新项目（CX2018B445）；中南林业科技大学研究生科技创新基金（20182009）。
作者简介　王根茂（1995—），男，中南林业科技大学旅游学院硕士研究生，研究方向为森林游憩与公园管理，邮箱：781175152@qq.com。

基于协调生态旅游利益相关者关系的目的，采用层次分析（AHP）法定量分析了目前丹霞山禁止开发区域生态旅游综合协调性及利益相关者各自评价指标的协调性水平。湖南南山国家公园体制试点区（以下简称"试点区"）范围内的所有不符合保护和规划要求的矿点、水电站、风电站等必须全部退出，并采取有效方式恢复或根除对生态环境造成的破坏。

1　试点区以及试点区内工矿企业情况

1.1　试点区情况

试点区位于湖南省邵阳市城步苗族自治县，该县东邻新宁县，西接通道县，北依武冈市，西北靠绥宁县，南与广西壮族自治区的资源县、龙胜县接壤，距省会长沙约430千米，距邵阳市约200千米。位于北纬25°58′~26°42′，东经109°58′~110°37′之间。试点区在整合原南山国家级风景名胜区、金童山国家级自然保护区、白云湖国家湿地公园、两江峡谷国家森林公园四个国家级保护地的基础上，新增非保护地但资源价值较高的区域，通过碎片化整理，形成了一个区域及一小块飞地，总面积为635.94平方千米。

试点区位于中国南北东西植被带的交汇地区、华中华东华南植物区系的过渡地带，植物区系起源古老，是生物物种和遗传基因资源的天然博物馆，生物多样性极其丰富。试点区是重要的珍稀动植物保护地和种群繁殖地，野生植物有265科943属2435种（含变种及变型），野生动物有199科790属1158种。试点区还是东亚—澳大利亚的候鸟迁徙通道，每年有大量迁徙的候鸟在试点区内停歇和觅食，其中，中日保护候鸟39种、中澳保护候鸟8种等。

1.2　试点区内工矿企业情况

目前试点区范围内不符合国家公园保护和规划要求的工矿企业主要有8个矿点、25个大小水电站以及2个风电场，详见表1。试点区范围内的8个矿点都已取得采矿权或探矿权。25个水电站除白云湖水电站为大型水电站外，其余24个均为小水电站。两个风电场中，大唐华银南山风电场有50台风机已建成运行，十里平坦一期风电场有25台风机正在建设中。

表1　试点区内工矿企业名录

工矿企业类型	工矿企业名称
矿点 （8个）	城步苗族自治县铺路水砂场石英砂矿、佳和矿业有限公司大岔坪村硅矿、通达矿业有限公司大坳硅矿、金盛矿业有限公司白毛坪乡坪源硅矿、清源玉福山锰矿区、小寨锰矿、义山园锰矿、兰蓉乡报木坪锰矿
水电站 （25个）	白云湖水电站、双江口水电站、瑶人坪水电站、站水冲水电站、源江水电站、绊水洞水电站、九江洞水电站、平江水电站、大桥水电站、金家田水电站、朝阳坪水电站、坳岭水电站、大竹山水电站、高源水电站、水田一级水电站（在建）、茅坪水电站、长滩坪水电站、坪园水电站、水田二级水电站、龙头口水电站、太阳升水电站、大水船水电站、腊屋水电站、双塘水电站、新寨湾水电站
风电场 （2个）	大唐华银南山风电场、十里平坦一期风电场（在建）

2　工矿企业退出必要性分析

长期以来，为了追求经济的高速增长，我国付出了资源高消耗、环境严重污染等沉重代价。不合理的开发利用活动，不但会造成资源的极大浪费，而且会造成严重的环境污染和生态破坏，给社会经济造成巨大的损失，严重制约国民经济的持续、稳定发展。

采矿容易造成大气污染、水土流失、固体废弃物污染，也极易诱发地质灾害，同时采矿对水循环也会产生较大影响，对于生物多样性也会产生破坏。水电站在建设的过程中极易造成植被和土壤的破坏，河流截留会使下游河段水流枯竭，对河道两岸的植被造成较大影响，同时也会造成鱼类生境的毁灭性破坏，对鱼类的洄游和繁殖也会造成较大影响。风力发电设备由于体量较大，对于道路的运输能力要求比较高，所修建道路为了保证运输途中的转弯半径够大会造成植被破坏、地形地貌改变、水土流失等。风力发电场会破坏周边鸟类等野生动物的原有栖息地，严重影响鸟类的生活，鸟类在迁徙的过程中也极易撞上风机造成伤亡。同时风机旋转产生的噪音也会影响周边生物的生活。

3 工矿企业退出机制

3.1 工矿企业退出补偿判断流程

根据工矿企业是否合法、是否位于核心区、环境破坏的程度以及是否已施工建设，构建了工矿企业退出补偿判断流程，见图1。

判断条件中，是否非法是指工矿企业的开发建设、运营管理中是否存在违法违规行为，如无证经营、未批先建等。判断条件中的核心区是指《南山国家公园体制试点区试点实施方案》中所指的严格保护区和生态保育区。判断条件中的环境破坏是否严重依据环境影响评价报告进行判断。

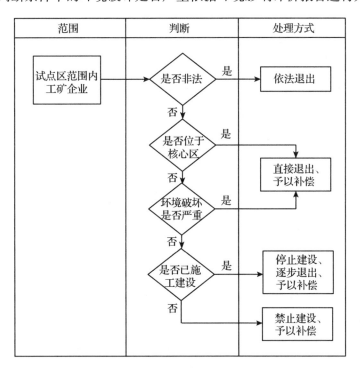

图1 工矿企业退出补偿判断流程图

3.2 工矿企业退出方式

结合工矿企业退出补偿判断流程图和实地调研情况，工矿企业的退出可分为直接退出和逐步退出两种方式。

（1）必须直接退出的企业类型

试点区范围内的所有非法经营的企业；严格保护区和生态保育区范围内的所有矿点、水电站、风电站；试点区范围内能耗高、污染物排放量大、环境破坏严重的企业。

（2）实施逐步退出机制的企业类型

试点区范围内对环境破坏影响不大的企业；试点区范围内退出补偿金额巨大的企业；试点区范围内生产设施设备落后、产品附加值相对较低、生产不能满足可持续发展和"绿色发展"建设要求的企业。

3.3 试点区工矿企业退出机制

3.3.1 矿点退出机制

根据工矿企业退出补偿判断流程图判断，城步苗族自治县铺路水砂场石英砂矿、佳和矿业有限公司大岔坪村硅矿、通达矿业有限公司大坳硅矿、金盛矿业有限公司白毛坪乡坪源硅矿、清源玉福山锰矿区、小寨锰矿、义山园锰矿、兰蓉乡报木坪锰矿8个矿点已取得采矿权或探矿权，属于合法经营，且矿点没有位于试点区核心区域，虽对环境造成一定影响，但影响不是很大，所以8个合法矿点采取逐步退出的方式。

3.3.2 水电站退出机制

结合实地调研踏勘情况和工矿企业退出补偿判断流程图判断情况，最终确定：直接退出小水电站14个。其中双江口水电站等7个小水电站直接退出原因为位于严格保护区内，为避免对生态环境产生影响，必须直接退出；大桥水电站等7个小水电站直接退出原因为该类水电站对上下游生态破坏严重；逐步退出茅坪水电站等10个小水电站，退出原因为该类小水电站对上下游水生态有一定影响，但影响相对较小，详见表2。

表2 水电站退出方式表

退出方式	数量	水电站名称	退出原因
直接退出	7	双江口水电站、瑶人坪水电站、站水冲水电站、源江水电站、绊水洞水电站、九江洞水电站、平江水电站	位于核心区
	7	大桥水电站、金家田水电站、朝阳坪水电站、坳岭水电站、大竹山水电站、高源水电站、水田一级水电站（在建）	对生态环境破坏严重
逐步退出	10	茅坪水电站、长滩坪水电站、坪园水电站、水田二级水电站、龙头口水电站、太阳升水电站、大水船水电站、腊屋水电站、双塘水电站、新寨湾水电站	对生态环境影响较小

3.3.3 风电退出机制

目前国家公园内共有2个风电场，其中大唐华银南山风电场50台风机已建成运行，十里平坦一期风电场25台风机正在建设中。根据工矿企业退出补偿判断流程图进行判断，要严格控制风电建设。已批未建的不再建设，已批在建的停止建设并采取有效方式恢复或根除对生态环境造成的破坏，已建成的经科学评估后全部逐步退出。

4 工矿企业补偿机制

4.1 补偿主客体及资金来源

为保障工矿企业有序退出和试点的顺利进行，必须给予合法退出的工矿企业适当的补偿。因此，退出的合法工矿企业为补偿的客体，对于非法的工矿企业则不予以补偿。根据"谁开发，谁保护"的原则，试点区补偿的主体应是中央和地方(省、市、县)各级人民政府、国家公园管理局以及其他非政府组织等多元化体系。补偿资金应主要由中央和地方(省、市、县)各级人民政府、国家公园管理局提供。在此基础上，还可以积极探索市场机制作为补偿资金来源的可能途径，建立多渠道的融资机制。

4.2 补偿方式

对于试点区范围内符合补偿条件的工矿企业灵活采取资金补偿、政策补偿、参与补偿等方式予以补偿，如图2所示。

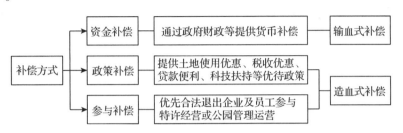

图2 工矿企业退出补偿方式

4.2.1 资金补偿

资金补偿对于合法退出的企业是最有效、最为直接的一种补偿方式，属于"输血式"补偿。在对合法企业退出损失评估的基础上，制定科学合理的补偿标准。试点区对于合法退出的企业进行补偿的标准可以参照企业缴纳税收的比例进行补偿。综合考虑企业纳税额、企业总资产、企业职工人数等多个因素来计算补偿资金。2018年，湖南省政府办公厅正式印发了由湖南省财政厅牵头制定的《关于建立湖南南山国家公园体制试点区生态补偿机制的实施意见》，出台了2018—2020年省级财政生态补偿资金筹资方案，3年间每年筹集省级财政资金2.45亿元专项用于南山国家公园生态补偿。

4.2.2 政策补偿

政策补偿是指政府部门通过制定一系列优待政策，为符合补偿条件的工矿企业及员工提供更多的发展机会，从而促进其可持续发展，属于"造血式"补偿。政策补偿包括土地使用优惠、税收优惠、贷款便利、科技扶持等。

(1)土地使用优惠。对合法退出的企业在公园外办厂的提供土地优先使用以及土地租赁费减免等优惠政策。

(2)税收优惠。在一定的经营期限内给予一定的税收优惠。如免除部分税款，或者按照一定比例返还等。

(3)贷款便利。对于合法退出企业在异地办厂，可以给予一定的贷款支持。

(4)科技扶持。为合法退出的企业提供免费的技术培训、技术咨询、技术服务等。

4.2.3 参与补偿

参与式补偿是指优先符合补偿标准的工矿企业及其员工参与试点区的特许经营项目经营以及试点区的管理和运营，这也属于造血式补偿。

(1)特许经营项目经营。优先考虑合法退出的工矿企业参与试点区的特许经营。

(2)参与公园管理和运营。对于合法退出的企业及其员工愿意参与公园管理和运营的，可以优先考虑为他们在公园内提供就业机会和工作岗位。

5 退出补偿保障机制

建立工矿企业退出补偿机制需要设立专门的部门牵头协调管理，在法律框架的保障下进行。同时还要明确社会监督的地位，接受公众监督。依法、公正、公开才能保证工矿企业的顺利退出和试点工作的顺利进行。

(1)专设部门，统一管理。试点区涉及的工矿企业较多，必须设立专门的部门进行协调管理。组建高规格工作领导小组，专人、专责、专项抓落实。

（2）完善相关法律法规，为工矿企业的退出和补偿提供法律依据。工矿企业的退出和补偿涉及众多问题，必须依据相关法律法规才能有效解决。

（3）完善社会监督机制。工矿企业的退出及补偿必须是公开、公正、透明的，必须接受社会公众的监督，才能保证工矿企业的顺利退出和试点工作的顺利进行。

6 结 论

本文在系统分析试点区内工矿企业现状的基础上，通过现场调研和评估，提出了工矿企业退出补偿判断流程图，并建立了试点区工矿企业退出及补偿机制。得出如下结论。

（1）试点区范围内的所有非法经营的企业，严格保护区和生态保育区范围内的所有矿点、水电站、风电站，试点区范围内能耗高、污染物排放量大、环境破坏严重的企业，这三类企业必须直接退出，并采用相应的方式予以补偿；

（2）试点区范围内对环境破坏影响不大的企业，试点区范围内退出补偿金额巨大的企业以及试点区范围内生产设施设备落后、产品附加值相对较低、生产不能满足可持续发展和"绿色发展"建设要求的企业，这三类企业实施逐步退出的机制，并采用相应的方式予以补偿；

（3）对于符合补偿条件的企业灵活采取资金补偿、政策补偿、参与补偿等方式予以补偿；

（4）试点区内工矿企业的顺利退出必须建立一套与之相适应的完善的保障体系。

参考文献

胡保卫，李怀恩．农业非点源污染环境补偿机制研究[J]．改革与战略，2009，25(03)：103 - 105，137.

胡小飞，傅春．自然保护区生态补偿利益主体的演化博弈分析[J]．理论月刊，2013(09)：135 - 138.

黄静波，肖海平，李纯，等．湘粤赣边界禁止开发区域生态旅游协调发展机制——以世界自然遗产丹霞山为例[J]．地理学报，2013，68(06)：839 - 850.

李俊，李炜玮，陈杰，等．湖南财政给力蓝天碧水净土保卫战[N]．湖南日报，2019 - 02 - 11.

李潇，李国平．禁限开发区生态补偿支付标准研究[J]．华东经济管理，2015，29(03)：57 - 62.

罗亚萍．旅游环境资源的参与式生态补偿机制[J]．生态经济，2018，34(02)：186 - 189，215.

闵庆文，甄霖，杨光梅，等．自然保护区生态补偿机制与政策研究[J]．环境保护，2006(19)：55 - 58.

唐湘博，刘长庚．湘江流域重污染企业退出及补偿机制研究[J]．经济纵横，2010(7)：107 - 110.

王爱敏．水源地保护区生态补偿制度研究[D]．泰安：山东农业大学，2016.

王根茂，柏智勇，谭益民，等．南山国家公园非物质文化遗产的传承保护研究[J]．中南林业科技大学学报（社会科学版），2018，12(02)：83 - 87.

王小华．基于外部性理论的国内老工业基地重污染企业退出机制设计[J]．全国商情（理论研究），2011(5)：21 - 23.

肖更生，许华夏．对重污染企业退出的财税补偿范围的思考[J]．中南林业科技大学学报（社会科学版），2010，4(04)：68 - 71.

中办、国办印发《建立国家公园体制总体方案》[N]．人民日报，2017 - 09 - 27(001).

关于发展森林旅游助力精准扶贫的思考

王诗涵[1]①　张学文[2]②

（1. 中南林业科技大学商学院，湖南长沙　410004；2. 中南林业科技大学旅游学院，湖南长沙　410004）

摘　要：森林旅游与精准扶贫相结合的"造血"式扶贫方式将成为扶贫攻坚决胜期的创新路径和重要举措。创新森林旅游精准扶贫开发模式和机制，加快森林旅游景区、园区建设，推动林区经济发展，改善居民的生活水平，把精准扶贫基本方略切实落到实处，促进精准扶贫工作和森林旅游产业共赢发展，具有重大意义。目前，面临扶贫对象和项目精准识别难，帮扶主体单一、联动少，扶贫资金短缺、来源单一、管理不规范，专业人才匮乏的尴尬境遇，亟待从精准定位森林旅游扶贫目标、对象和项目，加强政府引导，构建多元帮扶主体，发挥产业带动优势，优化产业整合，加大资金投入，加强政策保障，加大人才培养力度等方面加以推进。

关键词：森林旅游；精准扶贫；森林旅游精准扶贫

1　导　言

森林是陆地生态系统的主体，也是人类生存发展的重要生态保障。森林旅游兼具生态旅游发展、生态文化建设和扶贫开发等多元功能，是综合体现生态文明和脱贫攻坚战略的重要载体，是在扶贫开发工作进入决胜期背景下促进贫困群众脱贫致富，确保2020年如期实现全面脱贫目标的战略措施。因此，如何充分调动全社会的积极性，如何达到森林旅游扶贫实现"扶真贫""真扶贫"的目标，精准、持续推进森林旅游扶贫工作，值得认真研究。

森林旅游在助力脱贫攻坚中具有举足轻重的地位和独特优势。国务院印发并实施的《"十三五"脱贫攻坚规划》指出，"要大力发展休闲农业和森林休闲健康养生产业。依托贫困地区特色农产品、农事景观及人文景观等资源，积极发展带动贫困人口增收的休闲农业和森林休闲健康养生产业。推出一批森林旅游扶贫示范市、示范县、示范景区，确定一批重点森林旅游地和特色旅游线路，鼓励发展'森林人家'，打造多元化旅游产品"。由于我国绝大多数的森林公园及森林旅游目的地处于经济发展较为落后的偏远山区，其开发运营工作也长期停留在了观光旅游的层面上，虽然森林旅游影响力逐步扩大，但也暴露出了一些问题，限制了森林旅游的长远发展。如何寻求突破口，充分发挥森林旅游在扶贫攻坚方面的潜力，值得深入探索。

因此，如何将森林旅游与中国国情结合，以森林旅游带动贫困地区居民就业增收，推动贫困地区经济发展，改善居民的生活水平，建设美丽乡村、推动乡村振兴？森林旅游如何能打好扶贫攻坚战，

———————————————

　①　作者简介　王诗涵，女，中南林业科技大学硕士研究生，研究方向为农村与区域发展。

　②　通讯作者　张学文，男，博士，副教授，硕士生导师，研究方向为林产品流通。电话：18820852404。邮箱：351021237@qq. com。

助力好精准扶贫？本文提出，将森林旅游与精准扶贫工作创新结合，开创出一条森林旅游扶贫的崭新精准道路，促进扶贫工作和森林旅游开发运营工作共赢发展。

2 森林旅游与精准扶贫的互动机理及运行机制

2.1 森林旅游与精准扶贫的互动机理

森林旅游可促进精准扶贫。精准扶贫是要因地制宜，因人施策，扶到点上，扶到根上地开展扶贫工作。森林旅游是林业经济发展新的增长点，具有环境成本低、就业容量大、综合效益好的产业优势和推动农村、农民、产业发展的天然地缘优势。发展森林旅游能通过规划和建设森林旅游项目增强贫困地区的"造血"功能，利用其天然的森林资源优势，发展旅游服务业增强贫困人口的发展能力，利用其极强的带动性促进一二三产业融合，形成稳定的脱贫长效机制，精准保障贫困地区人口真正实现脱贫致富。

精准扶贫可提升森林旅游。精准扶贫力度的加强，人民生活水平得到了改善，将扶贫与扶智、扶志紧密结合，激发贫困群众的内生动力，增强贫困地区人口主动脱贫致富的意识、信心和志气，更加积极主动地投身于当地的经济和社会建设，从而推动当地森林旅游业的快速发展。

综合来讲，森林旅游与精准扶贫的关系是相辅相成、相互支撑的（图1）。

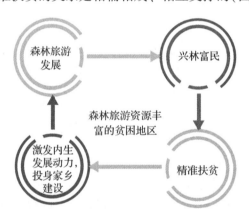

图1 森林旅游与精准扶贫的互动机理

2.2 森林旅游精准扶贫的运行机制

党的十八大以来，习近平总书记创造性地提出精准扶贫、精准脱贫基本方略，推动了扶贫理论创新和实践创新。随着社会发展，"精准扶贫＋森林旅游"将迎来新机遇。把贫困村变成旅游景区和森林旅游扶贫示范景区等，使森林旅游、精准扶贫、农林文化和自然生态等元素融为一体。森林旅游是在发展经济、生态的基础上，三者的良性渗透和合作拓展，意义深远。充分发挥森林旅游在精准扶贫工作中的重要作用，就应该合理规划和配置各种资源要素，构建高效、有序的森林旅游精准扶贫运行模式和机制，并围绕扶贫目标开展各项工作，以此加快森林旅游发展和贫困地区人口脱贫。

2.2.1 森林旅游精准扶贫的前提是精准识别帮扶对象

在实施森林旅游项目开发中，首先，认真分析该贫困地区的森林旅游发展条件和贫困人口情况，确定需要扶贫的对象，包括确定哪些地区、哪些人需要帮扶等问题，完成贫困人口与非贫困人口是否能在森林旅游开发中直接受益的识别区分；其次，要仔细调查该贫困地区是否有发展森林旅游的资源，且该资源是否适合发展森林旅游，根据各地的旅游资源、发展条件等，因地制宜地制定切实可行的森林旅游扶贫项目。只有精准识别出扶贫的对象和目标才能更好地实施精准帮扶。

我国大部分贫困地区地处山区和林区，这些地区最突出的特点就是森林资源丰富。据 2017 年的统计数据，在全国 832 个贫困县中，404 个贫困县仅国家森林公园、国家湿地公园、林业系统国家级自然保护区就有 536 处，可见森林旅游在贫困地区发展中具有至关重要的地位和独特优势。在精准识别了资源优势和贫困对象之后，科学利用这些森林资源，有效开发森林旅游项目，将产生巨大的扶贫效应，成为助力脱贫攻坚的重要途径。

2.2.2 森林旅游精准扶贫的关键是落实帮扶措施

在精准确定帮扶对象的基础上，根据帮扶对象贫困情况确定帮扶主体，并采取针对性帮扶措施，因人施策，确保帮扶效果，是森林旅游精准扶贫的关键。在森林旅游开发中，明确帮扶实施主体，可以保障经费的落实和帮扶过程的有效管理；设计好精准帮扶措施，有利于利用森林旅游实现扶贫的目标，达到实现精准扶贫的可持续发展效果。

合适的帮扶措施能取得事半功倍的效果，在选择帮扶措施时要考虑两方面主要因素：一是地域因素，对景区内的贫困人口，可通过资源入股、劳动力入股、门票分红、生态补偿等共建模式直接带动脱贫；对紧邻景区的贫困人口，可通过提供森林管护、林产品加工以及森林旅游与休闲服务等工作就业岗位，增加收入脱贫；对于景区周边适合发展森林旅游的贫困人口，可引导发展特色接待服务和旅游商品销售等实现创业创收；二是贫困人口的致贫因素，对于致贫原因是由于天灾人祸而尚未丧失劳动力的贫困人口，可采取安排在景区工作、入股分红等进行帮扶，对于丧失劳动力的贫困人口的帮扶则要加大资金、物资等帮扶力度。

此外，精准帮扶还要求社会保障和公共服务精确到位，切实改善贫困群众的生产生活条件，帮助他们实现脱贫，防止返贫。

2.2.3 森林旅游精准扶贫的核心是实施严格的帮扶过程管理

贫困人口数量不断动态变化，扶贫开发工作复杂多变，只有建立精准、灵活的动态管理机制，才能确保贫困问题得到及时有效的解决，这是精准扶贫的核心。对于已经脱贫的群众，应调整出库撤档；对新增贫困人口，第一时间入库存档，根据致贫原因精准施策；对于正在帮扶的贫困人口，应记录扶贫工作变化和进展，确保精准扶贫不丢一人，提高效率，全员脱贫。

森林旅游精准扶贫管理工作涉及多个方面，如扶贫目标对象监控、森林旅游精准扶贫项目资金监管、森林旅游精准扶贫各参与主体协调、森林旅游精准扶贫效果监控等，这些工作贯穿于森林旅游精准扶贫的全过程，服务于促进森林旅游精准扶贫的有效运行。

2.2.4 森林旅游精准扶贫的保障是实施有效的监督评价

精准扶贫攻坚是一场持久战，必须引导各类社会组织、机构、企业和个人以多种形式参与到森林旅游精准扶贫中来，构建更加客观的社会评价机制，让森林旅游扶贫攻坚过程始终处于社会的监督之下，推动精准扶贫执行效果得到进一步提升。

监督贯穿森林旅游精准扶贫的各个环节，如贫困人口的识别监督、项目开发和实施的过程监督以及帮扶结果的鉴定监督等，它们是确保森林旅游精准扶贫系统有效运行和贫困地区持续发展的重要保障。

3 森林旅游精准扶贫的现状

3.1 森林旅游得到快速发展

1982 年，我国第一个国家森林公园——张家界国家森林公园的建立标志着我国现代森林旅游业的兴起。1992 年召开的全国森林旅游工作座谈会强调，"要把森林旅游办成一个充满活力的大产业，要全方位大力促进森林旅游资源的开发利用"。此后，各地的森林旅游资源不断被发掘，森林生态旅游迅速发展起来。2011 年，国家林业局、国家旅游局发布的《关于加快森林旅游发展的意见》指出，"进一步挖掘我国森林旅游的发展潜力，提升发展水平，国家林业局、国家旅游局决定加强战略合作，共同把发展森林旅游上升为国家战略，作为建设生态文明的重要任务，实现兴林富民的战略支撑点，推动绿色低碳发展的重点领域，促进旅游业发展新的增长极"。2013 年，为了促进森林旅游的健康发展，国家林业局印发了《全国森林等自然资源旅游发展规划纲要（2013—2020 年）》，《纲要》作为我国第一个指导森林等自然资源旅游发展的纲领性文件，是规范和促进森林等自然资源旅游发展的重要依据。2016 年，森林旅游被正式纳入国务院印发的《"十三五"旅游业发展规划》。

我国森林旅游产业规模显著壮大，根据国家林业局 2018 年发布的统计数据，2017 年，全国森林旅游游客总量为 13.9 亿人次，占全国旅游总人数的比重为 28%，创造社会综合产值 11500 亿元。同时，森林旅游综合带动能力进一步增强，2017 年，国家林业和草原局、国家公园管理局组织开展的全国森林旅游助推精准扶贫摸底调查结果显示，全国依托森林旅游实现增收的建档立卡贫困人口约 35 万户、110 万人，年户均增收 3500 元；组织开展的森林旅游吸引社会投资摸底调查结果显示，森林旅游吸纳社会投资总额达 1400 亿元，有力地促进了地方经济社会发展。

3.2 森林旅游开发存在不足

3.2.1 过度开发森林资源

部分地区森林资源被过度开发，开发者盲目地兴建各种旅游服务设施，使得当地原有的自然或人文景观风貌遭到破坏，森林旅游的可持续发展面临威胁。

3.2.2 森林旅游缺乏科学、长效的规划

为了提供更多的旅游服务，在短时间内获取最大的经济效益，部分森林景区内大量的旅店、饭店等各类现代化旅游服务设施纷纷出现。而这些设施兴建的背后是大量原始的地貌和植被被侵占、破坏，森林旅游规划工作的科学性、长效性不足使得森林生态环境面临挑战。

3.2.3 贫困地区森林旅游配套服务设施不完善，商品缺乏特色

部分森林景区的旅游配套设施不健全，无法满足游客全方位的需求，大大降低了森林旅游的品质。周边产品缺少地方特色，而且部分商品做工粗陋，缺乏设计，很难持续吸引国内外游客，带动长足发展。

3.3 森林旅游精准扶贫工作开展出现瓶颈

虽然森林旅游精准扶贫工作开展日见成效，但由于我国绝大多数的森林公园及森林旅游景区位于经济发展水平相对较为落后的偏远林区，由国有林场与集体林场等改制而来，原来依靠木材经营的林农不得不转变身份，参与到森林资源保护与游憩的工作中。林农收入低下、林业补偿政策不完善和自然灾害频发等都是导致该地经济、社会发展滞后的主要原因，从而造成了在这些贫困地区开展精准扶贫工作难度大，短时间内难有突破的问题。如何借助森林旅游产业发展，推动贫困地区经济发展，改善贫困居民的生活水平成为当下亟待解决的热点问题。

4 森林旅游精准扶贫存在的问题及原因分析

4.1 扶贫对象和项目精准识别难，动态管理不足

精准扶贫涉及的关键问题就是"精准"，森林旅游精准扶贫工作注重其内生性和持久性，需要对帮

扶对象和扶贫项目进行精准识别。由于各部门开展工作和统计标准的先天差异，导致扶贫对象识别存在偏差；由于贫困地区缺乏对当地森林旅游资源、项目的深入调查、评估和规划设计，导致扶贫项目扶贫效果不明显；由于缺乏对贫困人口信息变化动态情况的及时掌握，导致难以真实反映贫困户的基本情况，使得扶贫工作动态管理不到位，难以系统化管理扶贫过程。

4.2　帮扶主体单一、联动较少

当前森林旅游精准帮扶主体依然是以政府为主，其他主体参与较少，并且联动发展的共识不足，没有充分利用治理主体优势，森林旅游精准扶贫引导力度不充分，难以使森林旅游精准帮扶效果达到最优。究其原因，主要有两个方面，其一，企业等商业组织以盈利为主，导致投身扶贫工程的企业或组织动力不足；其二，合作工程中民主协商工作开展不到位，整合资源的效率低，导致扶贫效果不明显。

4.3　扶贫资金短缺、来源单一、管理难度大

在森林旅游精准扶贫工作开展中，资金不足是首要难题。一是森林旅游扶贫开发工作前期招商引资难。森林旅游产业容易受多种因素影响，导致旅游项目开发难度深、资金需求量大和回报期限长，企业往往以盈利为主要目的，回报周期长的旅游项目获得融资机会相对较少。二是扶持资金难以满足森林旅游扶贫开发的需求。虽然政府加大了对森林旅游精准扶贫的资金扶持力度，但是由于其开发资金需求量大，且主要依靠政府投入，来源单一，难以满足实际开发的需求，无法达到满意的扶贫效果。三是专项扶贫资金审批流程较复杂，运行管理难度大。在森林旅游扶贫项目实施过程中，专项扶贫资金复杂的审批流程给资金审核和发放带来干扰，造成扶贫项目难以快速实施。

4.4　贫困人口思想意识落后，专业人才匮乏

贫困地区居民的思想观念跟不上森林旅游产业的发展，对森林旅游产业的重视不够，参与积极性不高。其次，目前大部分贫困地区劳动力流失严重，剩余劳动力大量向城市转移，缺乏劳动力的问题制约了森林旅游精准扶贫工作的开展。同时，由于贫困地区受教育程度整体偏低，居民的综合素质偏低，服务意识不强，对旅游服务、管理等方面的知识难以理解和掌握，导致他们难以适应日趋提高的岗位要求，这大大阻碍了森林旅游精准扶贫的进程。

5　推进森林旅游精准扶贫的对策

开展森林旅游精准扶贫工作要以习近平新时代中国特色社会主义思想、精准扶贫精准脱贫基本方略和"创新、协调、开放、绿色、共享"等理念方针为导向，采取超常规举措，创新体制机制，打好政策组合拳，为脱贫攻坚提供强有力保障。

5.1　精准定位森林旅游扶贫目标、对象及项目

在贫困地区发展森林旅游，推进旅游扶贫，不仅关系到区域经济发展，同时也会形成广泛的社会影响，这就要求在发展森林旅游过程中，要有精准的价值和目标定位，把森林旅游放在乡村振兴、精准扶贫的大背景下来考虑和谋划。

5.1.1　贫困地区森林旅游扶贫发展条件精准识别

在进行森林旅游精准扶贫工作前，首先应对旅游资源进行精确识别，看当地的旅游资源是否适合开展森林旅游，再对本地的贫困情况进行调查，据此形成贫困村数据库，建立具有森林旅游开发条件的贫困村名单，因地施策。

5.1.2 贫困地区森林旅游扶贫对象及项目精准识别

加强建档立卡工作，健全贫困人口精准识别与动态调整机制，加强精准扶贫大数据管理应用；按照贫困人口认定、退出标准和程序，实行贫困户信息动态管理；加强农村贫困统计监测体系建设，提高监测能力和数据质量；健全精准施策机制，切实做到项目安排精准、资金使用精准、措施到户精准；严格执行贫困退出和评估认定制度。

5.2 政府引导，构建多元帮扶实现精准扶贫

发挥政府投入的主导作用，广泛动员全社会资源，形成全方位、立体化、无死角的政府、市场、社会协同推进的扶贫开发格局。推广政府与社会资本合作、政府购买服务等模式，充分发挥竞争机制对提高扶贫投入效率的作用；建立健全的招投标机制，鼓励社会组织承接定点扶贫、企业扶贫等具体项目的实施，引导志愿者依托社会组织更好发挥扶贫的作用；加强政府与社会之间的信息共享、资源统筹和规划衔接，促进脱贫攻坚任务的完成；建立健全贫困人口参与脱贫攻坚的组织保障机制，调动贫困群众积极主动参与扶贫工作，推动扶贫开发模式由"输血"向"造血"转变。此外，帮扶主体间应协调一致共同参与到开展森林旅游精准扶贫的工作中，实现扶贫成效的最优化。

5.3 发挥产业带动优势，优化产业整合

充分发挥森林旅游的优势和产业特点，以旅游产业与贫困地区融合发展为依托，构建森林旅游与扶贫利益共赢机制，不断增加贫困人口收入。一是将旅游产品研发与扶贫相结合。抓住森林旅游产业蓬勃发展的有利时机，把旅游项目建设与旅游扶贫工作充分结合，将国家扶贫资金投入转化为困难户的入股资金，让贫困地区人民充分享受旅游所带来的收益，促进增收。二是将区域旅游项目与扶贫相结合。科学编制贫困区县森林旅游发展规划，高质量整合森林旅游资源，以景区带村等多种模式确保让贫困村和贫困户分享旅游收益，为实现脱贫增收创造有利条件。三是将森林生态观光游与扶贫相结合。为了满足游客休闲需求，应积极打造多样化的森林旅游产品，将旅游业与森林养生休闲生活充分融合，增加产业附加值，刺激旅游消费，拓宽村民增收渠道。四是通过龙头企业引领产业发展与扶贫相结合。充分发挥龙头企业的辐射带动作用，带领贫困户走上致富路，实现"富民又富企"的双赢目标。

森林旅游精准扶贫的发展离不开资源的优化与整合。实现森林旅游精准扶贫又好又快发展要优化森林产业结构，延长产业链，使第一、第二、第三产业融合发展，增加就业机会，活跃该地经济。因此，各地可以因地制宜，根据资源优势进行产业整合的优化，推进森林旅游业与农业、交通业、服务业、餐饮业等的共同发展。

5.4 加大资金投入，加强政策保障

5.4.1 加大资金投入

一是直接加大财政资金投入。政府继续加大对贫困地区的森林旅游产业开发的财政投入力度，增加森林景区和园区的基础设施和基本公共服务设施建设投入；二是鼓励和引导各类金融机构加大对森林旅游扶贫开发的金融支持。引导金融机构扩大贫困地区涉及开发森林旅游产业的贷款投放，促进降低社会融资成本。鼓励银行业金融机构创新金融产品和服务方式，积极开展扶贫工作贴息贷款、扶贫小额信贷、创业担保贷款等业务。

5.4.2 加强顶层制度设计

一是落实森林旅游扶贫工作考核责任制。严格实施扶贫开发工作成效考核办法，强化执纪问责。加强社会监督，建立健全第三方评估机制。二是落实森林旅游扶贫开发资金项目管理机制。对纳入统筹使用范围内的财政资金项目严格审核，整合使用财政投入资金。加强对脱贫攻坚开发中重点项目和

资金管理的跟踪审计,强化财政监督检查和项目稽察等工作,充分发挥社会监督作用。三是加强监测评估机制。四是完善相关规划。结合国家和各地区域规划、乡村振兴战略规划,在森林资源丰富的贫困地区加强对传统民居、文化遗产、原生林业形态的保护,加快规划建设具备森林游憩、疗养、教育等功能的森林体验基地和森林养生基地等,努力把贫困地区打造成森林旅游的新热地。

5.5 引入专业人才,加大人才培养力度

扶贫的根本是扶智,找到"贫根",才能做到靶向治疗。全面实施贫困地区教育扶贫才是重点。一是加大引入优秀青年干部到贫困地区工作的力度,引入森林旅游扶贫工作专业人才。二是加大本土人才的教育培训力度。采取多种形式,有针对性地对贫困地区人口实施扶智,开阔他们的视野,增加致富本领。三是鼓励外出打工人员返乡就业、创业。通过更多的优惠政策和资金支持,引导本地青年回乡创业,为森林旅游产业持续发展注入人才资源动力。四是与高校、科研机构等合作,如建立产学研合作基地,提高博士服务团等深入帮扶质量,组织开展院士专家咨询服务活动。

6 结 语

"因地制宜,因人施策,扶到点上,扶到根上"。森林旅游作为建设生态文明的重要任务、推进现代林业发展和旅游业升级转型的强劲动力和实现兴林富民、兴旅富民的重要途径,将森林旅游与精准扶贫工作的创新深入结合是帮助贫困地区精准摆脱贫困的重要举措。通过森林旅游精准扶贫使森林旅游资源丰富的欠发达地区走上"发展森林旅行—摆脱贫困—迈向全面小康"的道路。

参考文献

邓小海,曾亮. 旅游精准扶贫的概念、构成及运行机理探析[J]. 江苏农业科学,2017,45(02):265 – 269.

国家林业局、国家旅游局关于加快发展森林旅游的意见发布[N]. 中国林业网[2011 – 11 – 9].

国务院关于印发"十三五"脱贫攻坚规划的通知[EB/OL]. 中国政府网[2016 – 11 – 23].

何阳,孙萍. 乡村旅游精准扶贫的现实问题与消解[J]. 内蒙古社会科学(汉文版),2017,38(03):29 – 34.

胡伟,翟琴. 乡村生态旅游与精准扶贫耦合机理及联动路径研究[J]. 生态经济,2018,34(10):137 – 140.

解城. 论我国森林旅游可持续发展的合理策略[J]. 长沙大学学报,2019,33(02):64 – 66,74.

鲁丽梅. 丽江市林业产业培育发展中存在的问题及对策[J]. 现代园艺,2016(20):35 – 36.

石媚山. 乡村旅游精准扶贫的运行机制、困境和策略[J]. 农业经济,2019(05):59 – 60.

王洋,张超. 精准扶贫背景下农村旅游扶贫的优势、困境及路径[J]. 农业经济,2019(07):68 – 69.

徐佳宁,尹明玉. 基于 Eviews 分析开展森林旅游对脱贫效果的影响[J]. 现代商贸工业,2018,39(14):18 – 20.

杨梅. 森林生态旅游及其可持续发展对策探讨[J]. 广西林业,2004(05):31 – 33.

张春美,黄红娣. 乡村旅游精准扶贫运行机制、现实困境与破解路径[J]. 农林经济管理学报,2016,15(06):625 – 631.

张莉,邵俭福. 精准扶贫视角下发展乡村旅游的意义、困境及路径探究[J]. 农业经济,2019(03):30 – 32.

赵树丛. 在全国森林资源管理工作会议上的讲话[J]. 林业资源管理,2013(06):1 – 6.

基于国外经验探索中国森林康养
助推乡村振兴的启示建议

张　阅[1,2]①

（1. 中南林业科技大学旅游学院　湖南省长沙市　410004；
2. 国家林业局森林旅游工程技术研究中心　湖南省长沙市　410004）

摘　要：森林康养作为一种森林资源开发的新业态，其服务内容涉及休闲、度假、娱乐、养生、运动、旅游以及健康养老等多个方面，是我国发展大健康产业的新模式，具有广阔的发展空间和市场前景。2000 年以来，各国纷纷认识到森林所带来的健康养生效益。同时，乡村振兴战略与林业息息相关，而森林康养是振兴地域经济的一剂良药，尤其是对人口流失严重的林业社区。森林康养可以带动旅游等第三产业发展，吸纳农业人口就业，改善民生。本文基于森林康养概念、发展历程及森林康养的功能包括保健功能和社会经济功能等，借鉴德国发展森林康养促进城乡融合的实践经验，对中国发展森林康养，特别是对如何发挥林业功能和作用，加快推进乡村振兴战略有了更全面的思考，并提出相应的启示建议。

关键词：森林康养；德国实践经验；启示建议

1　森林康养的概念及发展

1.1　森林康养的概念

　　森林康养依托于森林环境中丰富多彩的生态景观、绿色食品以及浓郁的森林养生文化等资源，同时搭配以完善的医疗服务和休闲养生设施，开展以修身养性、延缓身体衰老等为目的的森林保健、度假、休憩和疗养活动。森林康养的定义分为广义和狭义两种。狭义的森林康养定义为：森林康养以优质的森林资源和良好的森林环境为基础，以健康理论为指引，以传统医学和现代医学相结合为支撑，开展以森林医疗、疗养、康复、保健、养生为主，并兼顾休闲、游憩和度假等一系列有益于人类身心健康的活动。广义的森林康养定义为：森林康养是依托森林及其环境，开展维持、保持和修复、恢复人类健康的活动和过程。

　　在我国，森林康养作为一类新型产业，目前仍处于快速发育和成长阶段。为此，我国的森林康养模式应当积极借鉴以德国、美国为代表的发达国家优秀经验，以充分发挥森林疗养康复的自然功效为主要目的，建设相关的保健、运动、度假等配套基础设施，并且充分融合森林系统强大的综合功能以及健康服务功效，以便于更好地利用森林资源，服务于民众。

1.2　森林康养的发展历程

　　自 20 世纪 90 年代以来，德国、美国以及日本等林业资源相对丰富的国家开始大力推动森林生态

---

①　作者简介　张阅，女，硕士研究生，研究领域为乡村旅游。电话：17780463967。邮箱：1362264284@ qq. com。

资源的共享，进而慢慢形成了以健康疗养、保健活动等为主要形式的森林康养产业，极大地提高了森林产业的经济效益，促进了森林经济的可持续发展模式。这其中，德国主要通过森林康养产业来为医疗康复和疾病的预防及疗养提供服务，因此森林康养在德国也被称为森林医疗。美国的森林康养模式重在保健功能，通过让游人享受到悠闲的生态旅游环境来达到放松身心和缓解压力的效果，同时也能在很大程度上预防各种疾病的发生。日本的森林康养产业较之于德国和美国起步较晚，但其发展势头十分迅猛，在很短的时间内便在森林康养方面取得了巨大的成绩，并且以其独特的森林浴模式而闻名世界。我国自80年代改革开放以来，建立了不同等级的森林公园，部分森林公园设置有森林浴场所，有代表性的如北京"红螺松林浴园"、浙江天目山"森林康复医院"等。到了2012年，北京率先引入了森林康养概念，随后其他各省份也开始效仿、尝试，森林康养作为一种新业态、新产业和新型的经济模式，正成为我国森林资源开发的重要趋势。

2 森林康养的功能及疗法

2.1 森林康养的功能

2 1.1 保健功能

（1）心理保健。森林康养能调节心理，减缓或消除精神疾病，同时放松身心，释放压力。森林中空气清新、气温舒适、噪声少，人在森林中会感到放松，释放压力。森林中的自然声音，如蝉鸣、流水声等，还能给人以美的享受。

相关统计数据表明，国内精神病患者已经超过1亿人，其中重度患者已经接近2000万人。这充分说明，对于全社会健康产生威胁的疾病之一就是精神病。剖析产生这种情况的原因与当前人们普遍精神压力较大有着直接的关系，这主要是由于当前人们的生活节奏相对于先前提升了好多，面对的各个方面的竞争压力也很大，其中难免出现很多不满意的地方，给人们心理带来的负面影响非常大，非常容易导致人们心理出现较大的波动。而森林康养可从内心深处对人们的心情进行彻底的放松，给人们带来一种回归大自然的清净，特别是其幽静、深邃的环境，可使人静下心来感受其中的美好，在其中人体的整个中枢神经系统可得到彻底的放松，全身心得到非常好的调节，从而实现对人体心理的调节，对于很多已经存在的精神疾病也可以实现减缓，甚至消除。

（2）身体保健。疾病的预防和治疗。林木所释放的植物杀菌素如有机酸、醚、醛、酮等化学物质，有助于提高NK细胞(免疫细胞)活性，从而对高血压、抑郁症、糖尿病等病症具有显著的预防和减缓作用。森林覆盖率高的地方，人们得癌症的几率会降低，长寿的人也较多。澳大利亚科学家新近公布的一项研究提出，每周1次至少30分钟逛城市绿化公园，可以让城市居民的抑郁症和高血压风险分别降低7%和9%。

森林康养能提高人类免疫力，改善人体生理机能。现阶段，多数城市中人们处于高压力、高强度、低质量的生活状态，导致人们每时每刻均感受到较强的生活紧迫感，而现代医学研究表明，高强度的生活压力是导致现在癌症发病率不断提升的重要因素之一，同时也导致人们出现了失眠、多梦、内分泌失调、高血压等病症。特别是当前城市当中，处于亚健康状态的人群不断增多，这个问题已经成为影响我国健康发展的一个严峻的社会问题。而通过森林康养的方式可大大提升人们的免疫力，特别是对亚健康状态有较大的减轻，使人体各项机能得到较大的改善。这里主要是指由于森林康养可对人体呼吸系统、血液循环系统、神经系统等起到较大的康复与治疗作用，最终实现人体生理机能的有效改善。

森林能释放出大量对人类健康有益的物质。首先，森林释放出相当数量的负氧离子，该物质可以对空气中的有害物质实现较好的中和，当负氧离子进入空气中之后，对于中枢神经系统可实现较好的调节。同时，森林对于二氧化碳及其他有害物质均有着较强的吸收作用。此外，森林中存在着芬多精，其可帮助人类杀死病菌，促进新陈代谢，对人体健康大有裨益。

2.1.2 社会经济功能

（1）带动当地就业和经济发展。森林康养是振兴地域经济的一剂良药，尤其是对人口流失严重的林业社区。森林康养可以带动旅游等第三产业发展，吸纳农业人口就业，改善民生。日本长野县信浓町被认证为森林疗养基地后，不仅创造了大量就业机会，而且让年轻人找到了当地传统生活方式的自豪感，改变了人口向大城市单向流动的趋势。德国的巴特·威利斯赫恩，人口仅有1.5万，却拥有70名专业医生和280名森林理疗师，每年接纳7万客人，约60%的当地居民的工作与森林疗养有关。

（2）将森林疗养纳入国民医保体系可以减少医疗费。据韩国的一项调查，全面普及森林疗养能够使医疗支出降低10%～20%。

2.2 森林康养的疗法

森林康养最早起源于德国。19世纪40年代初，德国威利斯赫恩镇创立了世界上第一个森林浴基地，后来逐渐又衍生出了"森林地形疗法""自然健康疗法"等森林康养类型。目前，森林康养的疗法：（1）环境疗法——又称为森林浴，即"森林环境＋森林漫步"。（2）森林温泉——"森林环境＋自然温泉"。（3）饮食疗法——"森林产品＋健康食谱"。（4）文化疗法——以"森林文化＋心理疗养"为基础，借助养生文化、民族养生传统实现深度养生，是养气层次向养心层次的过渡与升华。（5）森林医学疗法——以"森林环境＋现代医学"为治疗原理，以建立"森林医院"为主要形式，充分利用森林所独具的养生疗养性能。森林医院可分健康评估型和医疗度假型，其中健康评估型面向工作压力较大的中青年工薪阶层，医疗度假型则可针对消费水平较高的国内外高端市场。（6）"气候性地形疗法"——通过在多样气候和地形环境中徒步，来达到维持和增进健康目的的一种替代治疗方法。其适应症是心脏康复、高血压和骨质疏松，尤其以中老年群体为主要对象。在德国，"气候性地形疗法"1990年被纳入医疗保险。"气候性地形疗法"由学习过自然疗法的现代医生来主导，气候疗法师协助执行，治疗周期为3周，每周为3～4次，每次徒步训练时间控制在30～60分钟。

此外，德国的疗养胜地也是值得借鉴的。其归国家管理，分为四类：气候疗养地、海滨浴场或奈普疗养浴场、矿物温泉及泥浴浴场、温泉水疗胜地。疗养胜地被纳入德国的国民医疗系统中。需要进行康复或治疗的病人经医生开具处方到医疗机构指定的疗养地疗养，能获得医保报销，4年可申请一次。德国自然疗法疗养地有61处，约占全部疗养地的16%。在这种类型的疗养地中，"森林疗养"发挥着重要作用，作为重要的疗养设施，森林步道的设计也最为讲究。德国森林覆盖率只有30.1%，但森林分布错落有致，大片耕地和草地边上必然分布大片森林，只要有乡镇和村庄，必然有大片森林环绕。目前，德国有350余处森林疗养基地，每年大约接待30万人，每人平均滞留时间约为3周。同时，每年大约有1/3的过夜游客停留在这些疗养胜地。

3 德国森林康养助推乡村振兴的经验

1962年，德国科学家K. Franke发现人体在自然环境中会自动调整平衡神经，恢复身体韵律，认为树木散发出来的挥发性物质，对支气管哮喘、肺部炎症、食道炎症、肺结核等疾病有显著疗效。20世纪80年代，森林康养成为德国的一项国策，被纳入国家医疗保障体系，患者凭医生的处方可以进行免费的森林疗养。森林康养被纳入医保后，德国公费医疗费用反而下降30%，每年节约数百亿欧元的费用。森林康养产业的发展，不仅带动了住宿、餐饮、交通等的发展，还催生出森林康养治疗师、导游、护理等职业。现在，德国提出了"森林向全民开放"的口号，规定所有国有林、集体林和私有林都向旅游者开放，森林康养医院数量达到 350 多家，每年森林游憩者近 10 亿人次。森林康养极大地带动了德国乡村旅游业的发展，是乡村振兴不可或缺的有机组成部分。

3.1 生态保护是城乡融合的基础

德国的城乡融合离不开生态保护，德国尽管森林覆盖率只有 30.1%，但森林分布错落有致，大片耕地和草地边上必然分布大片森林，只要有乡镇和村庄，必然有大片森林环绕，生态保护是乡村振兴不可缺少的基础条件。生态补偿机制成为德国生态保护的核心要素，同时德国的特色建筑、垃圾分类、庭院绿化等也给我们留下了赏心悦目的深刻印象。

3.2 制度供给是城乡融合的保障

德国在不同的历史时期也不同程度经历了乡村衰退的过程，最终依靠政府的重大制度性供给主动进行乡村更新，实现了乡村振兴和城乡融合。德国建立了覆盖"联邦政府—州政府—地方政府"全系统的乡村建设法律框架体系，有力促进了土地整合和乡村更新。同时，德国的社会保障体系完备，城乡居民收入差异较小。

3.3 基础设施是城乡融合的前提

针对农业农村基础设施投资大、公益性强、回收周期长等特点，德国以空间规划布局为先导，突出乡村文化传统和地方特色，采取多种政策导向，重点完善道路交通基础设施、公共基础设施和生活服务设施，将乡村建设融入乡村整体发展，真正实现了"城乡等值"。

3.4 产业兴旺是城乡融合的根本

德国以土地规模化和农业机械化为前提实现了农场规模化经营，同时，把生态化经营、发展有机农业作为产业发展的基础。专业合作社、家庭农场等载体，完善的订单农业等利益联结纽带，以及在传统农业中融入加工元素、服务元素、科技元素，加上乡村旅游，促进了乡村发展的活力，三产融合是产业兴旺的基本特征。

3.5 技能人才是城乡融合的必然

德国农民中不乏高学历人才，并对农业从业人员设置一定的门槛要求：农场主和农业企业主需具备从业资格，其他人员则需经过专门的农业技术培训和实习锻炼。无论是壮大农村集体经济，还是促进农村产业融合发展，无论是构建农业产业体系、生产体系和经营体系，还是健全乡村治理体系，都离不开人才，都离不开人才振兴。

4 中国发展森林康养、助推乡村振兴的建议

从德国森林康养发展实践来看，中国森林康养产业还面临着不少问题，与乡村振兴的要求还有较大的差距。在总结德国森林康养发展经验的基础上，对我国森林康养发展提出一些建议。

4.1 做好顶层设计

森林康养是一个跨产业、多业态、复合型的系统工程，需要站在促进乡村振兴战略高度进行顶层设计，实行科学规划和合理开发。在加强自然保护地和森林建设基础上，谋划森林康养地培育。特别是山地森林集聚区可利用森林生态优势大力发展森林康养业，以乡镇或村为单元，发展森林小镇和森林人家，广泛征求公众意见，开发具有区域特色和品牌效应的森林康养目的地，打造集吃、住、游、购、养生、保健、疗养、康复、度假等于一体的乡村森林康养产业综合体，并辐射带动周边乡村发展。

4.2 强化政策保障

积极探索医养结合体制改革试点，参照德国、日本、韩国等先进经验，将符合条件的森林医疗、康养机构纳入医保定点范围，其康养费用按规定用医保支付报销。推进农村建设用地的整合利用，开展林业生产设施用地多功能利用试点，对符合规划并依法审批的林业生产设施，允许在不改变性质和基本用途的前提下开展森林康养设施的多功能利用。

4.3 培育"新农人"

森林康养产业，离不开土地的规模经营，离不开新型经营主体。要加快推进林地"三权分置"，通过组建林业股份制合作社、股份制家庭林场等形式，加快林地流转。研究制定林地适度规模经营奖补政策，对符合条件的主体进行奖补。鼓励社会资本和林农形成利益共同体，建立"林权变股权、资源变资本，林农当股东、收益有分红"股份合作机制，不断增加农民财产性收入。同时为本地农民提供更多的"家门口"就业机会，吸引年轻人重新回归乡村，解决村庄建设和产业发展后继无人的问题。

4.4 加快基础设施建设

加大公共基础设施建设投入力度，有效降低农村经济发展的交易成本，激活人流、物流、信息流和资金流，吸引人心、增加人气、留住人才，特别是加快山区路、水、电、气、通信、网络等基础设施建设，并提供相关服务，为森林康养产业发展创造良好的发展环境。

4.5 加强人才培养

加大农民职业教育、职业培训和专项技能学习扶持力度，同时出台激励政策吸引新乡贤、大学生、退伍军人、农民工等返乡创业就业，以人才振兴助推乡村振兴。组织有关林业和医学科研团队开展联合攻关，开展森林保健功能、康养林营建、森林疗法等方面的研究。

4.6 规范标准认证

加快森林康养相关省级地方标准的制定，编制康养森林、森林特色小镇、森林人家等森林康养相关建设标准和评定规范，完善森林康养标准体系，营造规范、健康的产业发展环境；制定森林康养基地认证办法，加快康养专用森林、森林养生食品、饮品、纪念品等开发与认证，积极打造一批具有乡土特色和区域影响力的森林康养地理品牌。

参考文献

邓三龙. 森林康养的理论研究与实践[J]. 世界林业研究，2016，29(6)：1 - 6.

范彬，杨仲和. 旺苍县森林康养产业发展初探——以旺苍大峡谷森林公园为例[J]. 中国林业产业，2016(4)：205 - 207.

顾志平. 乡村振兴视域下体育特色小镇发展策略研究[J]. 广州体育学院学报，2019(3)：21 - 27.

胡建伟，王佳妮. 森林康养小镇：国际经验与中国实践[J]. 中国旅游报，2018，12(3)：1 - 3.

李燕琴. 乡村振兴战略的推进路径、创新逻辑与实施要点——基于欧洲一体化乡村旅游框架的启示[J]. 云南民族大学学报(哲学社会科学版)，2019(4)：4 - 6.

刘朝望，王道阳，乔永强. 森林康养基地建设探究[J]. 林业资源管理，2017(2)：93 - 96.

刘拓，何铭涛. 发展森林康养产业是实行供给侧结构性改革的必然结果[J]. 林业经济，2017(2)：39 - 42.

孙抱朴. "森林康养"是我国大健康产业的新业态、新模式[J]. 商业文化，2015(03)：21 - 29.

王昌森，等. 乡村振兴战略下美丽乡村建设与乡村旅游发展的耦合研究[J]. 统计与决策，2019(13)：11 - 17.

王昊天. 森林康养——健康产业新模式[J]. 中国连锁，2017(02)：58 - 63.

叶智，郄光发. 跨界与融合是森林康养发展的必由之路[J]. 林业经济，2017(11)：3 - 6.

森林旅游区造血式生态补偿研究

——云南香格里拉普达措国家公园案例

李雪莹① 田世政②

（西南大学经济管理学院，重庆北碚 400715）

摘 要： 旅游生态补偿是对受旅游开发影响的生态环境和社区居民实施补偿，本文主要针对社区这一补偿对象进行研究，通过实地调研和文献整理，梳理普达措国家公园社区参与生态补偿的历程和现状，发现存在"输血式"力度过大、"造血式"方式单一、补偿工作机制和形式不合理、保障机制缺失等问题，结合国内外研究经验，根据时空差异设计不同的补偿方案，从补偿标准、方式和监管渠道入手，构建以特许经营为主，智力补偿、社会化和产业化补偿为辅的造血式生态补偿方案，同时，采用"固定＋浮动"的补偿形式，设立景区—社区双向监管渠道，以期提高社区生态补偿效果，改善森林旅游区管理体制，为其他保护地的社区生态补偿提供借鉴价值。

关键词： 旅游生态补偿；森林旅游区；社区；造血式补偿

1 引 言

随着社会发展、经济进步，人们对于生态环境保护越发重视，生态旅游也成为21世纪盛行的旅游方式之一。在我国大力推进生态文明建设的今天，森林旅游作为生态旅游的主体，在旅游业中的地位将逐步提高，森林旅游区现已成为我国自然风景类景区的重要依托，在为国民提供观光游憩服务的同时，实现森林资源、生态系统的维护。然而，在森林旅游区建设发展的过程中，总是存在一部分区域和人群享受生态利益，而另一些区域和人群却为了保护生态环境做出了牺牲和贡献的现象，这些舍弃个人利益却没有获得对应补偿的人群往往是当地的社区居民。为了缓解这种不公平的局面，2016年5月，国务院办公厅颁布《关于健全生态保护补偿机制的意见》，提出"健全国家森林公园等各类禁止开发区域的生态保护补偿政策"。但目前有关森林旅游区生态补偿及构建社区协调发展制度的研究十分有限，还停留在政策倡导层面，具体工作开展缺少理论指导。

生态补偿是以保护和可持续利用生态系统服务为目的，以经济手段为主调节生态利益相关者之间的利益关系的制度安排。在国外，"生态补偿"通常被称为"生态服务付费"（payment for ecosystem service，PES）或"生态效益付费"（payment for ecosystem benefit，PEB），其强调通过经济手段反映生态系统服务价值，并被广泛认为是对人类行为产生的环境正外部性给予的补偿。随着研究的深入，人们逐渐拓宽了生态补偿研究对象的范围，除了对生态系统和自然资源遭受的破坏进行补偿之外，还对因

---

① 作者简介 李雪莹（1996—），女，西南大学经济管理学院旅游管理专业硕士研究生。电话：15730087996。邮箱：sxueying_li@163.com。

② 田世政（1969—），男，西南大学经济管理学院旅游管理系副教授，管理学博士，研究方向为自然保护地游憩管理、旅游目的地规划与发展。电话：13883871552。邮箱：962563749@qq.com。

环境保护丧失发展机会、损害保护地内财产所有权与使用权的区域内居民进行补偿。

近年来，研究者们开始将生态补偿理念运用到旅游领域，提出了旅游生态补偿的概念。旅游生态补偿是以保护旅游地生态系统、促进旅游业可持续发展为目的，采用经济手段调节旅游开发经营所涉及的生态利益相关者之间利益关系的制度安排。关于旅游生态补偿的研究主要集中于内涵思考，游客对于旅游生态补偿的支付意愿，补偿机制构建，其中包括主客体界定、标准核算、补偿模式和保障机制，通过实地探索，梳理旅游生态补偿现状和问题，进而提出对策，并预测未来研究趋势和深化方向。

造血式社区旅游生态补偿最早由杨桂华正式提出，陈海鹰对其概念进行了界定，认为造血式社区旅游生态补偿是指自然保护地相关管理部门或旅游开发和经营者等补偿主体，借助旅游开发和经营管理形成的相关要素及发展环境，促进社区自身发展能力提高而实施的非资金或实物发放形式的补偿。张一群、杨桂华提出体现"所有权、经营权、管理权"三权分立的旅游项目特许经营制度是造血式生态补偿模式的有益探索。陈海鹰总结各类观点，提出造血式旅游生态补偿主要包括政策补偿、智力补偿、产业化补偿、社会化补偿等。吴郭泉以广西阳朔县为例，从输血式补偿和造血式补偿相结合的视角构建了阳朔县旅游生态补偿的实施路径。根据已有文献，本文把资金补助等直接的物质补偿方式统称为输血式旅游生态补偿，把政策补偿、智力补偿、产业化补偿、社会化补偿等统称为造血式旅游生态补偿。学者们普遍认为造血式补偿是自然保护地社区补偿的必然趋势和有效手段，是保护地社区可持续发展的有效保障措施。但目前专门针对造血式补偿的研究较少，更没有在自然保护地体系重构的背景下，结合国家新的政策取向，研究森林旅游区造血式生态补偿的成果。

为此，本人作为指导教师课题组成员，于 2018 年 9 月前往兼具"国家公园"和"国家森林公园"头衔的普达措国家公园进行实地调研，以社区居民为研究对象，对普达措国家公园造血式生态补偿进行案例研究。本文不仅对优化普达措国家公园第四轮生态补偿机制具有直接参考价值，而且对全国的国家公园、森林公园和自然保护地构建与社区协调发展机制具有一定的借鉴价值。

2　普达措国家公园概况与社区参与旅游的历程

2.1　普达措国家公园基本情况

普达措国家公园隶属云南省迪庆藏族自治州香格里拉市，位于滇西北"三江并流"世界自然遗产中心地带，由国际重要湿地碧塔海自然保护区和"三江并流"世界自然遗产哈巴片区之属都湖景区两部分构成。该地独特的气候条件为普达措创造了集高山牧场、湖泊湿地、河谷溪流、森林草甸于一体的壮美风景，同时也为旅游发展提供了可能。在普达措国家公园建立之前，碧塔海和属都湖两个景区都经历了经营权由民营企业或外来企业整体租赁经营的过程，由于经营粗放，资源环境遭到严重破坏，游客较少。2005 年，迪庆藏族自治州委、州政府提出将二者进行整合，实行统一规划和建设。2006 年 8 月，普达措作为云南省试点的"中国大陆首个国家公园"正式对外开放。十多年来，普达措的访客量和旅游收入逐年上涨，是海内外游客到香格里拉的首选旅游地。

普达措国家公园周边有 2 个乡镇，分别是建塘镇和洛吉乡，共涉及 23 个自然村。根据村庄与国家公园的距离远近和联系强弱，将这 23 个自然村分别划归三类社区。一类社区：建塘镇红坡村的浪茸、一社（包括几吕、下浪、次吃顶 3 个自然村），其中浪茸是唯一一个坐落于国家公园内部的村庄。二类社区：建塘镇红坡村的吾日、浪顶、落东、扣许、崩加顶的 5 个自然村和洛吉乡九龙村的 11 个自然村。三类社区：洛吉乡尼汝村的 3 个自然村。在这些乡镇中，除九龙村为彝族居住，洛吉为汉族、纳西族等居住外，其余均为藏族居住。村民以半农半牧为主，由于当地海拔高、耕地少、产量低，居民生活贫困，文化水平低，文盲、半文盲占 80%。

2.2 普达措国家公园社区参与旅游的历程

在普达措国家公园成立之前，当地居民就开始自发参与旅游经营，直到如今，其依旧是当地生态旅游发展过程中不可或缺的一部分。普达措国家公园社区参与旅游大致经历了三个阶段才演变到今天旅游反哺社区的阶段。

（1）自发与自主阶段（1995—1996）。从1993年碧塔海自然保护区初步形成生态旅游的接待条件开始，浪茸村的村民开始为游客提供牵马服务，随后，次吃顶、下浪、几吕3个自然村的藏民也加入其中，村民牵马一趟一般收取20～30元，1995年浪茸村旅游收入达到每户3000～4000元。在这一阶段，政府没有对其自营服务加以管制，村民的旅游所得收入归自己所有。

（2）社区自治式的参与阶段（1997—2003）。随着1996年香格里拉旅游品牌的营销推广，碧塔海景区的游客量开始急剧增长。为了规范景区经营活动，政府对牵马服务进行管理，修缮了西线道路以提高骑马的安全性，在政府引导下，社区成立了"马队服务公司"，制定了马队经营规范。1997—1998年，西线藏民的旅游年收入达到每户7000～8000元。1998年，碧塔海南线开通，大量的游客改从南线进入景区。交通格局的大变革使得西线游客迅速减少，与此同时，南线村民纷纷加入到旅游经营的队伍中，2公里的牵马服务定价为一趟25元。到2001年，碧塔海社区旅游参与方式仍以牵马为主，只有少数几家开设小食店、小卖部、食宿接待、民族服饰照相等。

在该阶段前期，景区与社区共同发展、人与自然和谐相处。然而到了后期，林地权属不明等历史遗留问题随着旅游发展逐渐暴露，导致社区与景区之间经常出现纠纷和争执。

（3）社区经营体系瓦解阶段（2004—2006）。2004年初碧塔海西线公路建设完成，环保车的开通导致了西线村庄和红坡村的次吃顶、下浪、几吕3个自然村的牵马活动全部停止。2005年初，迪庆藏族自治州政府收回属都湖经营权，将其与碧塔海合并为一个景区，至此，公园范围内的牵马服务全面停止。作为补偿，公园与社区签订了为期三年的马队补偿协议。2006年8月普达措国家公园成立后，社区与国家公园管理局协商，浪茸和红坡村一社共同在景区内从事烧烤经营、防寒服出租、动物陪照等旅游经营项目。2008年12月，为了规范经营、防范火灾等，社区所有自营项目全面停止，并获得补偿。自此，社区自主自发建立起来的经营体系全面瓦解。

（4）社区旅游生态补偿阶段（2009—）。2009年初，迪庆藏族自治州政府通过《普达措国家公园旅游反哺社区发展实施方案》，普达措国家公园管理局成立社区协调科，负责协调处理社区相关问题。社区获得固定额度的经济补偿，并获得景区场地和基础设施的免费使用权，开始从事烧烤、照相等经营活动。另外，公园吸纳了部分村民到景区工作，给予中专以上学历学生教育补偿，同时对基础设施建设等多个方面进行资助。

3　普达措国家公园社区旅游生态补偿现状

3.1　补偿政策的演变

自牵马服务全面停止后，普达措国家公园于2006年与过去参与牵马服务和景区内从事烧烤、照相等经营活动的主要社区签订了马队补偿合同，就此开始了为期三年的第一轮社区生态补偿。经过几年的摸索，于2008年与一类社区继续签订了为期五年的社区生态补偿合同，相较过去，二轮补偿在补偿内容与力度方面都得到了很大提升。除此之外，公园在2009年也与二、三类社区分别签订了不同的补偿协议，其中，二类社区受偿较多，三类社区受偿较少。直至2018年底，普达措国家公园对社区的三轮补偿都已完成，目前正在对第四轮补偿方案进行商定。

3.2 分类补偿的具体方案

普达措国家公园社区生态补偿是以各社区与国家公园生态环境、旅游发展联系的紧密程度以及社区在公园旅游业发展过程中的损失程度为依据进行补偿的。目前，以基本补偿金等输血式补偿为主，结合教育资助、安置就业等造血式补偿方式，对一、二、三类社区实施不同的补偿方案，具体内容见表1～表3。

表1 普达措国家公园一类社区生态补偿方案

	补偿方案
一轮补偿 （2006.6～2008.6）	输血式： 牵马补偿金：户均5000元/年，共157.5万元
二轮补偿 （2008.7～2013.6）	输血式： 基本补偿金：每年户均5000元＋人均2000元 退出经营项目补偿金（烧烤零食、出租防寒衣、民族服装出租等）：浪茸每年补偿20万元，一社50万元 5A级旅游景区服务设施增设补偿：3000元/户，累计补偿36.3万元/年 门景区征地补偿：每年共给一社25.5万元 旅游服务部收入：(2012—2013年)浪茸49.5万元 门景区旅游服务设施租金：一社2.58万元/(户·年) 造血式： 学生教育补助①：高中、中专生2000元/(人·年)；专科生4000元/(人·年)；本科生5000元/(人·年) 基础设施建设资金：浪茸村300万元，几吕、下浪、次吃顶300万元 特许经营：特许一社3村拥有门景区公厕、藏房、烧烤房的经营权 安置就业：吸纳少量居民作为正式员工；所有家庭轮流参与环卫工作 临时用工
三轮补偿 （2013.7～2018.6）	输血式： 基本补偿金：每年户均10000元＋人均5000元 退出经营项目补偿金（烧烤零食、出租防寒衣、民族服装出租等）：每户9000元/年 5A级旅游景区服务设施增设补偿：3000元/户，累计补偿36.3万元/年 门景区征地补偿：每年共给一社25.5万元 旅游服务部收入：(2014—2016年)浪茸每年66万元 门景区旅游服务设施租金：一社2.58万元/(户·年) 造血式： 学生教育补助：高中、中专生2000元/(人·年)；专科生4000元/(人·年)；本科生5000元/(人·年) 基础设施建设资金：浪茸村300万元，几吕、下浪、次吃顶300万元 安置就业 临时用工

资料来源：结合调研情况和文献整理而成。

表2 普达措国家公园二类社区生态补偿方案

	补偿方案
一轮补偿 （2009.1～2013.12）	输血式： 基本补偿金：每年户均500元＋人均500元 村容环境整治资金（按户发放）：每年给予九龙村高峰上组、高峰下组、干沟、丫口、联办、大岩洞6村20万元；每年给予红坡村吾日、浪顶、落东3村20万元 造血式： 学生教育补助：高中、中专生2000元/(人·年)；专科生4000元/(人·年)；本科生5000元/(人·年) 安置就业：吸纳少量居民作为正式员工

① 学生考上高中、专科以上大学含国家正规统招生（函授、自费、成人教育等除外），在校学习期间每人每年补助2000元、4000元、5000元。

（续）

补偿方案	
二轮补偿 （2014.1~2018.12）	输血式： 基本补偿金：每年户均1000元＋人均1000元 村容环境整治资金（按户发放） 造血式： 学生教育补助：高中、中专生2000元/（人·年）；专科生4000元/（人·年）；本科生5000元/（人·年） 安置就业：吸纳少量居民作为正式员工

资料来源：结合调研情况和文献整理而成。

表3 普达措国家公园三类社区生态补偿方案

社区生态补偿方案	
一轮反哺 （2009.1~2013.12）	输血式： 基本补偿金：户均300元＋人均300元 村容环境整治资金（按户发放）：每年给3个村民小组15万元 造血式： 安置就业：吸纳少量居民作为正式员工
二轮反哺 （2014.1~2018.12）	输血式： 基本补偿金：户均1000元＋人均1000元 村容环境整治资金（按户发放） 造血式： 安置就业：吸纳少量居民作为正式员工

资料来源：结合调研情况和文献整理而成。

4 普达措国家公园现行补偿机制存在的问题

4.1 "输血式"额度过高、比例失衡

在与普达措社区村民交谈的过程中得知，社区反哺资金是目前村民收入的主要来源，其中，一类社区的补偿资金在总收入中的占比大约达到80%，二、三类社区也达到一半以上。由各类社区的具体补偿方案也可看出，公园的直接补助不断提高，所有社区第三轮反哺的基本补偿金较第二轮都翻了一倍以上。

现金资助的高额度设定不尽合理，易使社区对现金补偿路径产生依赖。现金资助在居民总收入和补偿方案中的高度占比，很可能导致社区对现金补偿制度形成依赖，在不劳而获的环境中逐渐放弃和丧失原有生存技能，在遇到突发情况时生活难以为继。

输血式和造血式补偿的比重失衡，易导致社区发展权受限，不利于社区造血机能的培养。大量的直接补偿基本满足和保障了居民的生活需求，导致其自主创业、深度参与国家公园的意愿并不强烈，阻碍了其自身能力的提升，不利于其长久发展。此外，国家公园的建立导致村民们依赖的活动路径受限，虽然公园通过发放补助给予其一定补偿，但其丧失的发展权却没有得到弥补，违背了社区层面的公平公正。

4.2 "造血式"厚此薄彼、方式单一

目前，普达措国家公园造血式补偿主要集中在一类社区，二、三类社区涉及的补偿种类极少，即使是在一类社区，受到补偿的村民也极其有限。同时，补偿方式以安置少量村民就业和学生教育补偿为主，补偿层次浮于表面，社区与景区融合的程度低。

造血式补偿范围狭窄、力度悬殊、方式单一，可能导致社区发展不均衡，影响造血式补偿的实施效果。造血式补偿的厚此薄彼可能导致不同社区和家庭逐渐在知识能力、思维方式、身体素质等诸多方面拉开距离，随着时间推移必然在一定时候且很有可能以收入变化的形式显现，由此造成部分村民心理失衡，激发矛盾，不利于社区长远的发展。另外，仅通过安置少数居民就业和对部分家庭提供教育资助，对培养社区造血机能和自我发展能力的作用十分有限。

4.3　补偿工作机制违背公益理念

普达措国家公园的输血式补偿由迪庆藏族自治州旅游投资公司①及其下属子公司——普达措旅业分公司提供资金，补偿资金由州财政从旅游收入中划拨给普达措国家公园管理局，再由国家公园管理局下发至各个村委会，最终发放至村民家庭。造血式补偿则是在管理局的监督下，由普达措旅业分公司安排实施。

社区生态补偿工作机制不合理，促成了公园高度依赖门票收入的局面，多主体管理降低了工作效率。普达措国家公园由经营公司承担所有社区补偿费用，不可避免地使企业将成本通过门票和车船费再次转嫁给旅游者，而这就违背了国家公园的公益性理念。同时管理局和公司共同管理公园经营活动的现状，降低了管理效率，不利于公园长期发展。

4.4　补偿形式难以满足居民预期

高额度补偿难以平衡固定额度补偿形式带来的弊端。由于公园采取"在每个期限内，补助资金执行增人增户不增补助，减人减户不减补助的办法"，高额的补偿标准仍然难以弥补社区对固定额度补偿形式的不满。2013年普达措国家公园与社区签订完成第三轮反哺协议，但仅在一年过后就出现了社区对补偿不满意的情况。

固定额度的补偿方式难以满足社区心理预期，激化利益相关者之间的矛盾。在生态补偿水平相对较高的背景下，社区仍不满于现状，主要是由于当地居民追求利益的本性。随着游客数量和经营投入的增加，居民对经营利润期望水涨船高，但固定额度的补偿方式导致社区的心理预期与补偿标准出现落差，进而容易产生不满情绪。

4.5　补偿实施过程缺失保障机制

社区生态补偿保障机制缺失，导致补偿落实情况欠佳，引发社区不满。《普达措国家公园总体规划》针对社区居民的技能提升设计了分阶段的详细规划，但在实地访谈中，我们了解到公园基本未展开社区就业培训。同时，在与社区签订的《旅游反哺社区实施方案》中规定，景区招聘时"同等条件下，优先录用周边社区居民"，也没有得到落实。此外，景区对社区做出的补偿承诺履行不到位，如承诺3年内投资300万元扶持浪茸村建成民族文化生态旅游村，但到协议期满时，也没有实质性的进展。约定事项未能兑现，当地居民可能会对国家公园管理局和经营公司今后的承诺产生怀疑，损害管理局和公司的威信，社区与景区关系的恶化，导致社区协调事宜更加难办。

5　普达措国家公园造血式旅游生态补偿方案

5.1　设定时空差异的补偿标准

目前，普达措国家公园虽然根据空间差异制定了不同的补偿标准，但没有从长期的角度制定分时

---

① 后更名为"迪庆藏族自治州旅游发展集团"，是由迪庆藏族自治州人民政府出资设立并授权经营全州国有旅游资产的国有独资公司，是州政府的旅游投资主体和融资平台。

间的标准，降低了社区生态补偿的科学性，进而影响补偿效果。因此，在制定社区生态补偿标准时，应分别从空间和时间的角度考虑，在保证公平性的基础上提升补偿标准的科学性。从空间视角来看，除了应对一、二、三类社区分别设定由高到低的输血式补偿标准，还要格外注意降低造血式补偿标准的差异性。从时间视角来看，随着国家公园管理体制日益成熟、社区素质能力日渐提高，应逐渐降低输血式补偿额度，提升造血式补偿标准。但应注意，在初始阶段，比重调整不宜操之过急，造血式补偿应以培养社区发展能力为主，到中后期再进一步加快二者比重的改变，加大造血式力度，促进社区的升级转变。

5.2 构建新型造血式补偿方式

5.2.1 社区特许经营

实施特许经营，优化森林旅游区经营管理体制。普达措国家公园可将除门票外的经营项目以项目单体的形式实施特许经营，吸引外来优秀组织、个体参与竞争，改善由一个经营主体获得经营项目整体许可的现状，有助于解决公园经营主体越位、管理主体缺位的问题，减少垄断，提升经营管理效率。

以特许经营为主的造血式补偿，增加了社区生态补偿资金来源，丰富造血式补偿形式，为社区造血机能的提升创造了条件。从特许经营费中抽取一定比例作为社区补偿资金，可减轻公司经营负担，为门票价格下调、公益性实现奠定基础。此外，在特许经营制度实施过程中，应适度向社区倾斜，做到积极引导。

5.2.2 "固定 + 浮动"的补偿形式

通过"固定 + 浮动"的补偿形式有效平衡居民与景区的利益。"固定式"补偿是指从门票收入中抽取固定额度的资金以保障居民的基本生活，固定额度根据门票收入情况设定。"浮动式"补偿是指从特许经营收入中，按照适当比例提取部分资金作为社区补偿的其他来源，其中比例固定不变，补偿资金随收入的变化而变化。比例的设定依据为，固定补偿和浮动补偿的资金总和占景区所有经营收入的比例不得低于当前社区生态补偿资金占公司经营收入的比例，使生态补偿变革在保证居民满意的同时，降低其对原有补偿路径和输血式补偿的依赖。

"固定式"与"浮动式"的比重随着公园日益成熟也将逐渐得到调整。在公园高度依赖门票经济、特许经营旅游项目还未落实的发展初期，采用以"固定式"为主的补偿方式较为适宜。随着国家公园一步步完善，造血式补偿开始得到社区认可，特许经营机制基本建立，逐渐将"浮动式"补偿纳入社区生态补偿范畴，采取"固定式 + 浮动式"的补偿方法，以减轻经营企业的负担，提高社区自主经营的积极性。到发展后期，公园可逐步下调门票价格，虽然固定补偿减少了，但浮动补偿的比例可适当提升。此时，国家公园内的旅游经营项目相对多样，经营格局较为成熟，特许经营收入达到一定水平，也为社区的浮动补助提供保障。

5.2.3 加大智力补偿、社会化补偿和产业化补偿力度

在社区造血式生态补偿中，社会化补偿主要包括基础设施建设、保障基金设立、村容环境整治等，智力补偿主要包括宏观层面的学生教育补助、整体人文素养提升、文化知识、农业养殖等方面的培训，产业化补偿主要是结合地区发展情况对旅游产业链进行延伸。其中，智力补偿是造血式补偿的核心方式，而产业化补偿是重要手段，社会化补偿是基本保障。重视智力补偿，通过提高对村民知识能力的培训力度，加大对学生的教育补偿比重，从根源上促进社区的进步，但同时需注意保证智力补偿的均衡性。加大产业化补偿，通过将当地销售业、娱乐业等与旅游融合，帮助当地村民拓宽农产品销售渠道，增加就业，丰富公园旅游产品类型。提高社会化补偿，通过设立文化服务中心、教育项目基金、基础设施建设等，为社区精神素养、生活质量的提高奠定物质基础。

5.3 设立补偿双向监管渠道

建立社区监管小组，形成社区和管理局的双向监管渠道。社区监管小组由普通村民代表和领导干部组成，主要负责收集各社区补偿意见、协调社区利益关系、监督补偿项目的落实、补偿资金的及时发放、景区环境保护等事务。同时全体村民都享有对公园环境、资源、设施和景区员工、游客的监督举报权。社区协调科与社区监管小组直接对接，既改善了如今一对多的局面，提高了管理主体工作效率，又有助于社区问题的及时处理，保障社区利益，促进社区景区的和谐共处、共同繁荣。

6 结 论

目前，我国森林旅游区等自然保护地在旅游开发建设过程中往往涉及社区利益受损的问题，社区居民是国家公园的主人，是当地文化的承载者和自然生态环境的守护者，考量社区在旅游建设中的损失、关注社区发展问题、鼓励社区参与公园建设，是促进社区与景区和谐发展，完善景区旅游建设的重要内容。森林旅游区作为生态产品的主要提供者、生态文化的重要创造者和生态文明的集中展示地，在践行生态文明这一先进理念的过程中担负着重任。在当前保护地体系重构的重要阶段，通过普达措国家公园生态补偿案例研究，不仅对优化其第四轮生态补偿机制具有直接参考价值，而且对全国的自然保护地构建与社区协调发展机制具有一定的借鉴价值。

本文梳理了普达措国家公园现行补偿机制存在的问题，包括"输血式"额度过高、比例失衡，"造血式"厚此薄彼、方式单一，补偿工作机制违背公益理念，补偿形式难以满足居民预期以及实施过程缺乏保障机制。通过设定时空差异的补偿标准，建立新型造血式补偿方式、设立双向监管渠道，构建以造血式为主的社区生态补偿方案。在补偿标准上，逐渐提高造血式补偿比重，同时减少输血式补偿，以降低居民对现金补偿的依赖。在补偿方式上，建立以特许经营为主，智力补偿、社会化和产业化补偿为辅的造血式补偿，采用"固定 + 浮动"的补偿形式，并逐步改变二者比例。同时，设立管理局和社区的双向监管渠道，以保障补偿的顺利进行。

在未来的社区生态补偿研究中，应注重根据时间和空间的差异来制订补偿方案，着力探索多样的造血式补偿方式，深入探究特许经营制度在保护地的实施模式，加强对补偿标准的定量设计以及补偿效果的定量考核，为保护地经营管理体制和社区生态补偿研究提供借鉴价值。

参考文献

陈海鹰，杨桂华. 社区旅游生态补偿贡献度及意愿研究——玉龙雪山案例[J]. 旅游学刊，2015，30(08)：53 - 65.

陈海鹰. 自然保护区旅游生态补偿运作机理与实现路径研究[D]. 昆明：云南大学，2016.

郜佳蕾. 云南省国家公园建设及管理体制研究[D]. 昆明：昆明理工大学，2009.

耿言虎. 跨社区生态补偿机制的实践困境与构建策略[J]. 河海大学学报(哲学社会科学版)，2018，20(03)：57 - 63，92.

胡孝平，马勇，史万震. 基于旅游产业发展视角的生态补偿模式创新研究[J]. 江苏商论，2011(04)：129 - 131.

蒋依依，宋子千，张敏. 旅游地生态补偿研究进展与展望[J]. 资源科学，2013，35(11)：2194 - 2201.

李丽娟. 构建我国森林旅游生态补偿机制初探[J]. 西北林学院学报，2012，27(02)：238 - 241.

李淑娟，高宁. 旅游生态补偿研究现状及趋势[J]. 生态学杂志，2018，37(08)：2515 - 2523.

刘敏，刘春凤，胡中州. 旅游生态补偿：内涵探讨与科学问题[J]. 旅游学刊，2013，28(02)：52 - 59.

马勇，胡孝平. 神农架旅游生态补偿实施系统构建[J]. 人文地理，2010，25(06)：120 - 124.

汪运波，肖建红. 基于生态足迹成分法的海岛型旅游目的地生态补偿标准研究[J]. 中国人口·资源与环境，2014，24

（08）：149 - 155.

王蕾，苏杨，崔国发．自然保护区生态补偿定量方案研究——基于"虚拟地"计算方法[J]．自然资源学报，2011，26
（01）：34 - 47.

韦惠兰，冯茹，范文安．生态补偿与林缘社区的可持续生计——以甘肃白水江国家级自然保护区为例[J]．农村经济，
2008（04）：62 - 65.

文红，李建华．森林旅游生态补偿的理论思考[J]．湖南林业科技，2007（06）：73 - 75，82.

吴郭泉，杨主泉．旅游生态补偿机制构建——以广西阳朔县为例[J]．社会科学家，2017（05）：92 - 97.

吴萍，栗明．社区参与生态补偿探析[J]．江西社会科学，2010（10）：172 - 175.

吴耀宇．浅论盐城海滨湿地自然保护区旅游生态补偿机制的构建[J]．特区经济，2011（02）：167 - 168.

吴章文．森林旅游区生态环境研究[J]．林业科学研究，2005（06）：761 - 768.

杨桂华，张一群．自然遗产地旅游开发造血式生态补偿研究[J]．旅游学刊，2012，27（05）：8 - 9.

张奥佳，程占红．中国旅游生态补偿研究现状与展望[J]．资源开发与市场，2016，32（02）：226 - 229.

张冰，申韩丽，王朋薇，等．长白山自然保护区旅游生态补偿支付意愿分析[J]．林业资源管理，2013（01）：68 - 75.

张广海，曲正．我国国家公园研究与实践进展[J/OL]．世界林业研究：1 - 6[2019 - 05 - 01]．https：//doi. org/
10. 13348/j. cnki. sjlyyj. 2019. 0035. y.

张海霞．中国国家公园特许经营机制研究[D]．北京：中国环境出版集团，2018.

张一群，孙俊明，唐跃军，等．普达措国家公园社区生态补偿调查研究[J]．林业经济问题，2012，32（04）：301 -
307，332.

张一群，杨桂华．对旅游生态补偿内涵的思考[J]．生态学杂志，2012，31（02）：477 - 482.

张一群．云南保护地旅游生态补偿研究[D]．昆明：云南大学，2015.

甄霖，闵庆文，李文华，等．海南省自然保护区生态补偿机制初探[J]．资源科学，2006（06）：10 - 19.

Wunder S. Payments for environmental services：Some nuts and bolts[R]. CIFOR Occasional Paper No 42, 2005：3 - 8.

太岳山国家森林公园机制创新探讨

李新茂①

（山西省太岳山国有林管理局，山西介休 032000）

摘　要：森林公园具有优美的生态环境，不断发展壮大森林旅游产业，提供更多优质生态产品、优质生态服务，满足人民群众日益增长的需要是森林公园的使命和担当。近年来，太岳山国家森林公园在保护中开发，在开发中保护，保护优先，适度开发，做到了旅游长盛、资源永续，走出了一条"保护—开发—发展—保护"的生态与经济良性循环的路子，探索出了一条"绿水青山就是金山银山"的发展模式，但在发展中也遇到一些问题，制约了森林公园的快速发展，需要加以解决。本文介绍了太岳山国家森林公园近年来的建设现状和主要做法，分析了发展中存在的问题，提出了 8 条机制创新的措施，对森林公园今后发展具有一定的指导意义。

关键词：森林公园；机制；创新

1　太岳山国家森林公园基本情况

太岳山国家森林公园成立于 1992 年，位于山西省中南部，横跨山西省长治市沁源县，晋中市介休市、灵石县，临汾市霍州市、洪洞县、古县三市六县，总面积 60000 公顷。地处晋中、临汾和长治三大盆地之间，最高峰"牛角鞍"海拔 2566.6 米，森林覆盖率高达 94%，是"全国 30 个最具影响力森林公园"之一、"全国 30 个新兴森林旅游品牌地"之一。

太岳山国家森林公园是我国暖温带落叶阔叶林生态系统生物多样性保护的关键地区，也是华北山地森林植被保存最完好的区域。园内野生动植物资源丰富，共分布有高等植物 95 科 918 种，野生动物 46 科 220 种，特别是天然油松林挺拔高大，林相整齐，是我国重要的油松种质资源库。位于灵空山景区内的"油松之王——九杆旗"树龄 600 年，单株蓄积 46 立方米，获世界吉尼斯纪录认证。园内自然景观资源也很独特，共规划了绵山、红崖峡谷、石膏山、好地方、油盆峪、七里峪、灵空山、陶唐峪、大南坪、兴唐寺十大景区 200 多个景点。通过招商引资，公园已开发了绵山、红崖峡谷、石膏山、七里峪、灵空山、陶唐峪 6 个景区，开发商累计投资 26.3 亿元，修建旅游道路 148.8 千米、滑道 2.4 千米、游步道 34.92 千米，建设游客服务中心、标志门、停车场、索道、宾馆等大型旅游服务设施 62个。绵山景区被评为 5A 级旅游景区，石膏山和红崖峡谷景区被评为 4A 级旅游景区，太岳山国家森林公园现已形成集避暑、揽胜、探险、休闲、野营、康养、狩猎、佛事、科考、教学、沐浴为一体的综合性旅游胜地。

---

①　作者简介　李新茂（1971—），男，1997 年山西农业大学毕业，农学学士学位，现任山西省太岳山国有林管理局林业高级工程师，研究方向为森林旅游和森林康养。电话：15934439371。邮箱：tyljlxm@126.com。

2 建设情况与主要做法

太岳山国家森林公园在 20 年的开发建设中,积极探索合作模式,创新收益分配方式,实现了开发与保护的相得益彰,互惠共赢。在森林资源开发与保护中,严格实行森林资源所有权、现有基础设施所有权和"山西太岳山国家森林公园"名称"三不变"原则,认真落实森林"三防"(防火、防虫、防盗)联手管控、基础设施建设项目从严管控要求,实现了保护优先、科学开发、互利共赢。

2.1 合作开发模式及利弊分析

实践证明,发展森林旅游已成为资源保护与开发利用有机融合的最佳模式,成为落实习近平总书记"两山论"的有效途径,逐步探索形成了 3 种合作模式。

2.1.1 公园管理方 + 地方政府合作模式

两个景区采用了此模式。优势是可以提供良好的旅游发展环境,可享受到交通、通信、电力等各方面的优惠政策,一定程度上为旅游开发项目的落地实施提供了便利条件。弊端是人才缺乏,机制不活,监管不力,投资有限,基础设施建设推进缓慢,景区自身发展动力和优势难以显现。

2.1.2 公园管理方 + 开发商合作模式

一个景区采用了此模式。优势是开发商自身发展动能大,可根据市场多元化需求,适时引进先进技术及管理经验,多方融资强化基础设施建设,拓展旅游新业态,满足人民日益增长的优美生态环境需要,使景区发展保持旺盛的生机和活力。弊端是公园管理方作为行业管理单位,在争取优惠政策、调动地方政府支持旅游发展等方面存在诸多困难,特别是在景区建设中所需的各种通信、电力、道路、网络等配套基础性设施建设跟进慢,一定程度上制约着景区发展。

2.1.3 公园管理方 + 地方政府 + 开发商合作模式

三个景区采用了此模式。这一模式由公园管理方主导推进,政府创优环境,开发商发挥资金优势,调动各方积极性,整合各方优势,兼顾三方利益,联动发展,形成利益共同体,是实现森林资源开发与保护的最佳模式。

2.2 收益分配方式

在旅游开发中,公园管理方坚守森林资源不破坏、国有资产不流失"两条红线",不断总结经验教训,现已形成 5 种利益分配方式,即保底收益、公园 + 地方两票合一、比例分成、保底收益 + 门票分成、保底收入 + 门票分成和保底收入 +(保底收入 × 国家 GDP 增长率)并用的模式。最后一种模式既能保证公园管理方在整个合作期限内有稳定的基本收益,又能使公园管理方收益和国家 GDP 增长率、经营主体门票收入直接挂钩,确保了公园管理方收益有保障、不受损,实现了公园管理方收益的最大化。

3 存在的问题

在森林旅游开发中,我们积极探索,虽在和谐共建、合作共赢方面探索出了一条具有"太岳山特色"的森林旅游新路子,但实践中还存在一些问题,需在今后发展中加以规范。

3.1 部分合作开发协议期限过长

在已开发的 6 个景区中,合作期限 50 年的 4 个,30 年的 2 个。社会经济发展日新月异,国家政策不断调整完善,一次性约定 50 年期限,不利于与时俱进调整收益,也不符合社会经济发展规律。

3.2 公园管理方收益偏低

现已开发运营的 5 个景区,环境优美,景观资源丰富,景观价值极高,在山西中南部乃至全省拥有特殊的地理优势和景观特色，开发前景广阔，而每个景区的保底收益仅有 20 万~80 万元，与景观价值不相匹配。国家 5A 级景区绵山，一年接待旅游 150 万人/次，门票收入达 7000 万元，而公园管理方前 20 年的收益仅为 20 万元，占门票收益的 0.28%。

3.3　景区经营性项目无收益

公园管理方现有利益分配主要体现在门票收益上，而对于景区开发的索道、漂流、滑道、餐厅等收益较高的经营性项目，公园管理方在协议内容中并未体现分成事宜。随着国家公园面向公众免费开放政策的延伸，国有森林景区一旦免费开放或设定免费开放日，公园管理方可能陷入无收入或收入低的窘境，森林资源有偿使用可能变成泡影。

3.4　景区部分林地使用权丧失

根据林地审批办理办法，经营主体办理永久性使用林地手续后，林地使用权就由林地管理主体永久地转移给了经营主体。合作期满后，按照合作开发协议和《中华人民共和国物权法》有关规定，地上固定资产归林地管理主体所有，而占用林地所有权归经营主体所有，给公园管理方后续开发经营造成被动和困难。

4　机制创新

4.1　创新收益分配机制

创新收益分配方式，公园管理方除了景区门票有分成以外，景区内经营性项目也要有分成。对景区内索道、漂流、滑道、餐饮、康养、疗养等经营性项目，与经营主体另行签订协议，综合考虑项目建设规模及预期收益等因素，合理确定收益分成。

4.2　创新林地使用机制

为了避免林地使用权丢失，开发商占地应由林业单位按照旅游开发项目规划办理使用林地手续，林地改变用途后的使用权仍办给林地管理主体，然后再将林地按照协议期限出租给景区开发商，确保景区内国有林地所有权、行政管理权始终掌握在林地管理主体手中。这样办理占用林地使用行政许可制度应作相应调整，开发商立项环境影响评价，占用林地使用许可办在林地管理主体，以保证所有权和使用权的统一。

4.3　创新林地审批程序

简化林地审批程序，森林公园涉及林业生产经营用房及相关附属设施占用林地的，在经营林地面积少，使用林地面积小的情况下，由县或市林业主管部门立项和审批，占用林地的审批材料报省林草局备案。在不采伐森林、不硬化地面、不影响乔木生长的前提下，在林下修建步道，其实施方案由当地林业主管部门审批。

4.4　创新协调对接机制

公园管理方与当地政府在开发过程中容易产生矛盾，为解决森林资源保护管理及开发利用过程中存在的问题，太岳山国家森林公园进行了尝试，与当地政府成立了森林资源保护管理及开发利用联席会议制度，定期召开会议，通报森林资源保护管理及开发利用工作情况，研究解决森林资源保护管理、开发利用等方面存在的实际困难和问题。这个制度也是一种机制创新，对森林公园保护与开发是有益的。

4.5 创新开发主体准入机制

严格审核开发主体进入公园开发，开发主体应为有一定资金实力(由银行出具验资报告)、管理经验和人力资源的国企、民企或混合制企业等社会主体。由专业公司或人员审核开发主体的建设能力，采用公开招标方式，公平、公正确定开发主体，避免出现开发主体无力开发或开发失败，影响公园开发进度。

4.6 创新景区监管方式

对于实行门票分成的景区，对景区的门票收入监管是个空白。可以引入景区票务管理及 B2B 分销管理平台，让第三方来监管，通过第三方达到监管景区的目的。

4.7 创新金融融资机制

坚持政府引导、市场主体，探索采用 PPP 等融资模式，引导金融资本和社会资本进入森林旅游，探索建立政府引导基金，以融资担保、贷款贴息、项目奖补等方式，形成政府、企业、民间资本等多渠道投资并举的局面。

4.8 实施开发主体退出机制

根据《山西省旅游条例》，实行旅游资源开发退出机制，对不按照旅游规划开发建设，造成旅游资源严重破坏或者长期闲置的，依法予以撤销或者收回旅游资源开发经营权，用退出机制规范森林旅游开发。国家林业局印发的《关于进一步加强国家级森林公园管理的通知》，要求规范国家级森林公园管理，对不能发挥主体功能甚至造成资源破坏损害严重的国家级森林公园，坚决实施淘汰退出机制，提升国家级森林公园规范化管理的整体水平。

5 结 论

发展是硬道理，是解决一切问题的基础和关键。太岳山国家森林公园的发展遇到一些问题，发展受到阻碍，不能满足新时代的需要，要取得高质量、有效益、可持续的发展，必须要进行创新。创新是引领发展的第一动力，只有不断创新，才能带来新的生机和活力，才能找到森林公园发展最适合的模式。

参考文献

李新茂. 太岳山国家森林公园发展现状与对策[J]. 内蒙古林业，2018，6：36 – 38.
阴成芳. 太岳山国家森林公园发展前景探讨[J]. 山西林业，2014，6：16 – 17.

山西省太岳山国家森林公园开展自然教育的 SWOT 分析

韩　飞①

（山西省太岳山国有林管理局，山西介休　032000）

摘　要：自然教育是建设生态文明的重要抓手，是经济社会发展的迫切要求。森林公园是森林风景资源、自然文化资源和生物多样性保护的重点区域，为公众提供休闲健身、森林旅游、生态科普和科学研究等服务，是开展自然教育的适宜场所。目前，森林公园的自然教育工作尚缺乏系统研究。本研究运用 SWOT 分析方法，分析评估山西省太岳山国家森林公园开展自然教育的优势、劣势、机遇和挑战，并提出了森林公园开展自然教育的对策和建议，为森林公园开展自然教育工作提供了参考案例。

关键词：森林公园；自然教育；SWOT 分析；对策

随着经济社会的快速发展，城乡一体化进度加快，人们逐渐被钢筋水泥包围，再加上信息时代的到来，生在自然、长在自然的人类，却与大自然产生了严重的隔离。这种隔离不仅制约了人类的感知能力、创造能力的发展，同时也会引发焦虑、孤独、注意力不集中和肥胖症等亚健康症状，这种症状被称为"大自然缺失症"。在这样的背景下，一种将森林作为教室，让人们回归大自然的森林教育逐渐引起人们的关注。

自然教育是指在自然中实践的、倡导人与自然和谐关系的教育。它是人们认识自然、了解自然的有效途径。通过自然教育，广泛传播自然生态知识，将引导社会公众更加自觉地尊重自然、保护自然。

截至 2017 年底，我国各级森林公园共 3505 个，总面积 2028.19 万公顷（其中：国家级森林公园881 处，规划面积 1278.62 万公顷）。森林公园是森林风景资源、自然文化资源和生物多样性保护的重点区域，为公众提供休闲健身、森林旅游、生态科普和科学研究等服务，是开展自然教育的适宜场所。利用森林公园的优势资源开展自然教育，具有公益性强、就业容量大、综合效益好的优势，是发挥自然保护地多种功能的重要形式，是实现自然资源永续利用的新举措。

本研究以山西省太岳山国家森林公园为例，用 SWOT 分析法综合分析了森林公园开展自然教育的优势、劣势、机遇和挑战，同时提出相应的对策，以期为森林公园开展自然教育提供参考案例和科学指导。

1　山西省太岳山国家森林公园概况

太岳山国家森林公园位于山西省中南部，行政区域跨涉晋中、长治、临汾三个市六个县，总面积6 万公顷，地理坐标介于东经 $111°47'09'' \sim 112°14'39''$，北纬 $36°17'29'' \sim 37°0'59''$，是晋中、临汾和长

---

①　作者简介　韩飞，男，山西农业大学林学硕士学位，林业助理工程师，从事自然保护地管理工作。电话：13466884723。邮箱：tysslgy@163.com。

治三大盆地之间的一道绿色生态屏障，是太行山的分支山脉，称太岳山脉，又称霍太山脉。最高峰"牛角鞍"海拔2566.6米，总体地势西部高而陡峭，东部低而平缓，局部有亚高山草甸，森林覆盖率高达94%以上，以气势雄伟磅礴而闻名。

2　SWOT 分析

SWOT分析法，即态势分析，就是将与研究对象密切相关的各种主要内部优势、劣势和外部的机会和威胁等，通过调查列举出来加以分析，得出决策性结论。运用这种方法，可以对研究对象所处的情景进行全面、系统、准确的研究，从而根据研究结果制订相应的发展战略、计划以及对策等。

2.1　优势分析(S)

2.1.1　自然资源丰富

太岳山国家森林公园是我国暖温带落叶阔叶林生态系统生物多样性保护的关键地区，也是华北山地森林植被最具多样性和保存最完好的区域。西部以天然混交林为主，主要树种为辽东栎、白皮松等；东部拥有我国温带地区最具代表性和分布最为广泛的天然油松林，被誉为"华北油松之乡""华北油松种质资源库"，其中"油松之王——九杆旗"作为世界最大油松载入了"上海大世界基尼斯纪录"。此外，园内还具有华北地区最大的、独具观赏性的10万亩落叶松人工用材林。

公园内分布有油松、水曲柳、五角枫、北京丁香、野核桃、落叶松、青扦等古树名木80余株，古树群12丛。其中，树龄500年以上的一级古树名木6株，树龄300年至499年的二级古树名木25株，其余为三级。

公园内动植物资源十分丰富，植物有种子植物95科407属816种、孢子植物2门21科33属47种；动物有25目64科216种，其中两栖类5种，爬行动物12种，鸟类163种，哺乳动物36种。国家重点保护的动植物物种金钱豹、原麝、褐马鸡、黑鹳、水曲柳、刺五加、大花杓兰等园内均有分布。

2.1.2　人文资源厚重

公园历史文化久远，积淀深厚。据记载，尧舜以来，便是人们避暑、游览、观光、狩猎的旅游胜地，汉代还将太岳山定为祭天名山——"五镇"之一，即"中镇霍山"。此外，境内的圣寿寺、龙头寺、天竺寺均为千年古寺，佛道文化博大精深。为纪念春秋时期名臣介子推的"中国清明寒食文化"被列入国家非物质文化遗产。厚重的人文资源为自然教育提供了有利条件。

2.1.3　区位优势明显

公园从北到南呈狭长状，紧临大运高速公路、大西高铁、南同蒲铁路、108国道，黎城—霍州高速公路横亘东西，绵山、红崖峡谷、石膏山、七里峪景区距大运高速公路出口10千米左右，且公园各景区所在县、市公路系统发达，是介休、灵石、霍州、古县居民易达的"城市后花园"。

2.1.4　基础设施便利

截至目前，通过招商引资，公园已开发了绵山、红崖峡谷、石膏山、七里峪、灵空山、大南坪6个景区，累计修建旅游道路148.8千米、滑道2.4千米、游步道34.92公里，建设自然山水类、宗教文化类、历史文化类、红色文化类、游客服务中心、停车场、宾馆等大型旅游服务设施60余个，前期已建的基础设施和配套服务为开展自然教育提供了一定基础条件。

2.1.5　自然教育乐土

公园开展过一些自然教育活动，为自然教育开展积累了一定经验，开展自然教育得天独厚。公园七里峪景区、石膏山景区和灵空山景区是高等院校师生、中外专家学者外业现场实例教学基地，并多次举办林业生态夏令营活动；红崖峡谷景区是灵石县青少年教育基地、中小学忠孝文化教育基地。

2.1.6　品牌效应凸显

公园经过二十几年的发展，形成了绵山、红崖峡谷、石膏山、油盆峪、七里峪、灵空山、好地方、悬泉山、兴唐寺、大南坪十大景区，每年有 200 多万游客量。其中绵山景区为 AAAAA 级景区、红崖峡谷景区和石膏山景区为 4A 级景区，七里峪景区和大南坪景区是全国森林康养基地，红崖峡谷景区内的金山是全国森林体验基地。公园现已形成了集避暑、揽胜、探险、攀登、野营、狩猎、佛事、科考、教学、养生、沐浴为一体的综合性旅游园区。公园曾荣获"全国 30 个最具影响力森林公园"和"中国 30 个新兴旅游地"称号。太岳山国家森林公园品牌的效应为开展自然教育奠定了一定基础。

2.2　劣势（W）

2.2.1　社会认识不高

自然教育在全国及至山西尚处于起步阶段，教育机构和自然保护地衔接不够，社会认识度不高，结合森林公园开展自然教育没有形成产业，而公园开发商多数只重视直接经济效益，对森林旅游以及比较热门的森林康养兴趣较大，往往忽视了森林公园在满足人民日益增长的教育、精神、文化需求方面的社会功能。

2.2.2　总体规划短缺

公园一直没有比较系统的自然教育规划框架，缺乏功能分区，自然教育工作没有纳入全局工作安排，公园公共基础设施建设没有统筹安排与自然教育服务设施建设相衔接。

2.2.3　设施有待完善

公园内已开发景区，主要以偏向于经济利益为目的的森林旅游为主，景区内容主要为自然山水游和历史文化游，没有充分突出森林公园资源优势，尤其是动植物资源方面优势。公园内缺乏科普教育设施、解说系统以及各种安全、环卫设施，电信及互联网等建设有待加强。

2.2.4　专业人才缺乏

2017 年 10 月，国家林业局森林公园举办了"国家级森林公园森林解说员培训班"，太岳山森林公园有 1 名同志参加并取得"森林解说员"证，也是公园仅有的一名自然教育专业人才。

2.3　机遇（O）

2.3.1　自然教育兴起

随着经济社会的高速发展，城镇一体化加快，人们与大自然接触的时间越来越少，很容易出现各种各样的身体、心理问题，出现了现代城市儿童与大自然的完全割裂现象，美国作家查德·洛夫将这种现象称为自然缺失症。现实生活中人们迫切需要走出家门，走进森林，自然教育需求旺盛。森林公园生态环境好，森林野趣浓厚，是开展自然教育的最佳场所。

2.3.2　政策支持

2014 年，国务院《关于促进旅游业改革发展的若干意见》中首次明确了"研学旅行"要纳入中小学生日常教育范畴。按照全面实施素质教育的要求，将研学旅行、夏令营、冬令营等作为青少年爱国主义和革命传统教育、国情教育的重要载体，纳入中小学生日常德育、美育、体育教育范畴，增进学生对自然和社会的认识，培养其社会责任感和实践能力。2018 年 7 月 28 日，山西省迎来一场研学旅行盛会，港澳青少年山西长城游学启动仪式在太原举办，标志着山西省正式加入内地游学联盟。2019 年 4 月 1 日，国家林草局印发了《关于充分发挥各类保护地社会功能大力开展自然教育工作的通知》，要求各自然保护地在不影响自身资源保护、科研任务的前提下，按照功能划分，建立面向青少年、自然保护地访客、教育工作者、特需群体和社会团体工作者开放的自然教育区域。同年 4 月 11 日，国家林草局副局长彭有冬在参加中国林学会自然教育工作会议上指出，各类自然保护地要加快自然教育服务能力，加强对现有森林植被、古树名木、野生动物、湿地、地质遗迹的保护，丰富各类自然教育资源，创建各类自然教育活动中心，加强资源环境保护设施、科普教育、解说系统、道路、电信等基础建设，创造设施配套、环境优美、管理规范的自然教育环境，提升硬件、软件服务能力。

2.4 挑战(T)

2.4.1 行业尚未成熟

自然教育在国内尚处于起步阶段，存在诸多困境。一是缺少权威行业标准规范，限制了行业质量的基本保障以及未来专业系统化的长期有序发展；二是政府参与推动有限，难以获得广泛的深度认可和体制教育的结合；三是系统化专业化的培训缺失导致人才短缺；四是公众认可度有待提高，且普及度集中在较发达地区；五是课程内容注重体验和服务，而对于自然保护的结合有待加强。

2.4.2 威胁森林资源安全

开发与保护是一个问题的两个方面，在森林公园建设环境保护、科普宣教及配套设施会在一定程度上破坏公园生态环境和野生动物栖息地，人员大量涌入产生大量生活垃圾，威胁当地生物多样性和栖息地安全。

2.4.3 户外活动存在风险

开展自然教育的一种重要形式就是户外体验，如何避免活动中出现安全事故，也是森林公园开展户外自然教育重点考虑的问题。

3 太岳山国家森林公园开展自然教育的对策

根据对太岳山国家森林公园开展自然教育的 SWOT 分析，充分依靠内部优势，利用外部机会，克服内部弱点，规避外部威胁，针对性提出了以下建议。

3.1 加大宣传力度

加大自然教育宣传力度，提高社会认识度，将自然教育作为林业草原事业发展的新领域、新亮点、新举措，摆在重要位置。采取多种形式，传统和现代媒体相结合，向森林公园景区从业者、游客、教育工作者、社会团体及社会大众广泛宣传自然教育，使人们充分认识开展自然教育的意义。

3.2 生态保护优先

做好公园自然资源的科学性开发、保护性开发、可持续性开发，坚持保护优先，协调好保护和开发的关系。开展自然教育活动，必须进行科学论证，严格遵守国家有关规章制度，详细规划活动方案，严格控制活动区域和路线。建设项目尽可能不新建，充分利用旧场房，不占或少占林地，建筑风格要与自然环境相协调。

3.3 统筹编制规划

规划先行，因地制宜制订具有自身特色的自然教育发展方案。结合太岳山国家森林公园总体规划修编工作，将森林旅游、森林康养和自然教育三者相结合，统筹规划，高效利用森林资源，加强科普宣教系统建设，全面开发以体验馆和游步道为核心的自然教育载体。

3.3.1 将文化教育融入森林旅游

经过二十几年的发展，太岳山森林旅游有了长足发展，但其森林资源及附带环境或文化历史价值的教育价值未能体现，森林旅游的文化内涵层次水平整体不高，影响森林旅游品质。文化是森林资源服务于旅游的重要内涵，寓教于游是提升森林旅游作用的重要所在。以自然环境为依托、以人为本，在森林旅游路线上设置相关的文化解说系统，例如文化体验馆、文化走廊、文化广场等，让游客在观赏休闲的同时，融入到文化教育中。体验馆可根据太岳山自身特色，因地制宜开展油松体验馆、褐马鸡体验馆、植物进化体验馆、植物标本馆、森林与音乐体验馆（听各种大自然声音）等，充分融入太岳山林区特有动植物历史文化资源，通过多层次多空间规划设计，尽量满足各年龄段游客需求。

3.3.2 将文化教育融入康养步道

游步道可围绕太岳山森林公园核心景观，结合森林康养步道，规划设计如康养式自然教育体验步道、森林自然观察步道、森林游乐体验区、观景台（观鸟台）、氧吧驿站等。对游步道两侧的树木，全部进行挂牌，标明树木名称、科属，古树名木加挂解说牌，使人们在游憩过程中不知不觉地接受了生态科普教育。

3.4 加强人员培养

自然教育属于教育类，自然离不开"老师"。自然教育活动策划人及专业解说员是开展自然教育不能缺少的元素。太岳山森林公园自然教育方面的人才培养，可以在内部逐步培养或借助外部机构委托培养。也可以通过优化条件，加强与教育机构、科研院所和专家学者的合作交流，利用他们专业的理念和技术开展自然教育。

4 结 语

山西省太岳山国家森林公园资源禀赋优良，地理位置优越，人文景观比较集中，有较高科学文化价值以及特定的区域代表性。公园应该充分利用自身优势和外部机遇，克服自身劣势和外部挑战，大力开展自然教育工作，不断满足人们日益增长的教育、精神、文化需求，推动林业现代化发展和林业草原产业转型升级。

参考文献

方秀，许振渊. 国家森林公园自然教育基地规划策略分析[J]. 林业科学，2019(1)：94.

冯彩云. 台湾森林生态旅游及其对大陆的启示[J]. 林业经济，2017(6)：60-64.

冯科，谢汉宾. 陕西长青开展自然教育 SWOT 分析[J]. 林业建设，2018(2)：78.

森林旅游与森林文化融合的研究探讨

吴丽萍①

（山西省大同市桦林背林场，山西大同 037300）

摘　要：森林旅游作为一种独特的方式，早已被称作独具生命力的"绿色朝阳产业"，目前越发受到人们的喜爱与追捧，并将其作为理想化的休闲途径。森林旅游这一产业与现代的社会需求相符合，开发森林旅游行业是非常有必要的。本文简述了森林文化与森林旅游的概念和特征以及拥有的优势，重点分析了二者融合后的关系，并从森林文化的发展方面提出了森林旅游的四种措施。

关键词：森林文化；森林旅游；策略

1 引 言

森林旅游是利用其自身特有的自然景观、环境和美感来服务社会，也给林业部门提供社会功能和经济效益的一种旅游行为，在近几年较为盛行，在整个世界都是一种比较新型的旅游方式。这种旅游方式因其追求健康、缓解疲劳的生活方式而愈发受到各地游客的热爱，其具备的各种优点必然会成为世界旅游的组成部分，有利于经济的发展、社会的进步等，在国内外都有较好的发展前景。此外，森林系统具有一定的经济、社会和生态效益，而实现这三个方面的基础便是对森林生态环境的保护。同时由于交通工具的发展，也给旅游业的发展带来了方便。这种旅游形式亦受到了各国的重视，同时由于当代人的休闲时间越来越多，旅游必然有更好的发展前景。

2 森林旅游与森林文化的基本概述

2.1 我国传统的森林文化

森林文化界定在森林与人类的基础上，具有悠远的历史和不息的生命力，包括了自然、人、精神和文明，是我们文化的发源地。广义地讲，森林文化是一切文化的基础，现代社会追求的回归自然便是呼唤我们回归自然，让疲惫的心灵有一片安息之地。不久前森林提供给我们安宁与平静，而随着人类盖起了建筑，开荒伐林，将生态环境毁坏殆尽。如今我们再次呼唤，回归森林保护生态环境，让森林成为我们的归属地，让森林文化成为人类各种文化中不可或缺的一部分。

2.2 森林旅游

森林旅游是指在都市繁忙的人们放下日常生活中的各种烦琐的事情，为了给心灵一点休息的时间，

---

① 作者简介　吴丽萍，女，本科，副高级工程师，现从事林场森林培育、森林康养、森林旅游研究与建设工作。电话：18735262179。信箱：1057538905@qq.com。

走向绿色自然中去。与其他旅游不同的是，这种旅游是具有其文化和灵魂的，旅游的场地是森林，而这里恰恰代表了文明发源地。人们进行这样的旅游将会感受到回到自然，对原始环境产生敬畏感，是一趟绿色的精神之旅。

2.3 森林旅旅游可以加深对森林文化的认识

森林旅游是当前社会发展的产物，仍具有旺盛的生命力，并且作为文化的基石定会有长期的发展。同时此旅游项目可以提供丰富的林业产品，以丰富其文化内涵。森林景观可以给人以视觉上的享受，还可以放松心情。在欣赏自然景观的同时能够引发人们对旅游的深度思考，是文化传播的一种形式。

2.4 森林中拥有无限资源

森林中蕴含着无限的资源，若是可以合理利用定会有巨大的经济价值。而其开发具有多种形式，如露营地、度假地、探险乐园等，同时不同的森林也有各不相同的风格，有的是古老的遗迹，有的是少见的自然环境。每处都有自身的特点，必会给人们留下深刻的印象。

森林资源丰富，有古木、山石等，尤其是人文景观更是文化的精髓之处，山石庙宇之间的古代遗迹散发着浓郁的文化气息，此种文化气息将跟随在游客整个行程中，给游客全新的体验，森林旅游的自然环境和文化作用都是游客参与进来的原因。

2.5 森林旅游能够将文化进行传播

森林旅游不但可以给人们提供度假空间，还能够让游客对大自然有细致的观察，充分了解大自然又通过对自然环境的了解来增长自身的知识，提高自己的文化涵养。而将文化融入森林中，可让游客在旅游的过程中提高自身的思想内涵，从而给人们带来更好的有灵感的优质作品。

3 现代森林文化与森林旅游的关系

两者是相辅相成的关系，文化只有被发扬和传承才能得到传递并发挥其作用。由森林旅游来带动森林文化，使得其能够将自身的生命力保持下去，在森林旅游中融入文化传承必然会是未来的发展趋势。

3.1 森林文化和森林旅游相互促进

森林文化有着久远的历史，是人们调整森林与人和自然之间关系的必然之物，同时也是森林建设和文明社会建设以及林业的持续发展的重要组成部分。森林旅游是从文明与文化的角度来欣赏经营森林的一种形式，其目标是休闲、普及科学知识，而旅游过程也是文化沟通的过程。正是由于森林文化在其旅游的整个过程有贯穿作用，所以使得此过程保持了较高的品位和层次。在此过程中游客对其审美需要的不断提升促使森林文化得到了完善，森林旅游若是做到了持续发展亦代表其文化也做到了这样的发展，若是旅游低层次亦会导致其文化呈现得不够全面。因此，森林文化的兴起和衰败与旅游有紧密关系。

3.2 森林旅游可以唤起游客对森林文化的关注

人类是从森林中走出来的，可以说森林是我们文明的发源地，因此它保留了古老的生物、地理演化过程中的信息和文化，有其独特的历史价值，可以丰富森林的内涵。而作为一种全新的历史森林文明，其目的便是给游客带来生活节律的变换之感，探索求知的好奇心以及了解当地文化。在人们旅游的过程中欣赏自然风景的同时也在倾听自然的声音，从而着眼于森林与自然环境的思考上。这便是森林文化所关注的重点，而森林旅游将其关注点更有效地表现了出来。这个项目的兴起改变了人们的认知，唤醒了人们对森林的热爱，引领人们开始保护生态环境，合理利用森林的生态功能，使得人们可以自发且积极地从事到植树造林活动中去，增加了人们热爱大自然的热情。

3.3 森林旅游是文化传播的主要途径

此项目的旅游除了以生态系统为对象，还给人们提供了一个休闲度假之处。旅人们通过观看奇异的自然环境和珍奇物种，呼吸清新的空气，饮清洁的山泉水从而更加了解森林的生态系统和其内部的信息、能量以及循环规律，深入认识到了森林对于物种的保护、空气的净化以及区域环境的改善的重要作用，从而可以自觉肩负起保护自然环境的责任感。因此，需要加强将森林生态防护的理念融入到旅游项目中去。比如定期举行"森林旅游节"以起到推行森林旅游的形式，同时举办森林植树活动，以在实际中保护森林环境。通过举办这样的森林旅游活动，可以不断满足人们各方面的需要，还可以让游客了解到大自然本身具有的传统文化与知识，从而起到弘扬森林独有文化的作用。此外森林文化还可以为人们带来更多的文化创作，如《维也纳森林的故事》便是由奥地利音乐家在森林中获得灵感而创作出来的，且已经成为了林业可持续发展的支柱产业。

3.4 森林文化引导森林旅游的可持续性发展

森林旅游是旅游人员自行或是在人工森林中从事的一项富有知识、参与和观赏及社会责任感的旅游活动。主要以生态学为指导理论，主要目的是为了合理利用森林资源、优化森林生态环境。所以，这种旅游行为便在文化的范围中，作为森林旅游的灵魂存在。森林文化亦是体现这种旅游深层内涵的独特特征，是旅游形象设计的基础和根据，在其开展的理念中起到灯塔的作用。

可持续发展的理念在生态学中属于可再生资源的经营范畴，比如收集森林资源的一部分，将另外一部分存留下来进行进一步繁殖生长，从而让后期增加的部分补充所需的数量，以保持森林青山绿水的生态环境，做到可持续利用。当下在学术界内普遍认可的可持续发展的定义是："不但要满足当代人的需要，还要不对后代人满足需要的能力构成危害的发展。"将可持续发展的理论融入到森林旅游的范畴内，便给出了可持续旅游的概念，其中心内容是均衡防护旅游环境、合理开发旅游可用能源和经济增长之间的微妙关系。谨慎地讲，可持续旅游并不指的是一种简单的只为旅游而旅游的方式，而需在其中加入发展的观念。同时是旅游发展的最终目的也是过程中的指导标准，贯穿了此行业的整个过程和各个环节。

森林旅游除了为游客提供多样的生物和丰富的植物资源之外，还在整个过程中让游客参加一种自身对于生态文化富有责任感的活动，传达着森林生态的信息和观念，展示着森林与人类共同发展的关系，充分体现了森林独有的价值作用。也就是指森林旅游会让人们带有文化责任感，让游客充分体验到人类生存的自然环境，让人们深刻认识到我们生存的环境在不断恶化，促使人们主动去参与到改善环境工作中去。森林文化本身具有一定的人文关怀，关注到了人类是源泉与家园——森林的当前与未来，对改善和保护人类生活质量的注意，也就是说我们未来的生存环境和文化倾向就是森林文化的主要目标。

4 从森林文化角度发展旅游文化的措施

4.1 增加宣传力度，将森林旅游培植成有竞争力的新型支柱产业

森林旅游需要采用不同的宣传手段来发扬，同时应保持内容的高质量。其一，进行相关的公益活动让更多有爱心的人参与进来，去体验旅游的奇妙，给游客讲解这种旅游需要注意的关键是不能破坏生态环境，其二，为提高名气，可以通过互联网进行宣传，让广大网民了解旅游项目。其三，在电视

频道中插播此项目的广告，使人们在观看电视节目过程中记住森林旅游和森林文化。为了将森林旅游行业培养成有市场竞争力、有多种效益、有规模的新型林业支柱产业，需要将其文化内涵深入地挖掘出来。在森林旅游中融入森林文化，以区域文化与旅游文化相结合为原则来进行创新，从而使森林旅游拥有较高的质量和审美。比如，西藏林芝区域，其本身美丽的自然风景便对游客有巨大的魅力，创新时可以结合当地的特色，来发挥此景区的魅力；另外对当地景区的定位准确，再进行形象宣传，便可以确保其拥有稳定的客源。

4.2 培养有素质的从业人员

当下必须加大力度培养相关的工作人员，从而使森林文化旅游行业得到一定的发展。对此需要在旅游行业的开发中注意其全面性，以借智、借脑、借才为培养原则，寻找、引进及培养各种旅游人才，建立一支专业的旅游队伍，以适合森林文化的发展。另外管理部门定期对工作人员进行旅游职业培训，增强其责任心，以最大程度地提高工作人员个人的素质和专业性，使之懂得经济和管理相关的知识，成为懂得旅游和林业的复合型人才，最终使森林文化得到开发，在旅游管理中将森林文化更好地传播。

4.3 开发新森林旅游项目

想要给森林旅游带来更多的资源必须关注到新资源的开发和利用；主要是用自然景观来突出显现其内涵。需根据现有资源和地理情况的特点相得益彰的建设方式进行开发。在景观中融入当地文化，从而打造出一个富有特色且能够吸引游客的新项目，比如：森林欣赏型，观鸟、观看野生动物；森林健身型，滑雪、登山等，具有当地特征的旅游产品，最终实现森林资源的可持续发展。在开发森林项目的同时要协调当地政府和群众的利益，首先考虑人们的实际状况，且鼓励群众参与到旅游项目的建设中来，让当地居民享受到林业资源开发的好处之外，对森林系统做好日常的维护，以主人的意识去保护好当地的森林生态环境。

4.4 挖掘文化内涵

森林旅游的重点在森林文化的建设上，只有发挥出了当地文化的最大作用才能够在经济市场上占有一定的竞争力，获取相应的经济效益。旅游得到了文化的服务，文化获得了旅游的宣扬，二者相互促进。因此在开发项目时必须重视对文化的落实，在各个环节将森林文化巧妙地融入旅游中去，从而保证不同地域有着专属于自身的特点，使得此行业可以更好地发展。

5 结　语

在开发森林旅游项目前，应该大力宣传，同时解说文化。虽然文化有旺盛的生命力，但是若想要其可以持续发展有必要在措施上不断改善，在迎合市场走向的前提下保存自身的文化底色，从而做到森林旅游资源的持续利用。

参考文献

陈白璧．福建森林文化旅游资源分析及开发对策研究[J]．北京林业大学学报（社会科学版），2014，13（1）：26－32.

方姝．森林文化与森林旅游行业发展研究[J]．科技创新与应用，2015（10）：283.

胡坚强．试论我国森林旅游的文化内涵[J]．北京林业大学学报（社会科学版），2002（1）：51－55.

瞿晓梅，谭仕林，陈世清．森林旅游文化评价指标体系构建及案例研究[J]．佳木斯职业学院学报，2015（3）：367－368.

屈中正．森林旅游文化的内涵及其特点[J]．林业与生态，2010（12）：12－13.

文连阳，陈臻，张德远．张家界森林文化旅游发展研究[J]．中南林业科技大学学报（社会科学版），2014，8（1）：15

－18.

杨馥宁，张云华，郑小贤．森林文化与森林可持续经营关系探讨［J］．北京林业大学学报（社会科学版），2009，8（1）：25－28.

张钧成．论我国森林旅游文化传统［J］．北京林业大学学报，2000（S1）：31－36.

山西森林 + 乡村生态旅游的态势分析

王　慧① 韩有志　庄法兴

（山西农业大学林学院，山西太谷　030801）

摘　要： 森林生态旅游与乡村生态旅游的融合对于自然景观保护、生态文明建设、可持续发展和乡村振兴具有重要的推动作用。山西具有丰饶而独特的森林和乡村生态旅游资源，为开展森林 + 乡村生态旅游提供了良好平台。本文将 SWOT 分析法运用于山西森林 + 乡村生态旅游，对其发展的优势、劣势及面临的机遇和挑战进行了综合讨论，并在此基础上提出科学的规划与开发，生态的管理与维系，牢固树立生态文明思想和可持续发展观，加强社区参与以保证社会和经济效益等发展对策，以期为山西地方经济转型发展与乡村全面振兴提供依据。

关键词： 森林生态旅游；乡村生态旅游；SWOT 分析；山西

1　引　言

1872 年美国黄石国家公园被正式定义为保护野生动物和自然资源的国家公园，是国际公认的生态旅游和森林旅游最早起源，"二战"后，依托森林资源来发展旅游逐渐兴起，到 20 世纪 50～60 年代森林旅游的现实价值获得了各界人士的承认，正式成为森林资源开发的主要形式之一。1982 年张家界国家森林公园的建立，标志着我国森林旅游业作为一项产业开始形成。现如今，森林生态旅游已成为我国旅游业的重要类型，合理开发森林资源、提高森林旅游的生态品质，是保证森林生态旅游可持续发展的基本条件。

乡村旅游最早兴起于 20 世纪 30 年代，首先在荷兰的贵族之间出现，之后迅速遍及整个欧洲，并取得了明显的社会、经济和生态效益。作为历史悠久的农业大国，中国乡村以其独特的魅力与生态旅游相结合而产生的乡村生态旅游是旅游发展过程中出现的新兴类型，主要依托乡村聚落及其生态环境，发挥乡村生态旅游资源功能，构建旅游产业，其客源市场主要是利用双休和节假日进行休闲度假游的周边城市居民。

森林 + 乡村生态旅游是指依靠森林资源发展乡村生态旅游，可将乡村特色产品与周边森林资源充分整合，融森林旅游魅力与乡土民俗风情为一体，对于乡村优化产业结构，促进"第一、第二、第三"产业融合，协调乡村经济和生态环境的可持续发展，满足农业对发展多样化经营的需求以及解决新农村发展和建设的需要具有重要意义，是妥善解决"三农"问题和实施乡村振兴战略的重要途径。近年来，全国各地依靠不同类型的森林生态旅游资源开发乡村旅游，已经取得了一定的成就，为山西森林 + 乡村生态旅游发展提供借鉴的同时也带来了机遇和挑战，本文尝试对山西省森林 + 乡村生态旅游的优

---

①　作者简介　王慧，女，博士，讲师，研究方向为森林培育、森林生态旅游。电话：15934431817。邮箱：sxauwh@163.com。

势、劣势以及发展进行 SWOT 综合剖析，以期为山西乡村振兴及生态旅游可持续发展提供借鉴。

2 山西森林 + 乡村生态旅游的优势分析(Strengths)

2.1 资源优势

山西省地处我国华北西部的黄土高原地带，东邻河北，西界陕西，南接河南，北连内蒙古自治区，东有巍巍太行山作天然屏障，西、南以滔滔黄河为堑，北抵绵绵长城脚下，自古作为一个多山之处因外河而内山，故有"表里山河"的美称。

山西属于暖温带、温带大陆性季风气候，气候宜人，四季分明，境内地形复杂，有山地、丘陵、高原、盆地、台地等多种地貌类型，高差悬殊，因而既有纬度地带性气候，又有明显的垂直变化，形成了多种森林生态系统类型，从北至南主要有恒山国家森林公园、五台山国家森林公园、管涔山国家森林公园、关帝山国家森林公园、太行峡谷国家森林公园等闻名中外的 19 处国家级森林公园，7 个国家级自然保护区，1400 多万亩的国有林场，为山西发展乡村观光、休闲、度假旅游提供了得天独厚的自然资源。

山西是黄河农耕文化的重要发源地，素有"五千年历史看山西、中国古代文化博物馆"之美称，依托神话故事、历史背景、地方戏剧、节庆活动、农业生产、手工作品、农发土饭等丰富资源的农耕文化、民俗文化以及后期发展的红色旅游开展乡村旅游，特色鲜明、底蕴深厚，而一些地处偏僻的古乡村落，其纯朴的自然和人文环境仍保留至今，成为乡村生态旅游的重要吸引因素。而以森林生态旅游资源为依托的周边农村世代依山而居，与林为伴，形成了独特的民俗文化，又因其位处偏远地区而保留其原生性吸引游客，因此山西森林生态游与乡村生态旅游深度融合，两者珠联璧合、相得益彰。

2.2 政策与制度优势

山西省于 2000 年 4 月通过《山西省森林公园管理办法》，为加快森林旅游发展，创新林业社会化服务，山西省林业厅和山西省旅游局共同协商的 2012 年 8 月《山西省森林旅游合作框架协议》，2013 年 8 月出台了《山西省森林公园条例》，将发展森林旅游确立为山西省推进的长期任务，推进山西林业的转型跨越发展，使森林旅游真正成为加快山西省经济转型、旅游交叉跨越发展新的重要途径。另外，根据《国务院办公厅关于印发国民旅游休闲纲要(2013—2020 年)的通知》精神和国家关于发展乡村旅游的有关要求，山西省于 2017 年 3 月出台《山西美丽宜居乡村建设规范(DB14/T 1271—2016)》并开始实施，2018 年 3 月出台了《山西省加快发展乡村旅游的实施意见》等一系列相关政策，对于山西省美丽乡村建设具有重要的推动作用和积极意义。同时，为促进乡村旅游健康发展，省政府于 2019 年 6 月制定并审议通过了《山西省乡村旅游示范村等级划分与评价标准》和《黄河人家、长城人家、太行人家基本要求与评价标准》，并确定出首批 100 个 AAA 级乡村旅游示范村，均为全省乡村生态旅游体制升级、产业转型升级提供了政策和制度保障。

3 山西森林 + 乡村生态旅游的劣势分析(Weaknesses)

3.1 生态旅游产品劣势

目前，山西森林 + 乡村生态旅游处于起步阶段，对生态旅游认识不到位，缺乏统一规划和引导，森林 + 乡村生态旅游资源总体开发利用停留在表面层次，多数地区在原有农业生产活动的基础上稍加改动即开始接待游客，所谓的美丽乡村建设即是简单地把村庄所有房屋都涂成同一种颜色，甚至出现鲜艳的粉色村落，与森林景观的自然背景色格格不入，或者搞大拆大建，破坏乡村原有风貌，乡村民宿成为城市酒店的"克隆版"、农家乐为简单的"翻新版"。

另外，森林生态旅游缺乏群落景观的整体规划，产品开发缺乏理智性，仅是对当地自然景观进行简单的开发，森林公园、自然保护区内布局混乱的游客中心、宾馆、道路建设比比皆是，旅游线路设计不合理，人造景观泛滥无特色，旅游活动仍停留在观光层面，缺乏深度旅游体验与康养项目。因此，总体表现为旅游产品形式单一，缺乏乡土文化风情和森林旅游资源的深度挖掘，产品同质化严重，缺乏地域特色和多样性，品牌形象不鲜明。

3.2 生态旅游管理劣势

生态旅游业的规章制度和管理体制不健全，政府相关部门的协调和沟通不到位，对森林 + 乡村生态旅游资源的生态管理和保护不重视，科学的环境监测和影响评价未能开展，因新建项目和废弃项目而造成的自然景观破坏现象时有发生，在某些乡村的偏僻地区和森林游步道的两侧仍存在大量垃圾丢弃和堆放现象，造成景观价值破坏和环境污染现象严重。而生态旅游的基础设施亦不完善，农村厕所问题仍然存在，多数地区的餐饮、住宿、娱乐在安全和卫生方面均难以达标，而森林和乡村的通达性都较差，旅游突发事件的安全应急系统也亟待建成和完善。

此外，在山西省生态旅游的产业发展过程中，专业高级人才的匮乏，造成森林 + 乡村生态旅游产业整体发展效率较低，产学研体系不健全、合作不够紧密。管理人员缺乏生态学、旅游学、管理学等知识和经验，旅游服务人员也多为当地居民，专业知识的缺乏造成从业人员服务观念落后、服务质量不高、环保意识不强，山西森林 + 乡村生态旅游的竞争力受到削弱。同时，对旅游者的管理亦是经常被忽视的环节，游客的不文明现象频发。因此，对旅游者生态意识和绿色理念的宣传和培养，教育社会大众建立生态旅游伦理，也是现阶段生态旅游管理的需要。

4 山西森林 + 乡村生态旅游发展的机遇（Opportunities）

4.1 市场潜力巨大

在全球化进程中，随着工业化、城市化的加快，以及中国改革开放后的 40 年飞速发展，城市居民生活水平稳步提高的同时，其消费需求和生活理念亦发生转变，人们对生活品质的追求不仅仅是解决温饱问题，而是对文化、精神、健康等多方面、高层次的需要，这为旅游业发展带来了新的高潮。同时城市热岛效应、空气污染、交通拥挤、市场竞争等问题仍然存在，工作和生活的压力造成城市居民身心长期处于"亚健康"状态，极度渴望在周末及小长假中得到适度放松。因此，近途和恬静的原生态田园生活、清新爽洁的空气、高浓度的负氧离子自然环境成为城市居民的首选。巨大的市场需求，为山西森林 + 乡村生态旅游提供了前所未有的发展机遇。

4.2 政治环境安稳

2018 年，文化和旅游部等 17 部门联合印发《关于促进乡村旅游可持续发展的指导意见》，提出各地从农村实际和旅游市场需求出发，全面提升乡村旅游的发展质量和综合效益，这是贯彻落实《中共中央、国务院关于实施乡村振兴战略的意见》和《乡村振兴战略规划（2018—2022 年）》的重要举措，将有效推动乡村旅游提质增效，促进乡村旅游可持续发展，加快形成农业农村发展新动能，为实现乡村全面振兴夯实基础。

在乡村振兴战略的大背景下，山西势在"两转"基础上全面拓展产业转型和发展的新局面，依托周边森林生态旅游资源促进偏远地区的乡村生态旅游发展，加强森林 + 乡村生态旅游策划和开发，健全森林＋乡村生态旅游公共服务体系，树立生态旅游品牌，以森林＋乡村生态旅游大开发助力乡村振兴和高质量转型发展，将其作为建设黄河、长城、太行三大板块的重要内容，促进乡村振兴、推进全域旅游、树立山西形象的重要途径，这为山西森林＋乡村生态旅游发展提供了软环境保障。

5 山西森林＋乡村生态旅游发展面临的挑战（Threats）

5.1 山西森林＋乡村生态旅游产品开发与可持续发展

生态旅游产品的开发要求原生性、生态性、高层次性的综合体现，原生性保证了产品的精品性，生态性保证了其科学性和专业性，高层次性则要求旅游产品的高体验感，其实质是要求充分考虑山西森林和乡村生态旅游资源的特点，因地制宜，统一开发，突出田园生活、自然野趣和森林康养等特色和功能，发挥社区居民在乡村生态旅游中的主体作用，满足公众休闲、度假、疗养、求知、娱乐等愿望，达到生态、社会、经济三大效益的协调统一。因此，如何在开发和管理中保证生态旅游产业基本要求，是山西森林＋乡村生态旅游产业开发面临的重大挑战。

5.2 周边旅游目的地与其他生态旅游产品的激烈竞争

山西旅游资源丰富，以"五台山""云冈石窟"为代表的佛教文化和以"乔家大院""平遥古城"为代表的晋商文化向来是山西旅游的龙头产业，这势必会对起步阶段的山西森林＋乡村生态旅游构成竞争，同时亦受到省内外较为成熟的乡村生态旅游项目和森林生态旅游产品的冲击，如何对山西森林＋乡村生态旅游的产品进行准确定位、对其资源进行深度开发，使其在激烈的旅游业竞争中发挥优势并能够蓬勃发展，保持竞争力，是生态旅游策划和规划中需要考虑的问题。

6 山西森林＋乡村生态旅游发展对策

6.1 科学的规划与开发，生态的管理与维系

对依靠森林生态旅游资源发展的乡村生态旅游进行规划开发时，应深度挖掘乡村旅游与森林旅游资源，进行整体规划开发建设，因地制宜、积极探索，以山水为魄，探其所长，将现有自然景观为主的观光旅游向乡村生活体验、休闲度假、森林康养、知识科普、环境教育、山地运动、生态露营等多业态并重的方向转变，建设富有山西特色的森林＋乡村生态旅游。

深厚的文化底蕴是生态旅游的灵魂所在，应充分挖掘森林和乡村文化内涵，进行自然资源和民俗文化的深度融合，坚持文化引领和乡村特色，鼓励创新和发挥文化创意，避免奢侈化、怪异化、高价化，偏离乡村发展本真，提高森林＋乡村生态旅游品位，形成精品森林＋乡村生态旅游品牌。同时，加快基础设施的建设和完善，加强对旅游专业人才的培育和引进，促进山西森林＋乡村生态旅游的生态管理，保障其可持续发展。

6.2 牢固树立生态文明思想和可持续发展观

"绿水青山就是金山银山"的理念已经深入人心，良好的生态环境是实现森林＋乡村生态旅游可持续发展的物质条件，生态旅游区又是进行环境教育的重要基地，两者相辅相成、相得益彰。因此，无论在开发、管理或者生态旅游活动进程中，所有参与人员包括旅游者和利益相关各方均应该秉持可持续发展观、绿色发展理念、生态环境伦理理论，约束自己的行为，在保育当地旅游资源和旅游环境的同时开展生态旅游活动。

对开发、管理和导游人员可以采取绿色教育和培训的方式，培养一批有事业心、生态责任感的从

业人员；对旅游者的教育可以通过导游和导游词等人员解说系统以及游客中心、音像资料、解说手册、牌示等非人员接受系统进行技术引导，以推动生态文明建设。

6.3 加强社区参与，保证社会和经济效益

社区居民是生态旅游活动的主体之一，生态旅游作为未来旅游业发展的重要趋势，社区参与是实现其可持续发展的重要途径，也是其成功与否的重要指标之一。森林 + 乡村生态旅游对自然环境、民俗文化、地域特征强烈的依附感，决定了其发展最终离不开社区居民的积极参与，反之，社区居民从乡村生态旅游中收益并受到良好的生态学知识培训和生态环境教育，是乡村生态旅游本土化、促进乡村生态文明建设、实现可持续发展的有力保证。

发展森林 + 乡村生态旅游，让当地村民参与到生态旅游的决策、经营和管理中来，一方面为当地居民提供生活保障提高经济收益，推动乡村创业创新，促进乡村产业转型升级；另一方面，可以使"盗伐""盗猎"现象得到遏制，还能促进乡村优秀传统文化的传承和发展，有助于乡村生态旅游的维系与创新，使可持续发展观在乡村居民的思维理念中得以形成并巩固，在森林 + 乡村生态旅游发展中实现共建共治共享，助推乡村振兴。

7 结 语

山西丰富的森林与乡村旅游资源为森林 + 乡村生态旅游的开发与发展奠定了坚实的物质基础，虽然处于起步阶段，但得到多方面的关注与支持，目前发展中面临着诸多机遇和挑战，希望以生态文明思想和可持续发展理念为核心，通过科学规划、适度开发、生态管理和统筹兼顾能够化劣势为优势，化挑战为机遇，从而保证山西森林 + 乡村生态旅游的快速健康发展。

参考文献

段景春. 我国乡村生态旅游发展中的问题与对策研究[J]. 安徽农业科学，2008，36(10)：4216 – 4217.

蒙睿. 乡村生态旅游[M]. 北京：中国环境科学出版社，2007.

王婷婷. 山西省休闲农业和乡村旅游发展的模式选择及对策研究[J]. 经济师，2015(4)：178 – 179.

王义民，李兴成. 中国自然保护区生态旅游开发的对策[J]. 社会科学家，1999(2)：40 – 45.

张磊，王巧. 我国乡村旅游现状及可持续发展对策[J]. 山东农业工程学院学报，2017(5)：9 – 12.

Hilchey D. Agritourism in New York State[M]. NY：Cornell University，1993.

山西省繁峙县下永兴村小野鸡沟
采摘果园区的建设构想

杨文改①

（山西省五台山国有林业管理局，山西　034302）

摘　要： 为全面贯彻落实习近平总书记扶贫工作重要论述最新成果，进一步推进各级各部门以科学理论武装头脑、指导实践，助力全面打赢精准脱贫攻坚战，山西省繁峙县集义庄乡下永兴村在"改革创新，奋发有为"大讨论以来，以观念创新为先导，以科技创新为核心，借鉴陕西延安市治沟造地经验及陕西袁家村的旅游发展模式，结合下永兴村的基本情况，充分利用繁峙县丰富的自然资源及优美的人文环境，因地制宜，治沟造地，带领村民开展了小野鸡沟采摘果园区的初步建设。本文介绍了该园区的初步建设内容，评价了其依托的自然条件及人文条件，分析了该采摘果园区目前存在的问题，并从主题定位、建设原则、建设内容、效益分析等几方面提出该村采摘果园区的对策与构想，最后得出了优越的自然地理环境、独特的古文物条件及丰富的动植物资源造就了下永兴小野鸡沟独特的自然风光和深厚的人文底蕴，为其开发建设采摘果园区提供了得天独厚的条件的结论。

关键词： 繁峙县；下永兴村；小野鸡沟；治沟造地；采摘果园区；建设构想

治沟造地是集坝系建设、旧坝修复、荒沟闲置土地开发利用和生态建设为一体的沟道治理新模式。延安市注重统筹经济发展和生态保护的关系，在保护生态的前提下，2012 年 9 月，延安市的治沟造地被列为全国土地整治重大工程，规划 5 年治沟造地 50 万亩，项目涉及全市 13 个县区。目前，在全市已完工的治沟造地项目中，主要用于发展蔬果园区、规模养殖及生态旅游等产业，既带动了农业产业化发展，又提供了众多就业机会，实现了治沟造地工程效益最大化。

进入 21 世纪以来，我国乡村旅游发展势头迅猛。关中地区袁家村发展卓越，采用多种发展模式形成了以"关中印象体验地"为主题的乡村旅游接待地，现被评定为国家 4A 级景区、陕西境内乡村旅游示范基地。袁家村农户 64 户，村民约 300 人，全村总面积 800 亩②，交通十分便利。该村依托丰富的旅游资源，集中打造关中风情游、当地特色小吃、绿色农产品采摘、会议住宿接待、艺术文化传播、户外体验活动等特色项目，形成了以昭陵博物馆、唐肃宗建陵石刻等历史文化资源为核心的点、线、带、圈为一体的旅游体系。

繁峙县集义庄乡下永兴村借鉴延安市治沟造地及陕西袁家村旅游发展等经验，制定了通过治沟造地开发闲置地打造采摘果园区、发展旅游业的远景规划，以期让村民人均收入提高，确实打好脱贫攻坚这一硬仗。现在这一规划已初见成效。

---

①　作者简介　杨文改（1967—），女，山西省繁峙人，山西省五台山国有林管理局林业工程师，电话：13453049565。邮箱：wtljbhlyk@163.com 或 469508025@qq.com。

②　1 亩 = 1/15 公顷。

1 繁峙县下永兴小野鸡沟采摘果园区初步建设内容

在三晋大地"改革创新，奋发有为"大讨论中，繁峙县下永兴村借鉴陕西延安市治沟造地及袁家村旅游发展模式，通过各方努力，审批成功了200万元小野鸡沟（距下永兴村东北方向1.5千米处）的治沟造地工程。2018年7月治沟工程开始动工，经过3个多月的奋战造地200多亩，使得小野鸡沟闲置土地变成了生态采摘果园区宝地。2019年春季，已打好了1号井，并把4寸水管埋到了沟顶水池处，并铺设了总长约1500米的主管道。紧接着4月份栽种了5类果树：枣树1000余株、杏树1000余株、苹果树4000余株、桃树和梨树合计1000余株，总计7000余株。下永兴村成功迈出了通过治沟造地打造果园区的第一步。

2 下永兴村的基本情况

繁峙县集义庄乡下永兴村是五台林局所帮扶的贫困村之一。该村坐落在繁峙县城东15千米处108国道南北两边，地势南低北高。南面水浇地有滹沱河东西贯穿，北面有繁河高速东西跨过。该村中正南有明初修建的关帝庙，正东有明朝中期初建大清重建的兴龙寺，在108国道北部有战国时期的古遗址。全村耕地137.47平方千米，其中水浇地119.6平方千米，旱地17.87平方千米；林地面积42.2平方千米（其中新一轮退耕还林13.53平方千米）。全村人口有1457人（建档立卡贫困人口497人，在村常住人口515人），人均耕地0.09平方千米。村民以水浇地种植玉米为主，以旱地种植谷子、庭院种植蔬菜为辅，水源充足，交通便利。2018年，村领导利用自然资源优势，主张绿色环保、生态扶贫可持续发展理念，带领全体村民大力发展扶贫产业如光伏发电、养殖业、种植业等，引导部分村民打造第一产业采摘果园区，为发展第三产业即乡村生态旅游业奠定牢固基石。

3 优美的人文环境

3.1 繁峙县概况

下永兴村隶属繁峙县。繁峙县地处山西省东北部，北纬38°58′~39°27′，东经113°09′~113°59′，东西长68千米，南北宽34.82千米，总面积2368平方千米，其中石山区约占总面积的48.75%，五台山五个台顶其中四个台顶就在繁峙，是典型的山区县。繁峙属北温带半干旱大陆性气候，每年平均气温6.5℃，无霜期约130天，年降水量400毫米左右，有水库4座。繁峙县动植物资源十分丰富，森林面积约144.66平方千米，天然牧场866.66平方千米。据统计，乔灌木就有43科90属195种，其他植物约有39科226属252种，全国重点保护植物有12种，山西省重点保护植物有49种，还有中外闻名的台蘑，这些植物大部分生长在五台山五个台顶的亚高山草甸、森林和灌丛中，红景天等珍稀植物一般生长在海拔2000米以上的山地。野生动物有27目59科211种，国家一级保护动物有黑鹳、金雕，二级保护动物有青羊、狗獾、猪獾、红隼、鸢、鹰等。繁峙还有丰富的矿产资源如金矿、铁矿、铜矿、钼矿、云母矿等，其中金矿储量居山西之首。繁峙境内文物古迹众多，遗存遍布：古遗址12处，现存古寺庙98座，古寺遗址105处，古城堡8处，烽火台现存37个，有名字的古墓葬8座，历代碑刻125通，馆藏文物铜、石、陶、瓷四大类。革命文物三处：毛主席纪念馆、烈士陵园、平型关等。

3.2 特殊的地理位置

下永兴村地理位置得天独厚。该村往东1千米处的上永兴村，耗时近十年重修的规模宏大的明朝崇福寺即将开光，崇福寺西墙外还有一座不知名的神秘古墓；该村往南 1 千米处的富家庄，有嘉庆十三年修建的海眼寺；该村往西 10 千米处的作头村，有省级文物天齐庙，还有水稻种植示范园区及网红桥，每年 8 月份还举行"滹源稻花香"艺术节；距下永兴村西南 10 千米处的公主村，有北魏初修建的国家级文物公主寺；距下永兴东南方向 12 千米北台脚下的大宋峪，有始建于唐朝现正在扩建的市级文物兰若寺。

距下永兴村西 15 千米的赵庄村有白水杏采摘园区；距下永兴村东 10 千米的联兴村有红富士苹果示范区；距下永兴村西南方向 40 千米的二茄兰有省级重点保护植物臭冷杉混交林；距下永兴村西 5 千米处有下茹越水库，该水库有鱼有鸟，在 2018 年山西省水鸟同步调查种群记录中，该水库有水鸟 4 种：国家一级保护野生动物黑鹳，省级重点保护野生动物苍鹭，其他还有白骨顶、黑翅长脚鹬、琵嘴鹭等。

4 采摘果园区建设存在的问题

4.1 基础设施落后

采摘园区沟坡不稳定、工程防洪欠安全、植被恢复等问题急待解决；沟道地形复杂，采摘道路体系不完善；供电网络设施不健全；低处 1 号水井供水成本费用高，高处 2 号水井尚未打好；排洪排污系统还未建成：这些都是制约小野鸡沟采摘果园区发展的重要因素。

4.2 地形利用困难

采摘果园区地形南低北高，东西坡陡，地块高低不一。为了方便游客体验采摘乐趣，方便游客体验黄土高坡冬暖夏凉的窑洞生活，需在坚固的陡坡下砌窑洞，这样会加大设计难度与投资的力度。

5 采摘果园区建设构想

5.1 主题定位

下永兴村小野鸡沟采摘果园区主题定位为"绿色永兴，田园安居"。融合繁峙历史文化，打造窑洞体验区，发展绿色果蔬采摘，品尝繁峙民食，合理开发小野鸡沟采摘果园区。

5.2 建设原则

在建设采摘果园区的同时，坚持尊重自然、顺应自然、保护自然的生态文明理念，运用生态学原理、环境美学、系统科学，对小野鸡沟采摘果园区项目进行合理布局。

5.3 建设内容

5.3.1 栽林果

治沟造地所造地块高低不平，大小形状不一；大部分地块向阳，也有半阳半阴。日照长短不一，蓄水程度不同，这样地块就会存在气温湿度高低之差。根据村民经验，红富士苹果树被栽植在向阳避风处，杏树枣树被栽植在圪梁高处，桃树梨树被栽植在其他地块。

将来，春季可欣赏花海。从 4 月中旬开始，杏花、桃花盛开，5 月初，苹果花、梨花、枣花等依次盛开。届时美丽的花海可吸引游客前来观光游赏，也可借助繁峙赵庄杏花节做视频宣传，打造品牌。

从 7 月中旬至 10 月，杏、桃、苹果、梨、枣依次成熟。这时，游客可享受居住土窑洞的冬暖夏凉，可体验果实采摘过程，享受丰收的喜悦。通过品尝林果活动，拉近城乡距离，振兴乡村经济。

5.3.2 砌窑洞

在小野鸡沟采摘果园区选择向阳避风的陡坡处可以修筑窑洞。过去用镢头刨，现在可用改装的挖掘机打造。洞内采用石板、黄土垒灶盘炕，用砖头碹窑顶、砌墙、铺地，用石条砌门台，从而打造富有繁峙古式风格的窑洞。

窑洞最大的优越性是冬暖夏凉。冬季北风呼啸、滴水成冰，窑内却暖和如春。夏季烈日似火、热浪翻滚，窑内却凉爽似秋。窑内火炕特别适宜老年人或风湿病人居住，它有御寒、保暖、热疗的作用。繁峙最普通的窑洞。

5.3.3 建"花园"

下永兴村几乎家家有近200平方米的庭院，庭院里的蔬菜年年长势喜人。为了带动建档立卡贫困户稳定脱贫增收，提倡让村民在自己庭院里搞"蔬菜艺术"，打造各式各样的"菜花园"。这样既能满足游客对绿色艺术的追求，又能满足游客体验乡下原生态丰收的喜悦，还能培养孩子们暑期的动手能力，让孩子们体验劳动的快乐，最重要的是能让游客吃到亲手采摘的健康蔬菜。

5.3.4 品美食

为方便游客更好地体验农家生活，在下永兴村滹沱河北岸可以打造一条繁峙风情小吃街，并成立免费接送车队。小吃店以繁峙特色菜为主：猪肉挖海蚌（海蚌用土豆粉制作）、猪肉煨鸡、炒台蘑、炒水豆腐、熬黄菜、豆角焖面、小葱拌豆腐、调苦菜、家常凉菜、驴肉碗托等。主食可供选择的有：黄油糕、糖腰、高粱面鱼鱼、莜面饺饺、莜面窝窝、土豆小米粥、繁峙疤饼、玉米面滴溜、铁锅巴山药等。

采摘果园区在果实成熟季节可举办以"住农家屋、干农家活、吃农家饭、享农家乐"为主题的乡土风情体验活动，让游客亲手采摘、品尝各种新鲜有机水果，享用以天然食用菌、土家禽家畜为原料烹饪的多种美食。

5.3.5 建金店

距采摘果园区东北约28千米的义兴寨有紫金金矿，该金矿矿石不仅含金量高，含银量也很高，因而当地金银首饰卖价比其他地方便宜。当地有10多家金银加工店，这里可以现订现做现卖，游客在吃好喝好玩好的情况下，订做一些金银首饰纪念品，这样既经济实惠又富有纪念意义。

5.3.6 建展馆

由于繁峙文物盛多，让那些爱好古文化的游客短时间内无法取舍，最好的办法是在采摘园区修建一所文物展示馆，把各村文物图片及文字说明做成视频进行展示，图文并茂，让游客先大致了解繁峙全境文物古建的概貌，需实地体验的，可根据自己的情况，科学安排时间，选择到实地去体验。相信丰富厚重的繁峙历史文化，会让到访的游客收获满满，流连忘返。

5.4 效益分析

5.4.1 生态效益

通过治沟造地建设采摘果园区，这样既解决了退耕还林后农民耕地不足的问题，又统筹了生态环境的可持续发展问题，也让下永兴村的小野鸡沟由原来的闲置黄土沟变为绿树成荫的人间宝地，还为繁峙发展文物展示旅游体系助一臂之力。

5.4.2 经济效益

下永兴村采摘果园区的建设，是发展绿色有机产品及旅游业的综合项目。该项目的开发建设，一方面果实丰收能够给村民带来直接收益，另一方面能为游人提供一个进行生态旅游、休闲度假、文物科普的游览胜地。不仅会为村民带来较大的经济效益，同时也会拉动繁峙县经济的发展。

5.4.3　社会效益

下永兴村采摘果园区的建设，旅游业的发展，会促进繁峙县与外地经济、文化、信息的广泛交流，会促进脱贫攻坚战略的实施，会促进繁峙的经济及古文化发展。通过旅游和交流可以学习省内外各地的发展信息，为引进人才、技术与资金创造良好的环境，为繁峙县巩固脱贫攻坚成果起到保障作用。

6　结　语

山西省繁峙县优越的自然地理环境、独特的气候条件、丰富的古文物资源，为下永兴村开发建设小野鸡沟采摘果园区提供了充分的条件。下永兴村通过借鉴陕西延安市治沟造地、陕西袁家村乡村旅游等经验，结合本村的基本情况，打造繁峙古文物展馆、土窑洞体验区、果疏采摘园、当地特色小吃街、金银加工店铺等，这样既能带动农业产业化发展，又能提供众多就业机会；既能使下永兴村精准脱贫稳步发展，也能为繁峙县巩固脱贫摘帽工作带来持久稳定的社会效益。

参考文献

李斌，繁峙县地方志编纂委员会．繁峙县志[M]．北京：今日中国出版社，1995.

米成．繁峙方言俗语汇编[M]．太原：山西人民出版社，2013.

王宁．治沟造地，让沟壑变良田——安塞区大力实施治沟造地工程建成万亩良田[N]．延安日报，2018-09-18.

王卫杰，王乃仙，李虹睿．乌金山森林康养建设思路[J]．山西林业科技，2017(4)：68-70.

王小云．浅析袁家村乡村旅游发展模式[J]．商情，2016(17)：5.

姚引良．延安规划五年治沟造地五十万亩[N]．人民日报，2012-11-12.

朱德顺．山西省国有林区林下资源概况[M]．太原：山西经济出版社，2015.

浅论乡村振兴背景下的乡村森林公园建设

陈天一[1,2][①]　曹嘉铄[1,2][①]　吴妍[1][②]

（1 东北林业大学园林学院，黑龙江哈尔滨　150040；
2 黑龙江省寒地园林植物种质资源开发与景观生态修复重点实验室，黑龙江哈尔滨　150040）

摘　要： 保护和发展森林资源进行乡村森林公园建设，是乡村森林旅游发展的重要基础，是实施旅游扶贫和乡村振兴战略的重要组成部分。本文在解析乡村森林公园内涵、功能和建设现状问题的基础上，深入剖析乡村森林公园建设对于乡村振兴的积极作用，并对乡村振兴背景下乡村森林公园的建设提出相关建议和对策，以期为新形势下乡村森林公园的建设和发展提供有意义的参考。

关键词： 森林公园；乡村森林公园；乡村振兴

1　引　言

中国共产党第十九次全国代表大会提出了"实施乡村振兴战略"理念，既反映出历史与现实的统一，又为乡村建设提供了新的机遇和动力。中国拥有丰富的林业资源，以森林公园、湿地公园和沙漠公园为代表的森林旅游景点超过9000个，总面积超过150万平方千米，现已成为森林资源、森林环境以及生物多样性最优越的地区之一。森林公园是发挥森林相关功能的重要载体，尤其是森林生态系统的服务功能，是建设美丽中国和发展生态文明的重要阵地。长期实践证明，乡村森林公园的建设和发展对促进乡村旅游业发展、促进乡村经济发展、促进乡村振兴具有重要作用。在中国全面落实乡村振兴战略的新形势下，乡村森林公园的建设和发展应具有更高的要求和更为深远的意义。

2　乡村森林公园内涵、功能及现状问题

乡村森林公园是指村庄和乡镇周围的具有一定面积的森林资源，以森林植物景观为核心，通过科学的规划设计以整合资源，挖掘其休闲、游览和体验价值，为村民和游客提供休闲、健身、娱乐活动的公共区域。作为村庄的主要开放场所，它不仅是村民进行休闲娱乐活动的场所，也是传播生态文化知识，展示乡土文化的场所。同时，它也是发展乡村旅游新形式的重要载体。

其功能主要体现在如下三个方面：一是社会功能。传统的乡村生活比较单一，随着物质生活的逐步丰富，农村居民的精神需求也日益突出。乡村森林公园的活动空间和设施承担了满足村民休闲娱乐

---

①　作者简介　陈天一，女，硕士，东北林业大学园林学院硕士在读，研究方向为风景园林规划设计。邮箱：546788902@qq.com。

曹嘉铄，女，硕士，东北林业大学园林学院硕士在读，研究方向风景园林规划设计。邮箱：931476497@qq.com。

②　通讯作者　吴妍，女，博士，东北林业大学园林学院副教授研究方向为风景园林规划设计。邮箱：wuyan@nefu.edu.cn。

活动需求的主要功能，这也是乡村森林公园最重要和最直接的功能。二是生态功能。乡村森林公园主要采用园林林地、荒地以及闲置土地等进行建设，乡村森林公园的建设有利于改善村庄的整体生态环境和风格风貌。三是经济功能。乡村森林公园对于周边乡村具有极大的经济价值，同时乡村森林公园也是乡村精神文明的体现，蕴含着乡村的历史、文化、风俗习惯、名人名事，可成为其乡村旅游业发展的亮点。

随着乡村振兴战略的大力实施，乡村森林公园对于乡村振兴的助力作用愈发明显，乡村森林公园的研究和建设也受到越来越多人的关注。2018年8月，"森林公园建设与乡村振兴"主题学术研讨会在山东省淄博市原山林场举行。同时，江西省选择了安义、上里等基础条件比较好的15个县(市、区)开展乡村森林公园试点建设。根据规划，江西省计划在2020年前完成130个乡村森林公园的建设。但在建设过程中，乡村森林公园也存在着诸多问题，如缺乏相应引导和规范；资源迫切需要保护，许多森林公园资源正在遭到破坏，逐渐减少；缺乏规划，许多森林公园的建设和发展缺少科学合理的规划，缺乏文化内涵的规划和设计；基础配套设施和服务设施不够完善；管理人才奇缺；经营和管理体制、机制不活，不按市场规则运作，缺乏正常的投融资渠道；宣传、促销工作乏力等。

3 乡村森林公园建设对乡村振兴的作用

3.1 调整农村产业结构，促进当地经济加速发展

林业是重要的公益事业和基础产业，与农业、农村、农民密切相关。首先，乡村森林公园的建设大大推动了乡村旅游的发展。作为一个关联带动性很强的新兴产业，旅游业可以通过实施"以旅助农"，在助力乡村振兴方面不断发挥积极作用。乡村森林旅游开发所依托的大部分资源分布在农村地区，从而辐射周边农民致富，许多农民因此成为旅游从业者，从事旅游交通、种植和养殖农副产品以及旅游商品生产活动。随着乡村森林公园建设和乡村旅游的逐步繁荣以及游客的增加，景区酒店和餐馆对蔬菜和副食品的需求也在增加，这便促进附近村庄改变过去的单一粮食生产方式，形成种植业、水产养殖业、手工加工业和食品加工业融合的生产经营模式，并逐步形成适应旅游业的支柱产业，经济效益得以大幅提高。

加强乡村森林旅游的开发建设，最重要的是要密切关注森林资源的保护和培育，利用现有的动植物资源、自然和人文景观，开发独特的森林资源产品，赋予其丰富的文化内涵，将景观资源转变为可推向市场的森林旅游产品。并根据不同的旅游产品，按照人们"回归自然，返璞归真"的心态，配备餐饮、住宿、休闲、娱乐、购物等相应的服务设施，开展相应规划和配套建设，提升森林旅游产品的市场竞争力。乡村森林公园建成后，乡村森林公园周围的乡村也渐渐改变了传统的农业种植结构，逐渐形成了多产业共存的产业结构模式。例如，河北塞罕坝国家森林公园开发建设之前，当地主要以农作物和干果种植为主要产业，基本上停留在靠天吃饭的传统模式上，富余劳动力则大部分都选择外出打工。园区在开发森林旅游项目后，过去单一的产业结构被打破，周围乡村在不放弃农果种植的同时，旅游服务业不断增加，乡村产业结构进行了自然而合理的调整，农业、食品加工业、旅游服务业、手工业等多种经营模式并存。据统计，塞罕坝每年通过森林旅游带动消费超过8000万元，旅游社会综合效益总额突破4亿元大关，大大促进了当地经济的快速发展。

3.2 增加农民就业机会，大幅增加农民收入

建设社会主义新农村的核心环节是增加农民收入。农民增收是乡村森林公园的建设目标之一，促进农村结构调整、增加农民收入、提高农业综合效益是乡村森林公园建设的切入点。乡村森林旅游业

的发展带动了周边乡村经济的快速发展，乡村森林公园可以为周围村庄的农民创造就业机会、增加农民收入。森林旅游业是一个劳动密集型的综合性产业，专业门类多、就业门槛低、就业包容性强。根据相关研究，森林旅游业提供就业机会的增加值系数为 2.2~4.2。由于森林公园的开发建设和客流量不断扩大，对园区建设人员和服务人员的需求也不断增加，商业网点和摊位也有所增加。因此，许多农民走出田野来到景区，成为乡村森林公园的建设者和经营者。

而乡村森林公园要坚持"以林为本"的方针，把产业建设作为改善生态和带动农民致富的主渠道来抓，使生态建设与产业发展良性互动，林业生态、社会和经济三大效益协调发展，才能更好地为农民和农村带来福祉。以河北石家庄市为例，石家庄市的 8 个森林公园周围分布了近百个村庄。调查显示，在 20 世纪 90 年代初，这些村庄几乎都是贫困村，贫困家庭的比例高达 60%。随着森林公园的建设，"农家乐"和"住农家屋，吃农家饭，做农家活，享受农家风光，体验农家乐趣"的乡村旅游项目的引入促进了农村经济的发展。目前，当地农村最大的经济增长点就是依托乡村森林公园而发展起来的乡村森林旅游经济。2000 年，石家庄市森林公园周边的村庄中就已有 90% 以上脱了贫，很多外出工作的年轻人都接二连三回家投资农家乐和度假村。可以说，乡村森林公园和乡村森林旅游已成为当地农民摆脱贫困致富的主要收入来源。

3.3 转变农民思想观念，推动生态文明建设

乡村森林旅游业的发展促进了农村经济的发展，使农民能够从中获益，走向致富之路。农民认识到单靠农业并不能致富，而是有必要开展多样化的产业，这便需要多样化的知识。在与城市以及外国游客的接触中，开阔视野、不断增强旅游意识和商品经济意识，过去传统的落后的观念得到彻底改变。乡村旅游业与森林旅游经济两者相互促进，相得益彰。而旅游休闲产业最终是服务业和文化产业，没有一定的服务精神，就很难获得市场认可，也不太可能获得经济利益。因此，旅游休闲产业的发展必然会在市场和现实的指导下培育农民的市场经济意识和服务游客的思想观念。同时，游客带来的城市文化对乡村生态文明的形成也有很大的影响。如今，乡村森林公园所覆盖的大多数乡镇和村庄都进行了翻新道路、修整房屋、修建冲水厕所等整改，实现了村庄环境的卫生和整洁；城乡之间、城乡居民之间、各民族之间，都通过森林旅游加强了交流与沟通，有利于农民开阔视野、更新观念、改变生活方式、提高农民综合素质，加快实现"产业兴旺、生态宜居、乡风文明、治理有效、生活富裕"的乡村振兴总要求。

随着乡村森林公园的开发和建设，地方政府不断投入大量的物质和财力资源，使通往景区的道路畅通无阻，道路两旁的绿化带既考虑了自然景观又兼顾了人造景观，形成了乡村与乡村森林公园之间的过渡绿带。乡村酒店的建设也融合了当地的民俗风情。各个乡村森林公园都通过规划如登山、跳伞、滑雪等不同形式的乡村旅游活动，将健身运动融入森林公园，具有鲜明的特色和开放性特点。也通过人文、历史、红色文化等旅游产品的开发，将传统文化和爱国主义教育融入乡村森林公园，极大地影响和促进了乡村的精神文明建设。在乡村森林公园建设中，要以森林生态系统完整性为前提，将科学规划与生态文明建设结合起来，并注重突出特色，努力形成人与自然和谐相处的局面。

4　乡村振兴背景下乡村森林公园建设的建议和对策

乡村森林公园的建设在助力乡村振兴方面发挥了非常重要的作用。乡村森林公园的建设和开发中应避免短期行为，并在尊重自然森林景观的前提下，将乡村森林公园的建设与森林的保护和培育相结合，最大限度地减少人为因素造成的天然森林景观的破坏，在此基础上每个乡村森林公园都应努力挖掘自己的特色，不断提升乡村森林旅游价值，促进乡村振兴。

4.1 科学规划、合理开发

在乡村森林公园的建设和乡村森林旅游工作的开展中，要适应当地条件，重点发展前沿产业，与乡村振兴战略紧密结合。农业、林业、水产和渔业等资源的开发应侧重于综合效益，并考虑到旅游效益；有效整合森林资源，统一规划乡村森林旅游线路，使分散的乡村旅游景点相互联系、相互促进、互利互惠；将各种文化节、采摘节、民俗活动、古村落(镇)和古民居保护等形式有机结合，继承和发扬地方文化，共同促进发展；加强规范管理，相关旅游部门应制定相应的管理办法，包括运营机制、营业场所、接待设施、内部规章制度、环境保护、服务质量和休闲项目等方面；加强乡村森林旅游人才培养，逐步建立起高素质的专业人才队伍，实现乡村森林旅游业的又好又快发展；并做好旅游产品的包装和推广，通过各种媒体大力宣传、活动推广、媒体推广、海外推广等完善营销网络，进一步提升乡村森林公园的知名度和吸引力，扩大交流，形成品牌。

4.2 建立可持续的乡村森林公园发展模式

建立可持续的乡村森林公园发展模式可以更好地发挥乡村森林公园在乡村振兴战略中的作用。乡村森林公园的建设和开发应强调其自然本质，维护和保持原有的森林景观，避免过多的人工景观，形成一个高整体性、协调性、可循环和可再生机制的森林生态系统。乡村森林旅游项目应该以环境保护和亲近自然为主要活动，引导人们自觉保护环境、维护森林自然景观。要充分发挥乡村森林公园在乡村振兴战略中的重要作用，必须高度重视乡村森林游憩资源的保护，避免只顾眼前利益和掠夺式发展，建立起一个合理开发、合理利用和可持续发展的发展体系。根据一项调查，北京99.09%的市民愿意前往郊区旅游，87.45%的市民愿意前往自然景区旅游，67.53%的市民以回归大自然为其旅游的目的。因此，只有把乡村森林公园的开发和利用放在可持续发展的良性循环中，才能更好地发挥森林的潜力，才能更好地发挥乡村森林公园在乡村建设和乡村振兴中的作用。

4.3 充分利用乡土文化进行个性化建设，增强旅游竞争力

旅游经济是一种"注意力经济"。为了充分发挥乡村森林公园在乡村振兴中的重要作用，注重乡村森林公园的个性化建设、逐步提高乡村森林公园在市场中的竞争力是每个乡村森林公园建设的必由之路。而提高乡村森林旅游吸引力和竞争力的关键所在就是充分利用当地乡土文化创造精品旅游项目，形成旅游特色，提升旅游整体水平。

乡土文化是物质、生态和精神文明的总和，是由当地人在一定的区域环境中逐步形成的生产和生活，具有鲜明的区域特征。其在生活中的表现形式也较为平凡、零散，它属于特定的区域，属于特定区域内的人群，是一个表现形式复杂的综合体。将乡土文化应用于乡村森林公园的建设和开发中有利于形成乡村森林景观的差异性，在传承和弘扬乡土文化的同时塑造了乡村森林公园形象，形成了该乡村森林公园乃至整个地区的特色景观，使游客能够深入了解当地风俗习惯及文化特征。例如，乡村森林公园的建设与发展可以和弘扬乡土文化相结合进行规划和设计以增强森林公园的品位，充分利用自然景观、森林景观、野生动植物等旅游资源，积极发展生态农业等旅游项目，在大山深处独特的乡村建设中享受乡村风光。或增加特色性和参与性的娱乐项目以突出乡村森林公园的知识性和趣味性，这不仅大大增强了旅游产品的吸引力，也使乡村森林旅游更具竞争力，同时也可以创造更大的经济效益。

同时乡土文化元素往往都取材于当地自然环境中，通常也不需要大量的技术改造就可以在森林公园中得以应用，既节约规划成本，又可以粗放管理，减少后期管理的费用及精力，更重要的是，乡土元素的合理利用也避免了资源的浪费，有利于维持生态景观的可持续性，保持生态系统的稳定，确保人与自然关系的和谐发展。

4.4　尊重农民意愿

乡村森林公园的规划和建设必须以认真分析当地森林资源状况和乡村旅游市场为前提，才能取得成功。因此，在规划和建设中，必须要不偏离当地森林资源和条件，不偏离基础消费水平。此外，也必须要充分尊重当地农民的发展意愿。在国外森林公园的规划中，社区参与一直备受关注，而中国仍然注重资源导向、市场定位和形象定位，忽视了对居民感知的调查和分析。由于乡村森林公园建设和开发中所涉及的农民利益问题尤其复杂，进行乡村森林公园规划的编制和建设时更应充分尊重和考虑当地农民的发展意愿。通过这种方式，农村社区居民可以真正参与乡村森林旅游的开发，有利于乡村森林公园的可持续发展，有利于乡村振兴战略的实施。

参考文献

黄凌志，徐铁纯，秦文弟. 我国林业产业发展现状及对策研究[J]. 中国农业信息，2014(03)：183 – 184.

江泽慧. 中国林业发展与新农村建设[J]. 林业经济，2006(05)：3 – 5.

刘佳. 乡土元素在公园景观设计中的应用研究[D]. 大连：大连工业大学，2014.

徐高福，毛显锋，童永棋，等. 千岛湖林业产业现状分析与发展策略[J]. 林业调查规划，2006(S2)：191 – 193.

俞桂海. 乡村生态旅游与新农村建设协同发展中政府行为的策略选择——以福建省龙岩市为例[J]. 经济研究导刊，2014(35)：90 – 93.

国外环境教育评价对我国国家公园环境教育的启示

曹嘉铄[1,2][①] 陈天一[1,2][①] 吴妍[1][②]

(1 东北林业大学园林学院，黑龙江哈尔滨 150040；

2 黑龙江省寒地园林植物种质资源开发与景观生态修复重点实验室，黑龙江哈尔滨 150040)

摘 要：国外许多国家公园的环境教育机制已具有较为完备成熟的规划和评价体系，不同国家对环境教育进行规划与评价的内容、特点与方法略有不同。以内容与存在问题两个层面为导向，分别对国外环境教育中有关评价方面的特点与优劣势进行分析，并结合我国环境教育机制最为欠缺和需要提高的评价问题，进行多角度深入挖掘，对我国的国家公园环境教育评价体系的建设及生态文明建设具有实际的借鉴作用和参考价值。

关键词：环境教育；评价；国家公园

1 引 言

美国建立了世界上第一个国家公园，经过一百多年的实践，国家公园已成为全世界认可的资源保护发展模式。国家公园是世界自然保护联盟(IUCN)设立的保护地类型之一，保护了地球上最应被保护的生态系统种群。从最初的保护初衷开始一直到旅游业产业发展为全球性产业的今天，环境教育一直都是联系人与自然的纽带。国家公园的旅游产品多种多样，但环境教育一定是其核心构成。大量的文献显示，环境教育是国家公园服务和管理的核心内容，是一种融合科教、管理和信息传递为一体的教育形式，其提升了人们的欣赏能力，帮助人们了解造访地的特色与文化，从而培养了人们对遗产、资源及环境保护的道德、行为和价值观。

1972 年的"联合国人类环境会议"中正式提出"环境教育"理念，并公布了第一个与环境教育相关的《联合国人类环境会议宣言》。1975 年《贝尔格莱德宪章》的颁布对各国的环境教育都产生了深远影响，其在宪章中提到："应在正式教育及非正式教育中开展环境教育，环境教育应是所有人的普及教育。"1990 年，美国国会通过了《国家环境教育法案》(National Environmental Education Act)，该法案规定联邦政府必须注重加强对青少年和从事环保事业的个体进行教育和培训，国家环境教育法案通过后，很多国家的公园及旅游地建设在开发时都加入了环境教育规划设计，并在前期、过程、结果阶段分别采用了评价体系对环境教育设计的实施效果及反馈做出分析调整。

我国的国家公园正处于试点阶段，通过对我国自然保护区、风景区、自然公园内开展的环境教育情况的研究，发现其中缺乏基于深入研究的环境教育评价，环境教育评价体系不够完善，缺乏相应的

① 作者简介 曹嘉铄，女，硕士，东北林业大学园林学院硕士在读，研究方向为风景园林规划设计。邮箱：931476497@qq.com。陈天一，女，硕士，东北林业大学园林学院硕士在读，研究方向为风景园林规划设计。邮箱：546788902@qq.com。

② 通讯作者 吴妍，女，博士，东北林业大学园林学院副教授，研究方向为风景园林规划设计。邮箱：wuyan@nefu.edu.cn。

考核机制，从而缺乏环境教育的驱动力。因此，通过对欧美等国环境教育评价进行研究，借鉴其先进的经验，同时分析其存在的问题，结合我国的国家公园实际情况，提出国家公园在环境教育评价方面建设的启示。

2　国外环境教育评价现状

世界许多国家公园开发建设过程中都有针对环境教育进行评价的内容，如英国自《1988年英国教育改革法》实施以来，环境教育成为英国环境教育中跨学科的专题之一，将环境教育评价作为环境教育体系中的重要组成部分，其环境教育评价具有综合性、实践性、感情性和独立性四个主要特点；澳大利亚的国家公园环境教育评价是在对国家公园进行批准或许可证请求的审核的时候，在"资源的可持续利用"的评价中体现的；日本在2003年颁布了相应的环境教育法，以法律条文的形式确保环境教育的实施与效果；而美国是世界上最早针对环境教育立法的国家，教育目的、组织机构、各方责任、资金投入、质量标准等都有具体条款规定，环境教育的推进真正做到了有法可依。

美国作为最早提出国家公园概念的国家，已发展出了世界上最完善的国家公园体系。自成立以来，美国国家公园的主要职能之一就是为教育目的服务。以国家公园天然而丰富的场地，以及工作人员细致的解说与协助为依托，带领受教育者沉浸在事件发生的地方，获得真实的体验和机会，感悟自然与历史。

美国国家公园署制定了《解说与教育参考手册》，该手册将环境教育评价与反馈的过程理解为国家公园进行创作的背景和部分过程，并认为这一过程可以通过对教育解说的质量及有效性进行科学判断，进而协助政策运行，做好下一步的教育规划与工作。

国家公园环境教育评价过程应包括以下几个方面：受教育者需求、目标、教学活动的开展、环境学习以及受教育者学习的成长。评价的各个环节是彼此关联的，只有每一环节严格评审、相互平衡，教学评价的结果才是真实可信的。

美国国家公园对环境教育评价选取了9个评价指标，分别为：公园主题和资源与学校课程的联系、教育在规划和开发中的角色、通过适当的呈现技术满足学习者的需要、人类发展评价（生理、心理阶段）、团队管理、教育合作伙伴、教育中心、学习中心、远程学习，具体对每一项的实施情况进行监督和评价。

美国环境教育评价体系最突出的特点是受教育者才是活动的主体，而教师只起到辅助作用。受教育者作为课程的接受者，他们对于环境教育项目的感觉、观点，在教学过程及评价进程中所学到的东西都有重要的价值。而教师对教学过程承担着直接的责任，其任务主要是基于对环境教育效率和效果的考虑，收集信息并制定决策。

3　环境教育评价的内容

总结国外现有的环境教育评价现状，可将环境教育评价的内容按评价的阶段分为前期评价、过程评价及结果评价。

3.1　前期评价

在环境教育规划之初、具体开发建设之前进行前期评价。

3.1.1　对人员的评价

对国家公园环境教育人员的分析评价，应分为对潜在受教育人员以及受教育人员需求的分析。对受教育人员进行分析，首先是了解他们的兴趣点，以及他们希望通过环境项目获得的体验、知识与技能。其次是了解他们现阶段的受教育程度及理解能力，以便更好地制订环境教育的计划。

3.1.2　对主题与内容的评价

结合实际情况，对环境及教育的主题与内容进行分析评价。如罗斯福国家公园的环境教育项目，教育者通过深度访谈法与部落长老交谈当地印第安土著的历史，搜集公园解说内容的信息。

3.2　过程评价

通过过程评价得到环境教育的原型、模型和适用与否的反馈。教育评价分两部分进行，一种就是利用传统的评价方式进行评价书面答题、书面作业等，另一种就是通过对具体环境的考察，如户外研究、实地调查等观察受教育者的表现，考察他们的理解能力，并通过受教育者提问的质量、设计质量、调查行动及所学知识、技能的运用等多种方法对受教育者的学习情况和教学效果进行全方位的评价。

3.3　结果评价

教育项目在投入使用的评价，明确环境教育实施之后还有哪些方面是需要改进和完善的地方。评价包括七个方面的内容：

知识：参与者在接触环境教育前后对该相关知识了解度的变化。

意识：参与者对环境教育问题或概念的认可或认知的改变。

技能：参与者改变执行特定动作的能力。

态度：参与者对环境教育的主题态度的改变。

意图：参与者自我报告是否有改变行为的意图。

行为：参与者在接触环境教育项目后行为的改变。

享受：参与者的整体满意度或与教育体验相关的享受水平。

环境教育结果评价具体指标与具体内容如表1所示。

表1　环境教育结果评价指标

评价指标	具体内容
积极参与	参与者积极参与教育体验，而不仅仅是口头或视觉信息或通信的被动接受者
实践观察和发现	参与者以实际观察体验，探索环境的某些方面和解决问题
基于地点的学习	教育计划以地方的特定属性为基础，使用自然和社区系统及主题作为学习背景，以具体地点作为学习的内容
基于项目的学习	学生参与选择、规划、实施和评价实际环境项目，并参与决策
合作/小组学习	学习环境要求参与者通过小组审议/讨论/调查的形式，与他人进行合作
基于游戏的学习	学生积极参与游戏或竞赛作为有意识的教学技巧
户外指导	指令在户外进行
调查	学生参加数据收集或咨询
指导性调查	教育工作者提出问题并促进学生追求答案
理论研究	参与者开发自己的研究问题，设计和开展研究技术以解决该研究问题
数据收集	科学的数据收集
实地调查	学生们在现场收集真实数据
相关性	内容明确的引用或联系学生在教学领域之外的经历
反思	为学生提供机会，以反思他们从前的经历或共享新的经历(如日记或讨论)
基于问题的学习	课程侧重于现实世界的环境问题，其后果和潜在的解决方案
以学习者为中心的教学	学生控制自己的学习，而不是遵循正式的课程
多媒体联动	内容以使用多种模式或媒体的方式传递，涉及触觉、嗅觉、视觉刺激等

4 国外环境教育评价面临的挑战

4.1 能力建设方面

4.1.1 教育者的能力不足

由于环境教育工作者能力上的欠缺，致使环境教育项目评价缺乏明确的目标，无法阐明环境教育项目的理论。同时，教育者缺乏终生学习的能力与意识，只能依赖有限的评价方法，使得环境教育评价的发展停滞不前。

4.1.2 结果的可信度

评价内容的设置可能存在问题，导致评价中出现错误的因果关系。过度简化程序设计中的假设，评价数据的方法揭示缺乏理论基础，也可能导致评价错误。

4.2 程序建设方面

4.2.1 教育评价缺乏统一的标准

环境教育在评价时，往往具有"独立性"，有时为了更好地适应不同学科的特点，并未强行规定某一评价内容的标准，但这样的评价形式会造成一定的混乱。以英国为例，英国环境教育的评价具有跨学科专题性，并未设立单独的环境教育课程，是在多种学科中渗透进行的，因此要实施有效的环境评价很困难。

4.2.2 未形成完备的环境教育评价体系

当今各国的环境教育评价，并未形成一种多层次、多渠道的体系，缺乏政府的主导与企业、高校等的配合，因而无法实现环境教育的一体化。

5 对我国国家公园教育评价体系建设的启示

目前，我国的环境教育理论主要以西方发达国家的研究成果为借鉴，而缺少对本国环境教育的独特性研究，导致了我国的环境教育在学理研究、前瞻性研究等方面存在不足。

5.1 能力建设层面

5.1.1 提高对环境教育评价的重视度

在我国如火如荼地开展生态文明建设、建立国家公园体系之际，应突出国家公园环境教育评价的作用和地位，评价与教育二者应做到相辅相成，只有更好的评价才能得到更多更准确的反馈，并作用于教育的过程之中，进行教学计划的制订与修正。

应将环境教育规划、环境教育评价作为国家公园审批建立之初必须提交审核的内容，确保不同地区、不同特色的国家公园的环境教育开展的内容及质量。为建立健全国家公园的教育功能，应建立评价机构，合理确定评价体系，制定评价量表，并能在规划、评价后进行监督管理和反馈，从而确保国家公园在环境教育方面的实际教育效果。

5.1.2 提高环境教育评价的能力与水平

继续开设课程，网站和出版物，为形成性评价和更好的项目设计培养更高的评价技能。美国国家公园曾开展环境教育评价训练网络视频培训课程，用于各地环境教育从业者评价并提升已有的环境教育规划设计水平，真正做到普及和高效，便于人们获取和使用。

通过会议、课程博客和专业交流，使从业者能够分享他们的评价结果，从而改进计划的设计和实施。

5.1.3 提高已发布评价的标准，鼓励期刊发布评价报告

科学、客观、全面是做好评价工作的基本保证。实施国家公园环境教育评价，应有科学的规定，确定统一的评价标准，并逐步提高评价标准。对评价进行全面的分析，不仅要关注现状，而且要研究发展趋势。应鼓励期刊发布评价报告，评价时应采取定性和定量相结合的方法，能够定量的必须定量，不能定量的力求二次量化，必要时再进行定性分析和描述。

5.1.4 培养更多专业人员

鼓励学术界和专业评价人员收集评价数据，以回答研究问题并撰写有关其工作的文章。鼓励更多的研究人员进行评价，因为他们可以回答可推广的研究问题。

5.2 程序理论层面

5.2.1 评价应具有明确的方向性，同时兼顾过程及结果

环境教育评价对于国家公园的建设及环境教育的普及具有重要指导作用，因而需要具有明确的方向性。评价应该分为前期、过程与结果三部分，应能够反映该环境教育项目的总体结构与各项特征，并可以根据实际情况对评价的内容作适当调整。

5.2.2 以环境政策与评价标准的实施，推进国家公园建设

环境教育政策包括环境教育内容、环境教育目标、环境教育方法、环境教育时间安排、环境教育资源和资源组织、环境教育的评价及绿色校园的建立。许多国家有针对环境教育的相关法律条文，如日本2003年颁布实施的《增进环保热情及推进环境教育法》。然而，我国在环境教育的评价方面，相关法律与政策尚属空白，亟待制定与推行。

5.2.3 环境教育理论具体化、实际化

我国在国家公园方面的学者、研究人员和专业评价员应该更好地阐明环境教育的相关问题，通过期刊文章、课程、作业和会议演示评价的计划及理论。这样做有助于为环境教育工作者提供模型，使他们了解研究结果和理论如何用于项目开发，以解释他们的项目如何实现合理的结果。

5.2.4 为环境教育工作者提供模型

为提高国家公园环境教育的实际效果，我们必须打破单纯由工作人员讲解的传统教学方法，尽量摒弃以教师、教材为中心的传统教学模式，代之以受教育者为中心、个性化的教学模式。可以借鉴的教学组织形式有问题探讨法、实验探索法、调查法、专题讨论法等。这些方法注重培养受教育者解决问题的能力和创新能力。除此以外，伴随着时代的发展与信息技术的进步，我们还可以采用网络环境教学。同时，应该使环境教育工作者更容易获得研究结果，以便于更好地讨论和消化。

5.3 组织机构层面

将可持续发展教育的概念融入变革，以帮助机构和学校成为学习型组织。可以鼓励国家公园的相关工作人员成立相关组织，为支持评价工作而创建网站，如国外的MEERA网站为希望了解环境教育计划评价工具和流程的环境教育者提供了一站式服务[9]，以及诸多相关的一些独特功能，旨在支持环境教育评价者进行自主学习。

6 结　语

综上可知，国内外的环境教育评价工作虽然朝着科学性与全面性的方向进行，但其中不乏问题与

挑战的存在。如何利用云计算、大数据、移动终端等技术和手段进行全方位的生态环境教育评价是今后国家公园环境教育创新方向。在信息技术背景下，创新国家公园环境教育模式，包括教育评价的模式，是当前的重要机遇与挑战。

参考文献

程永红．英国中小学环境教育研究［D］．长春：东北师范大学，2006.

何亚琼，蔚东英，李振鹏，等．国际自然公园环境教育评价对我国的启示［J］．环境与可持续发展，2012，37（5）：55-60.

胡子祎．中外中小学环境教育的比较研究［D］．长春：长春师范大学，2014.

李振鹏，蔚东英，何亚琼，等．国内外自然遗产地解说系统研究与实践综述及启示［J］．地理与地理信息科学，2013，29（02）：105-111，124.

刘继和，赵海涛．日本《环境教育法》及其解读［J］．环境教育，2003（6）：17-19.

卢晨阳，袁正平．试析美国的环境教育及其对我国的启示［J］．兰州教育学院学报，2014，30（2）：89-92.

王辉，张佳琛，刘小宇．美国国家公园的解说与教育服务研究——以西奥多·罗斯福国家公园为例［J］．旅游学刊，2016，31（5）：119-126.

向美霞．中学环境教育研究［D］．长沙：湖南师范大学，2003.

杨冬利．英国中小学环境教育及其对我国的启示［D］．西安：陕西师范大学，2012.

中德合作职业学校校长培训项目《职业教育与环境保护》培训模块开发小组．环境教育评估的意义及应注意的几个问题［J］．职业技术教育研究，2004（12）：50-51.

Carleton-Hug A，Hug J W．Challenges and opportunities for evaluating environmental education programs［J］．Evaluation & Program Planning，2010，33（2）：159-164.

Crohn K，Birnbaum M．Environmental education evaluation：Time to reflect，time for change［J］．Eval Program Plann，2010，33（2）：155-158.

Fasolya，Oleg．The system of environmental education in the USA［J］．Comparative Professional Pedagogy，2016，6（3）：24.

Hill D，Stern M J，Powell R B．Environmental education program evaluation in the new millennium：What do we measure and what have we learned？Environmental Education Research，17，91-111［J］．Environmental Education Research，2014，20（5）：581-611.

Monroe M C．Challenges for environmental education evaluation［J］．Evaluation & Program Planning，2010，33（2）：194-196.

乡村振兴视角下江苏省传统村落的发展探究

——基于无锡市古竹村 SWOT 分析

倪好郎　唐晓岚[①]

（南京林业大学风景园林学院，江苏南京　210039 ）

摘　要：古竹村人杰地灵，环境优美，物产丰富，拥有独特的区位发展优势，正处于产业转型发展的重要时期。但是由于产业限制、景点保护与村镇发展冲突、基础设施不完善等原因，发展受限。因此，本文主要运用 SWOT 分析法，通过分析古竹村发展的优势、劣势、机遇与威胁四个方面，探究古竹村的发展之路，从森林旅游、禅宗体验角度，为古竹村产业转型与旅游发展提供一些思考与启示。

关键词：SWOT 分析；古竹村；传统村落；乡村旅游发展

1　引　言

自党的十六届五中全会提出建设社会主义新农村的具体要求以来，古竹村围绕着美丽乡村建设，先后被评为"江苏省三星级乡村旅游示范点""江苏最具魅力休闲乡村"和"江苏省水美乡村"，之于古竹村而言，把握时代发展的机遇，是古竹村焕发新机的决胜法宝。

古竹村，位于无锡市马山镇，是无锡市一处极具特色的传统村落。

当前阶段，无锡市正处于稳步发展阶段，传统村落的发展也至关重要。截至 2018 年，依据无锡市统计局统计数据，城镇居民可支配收入 56989 元，累计增长 8.2%，农村居民人均可支配收入 30787 元，累计增长 8.6%，虽然居民可支配收入整体呈现上升趋势，但城乡差距仍在不断加剧，乡村发展问题仍然是无锡市面临的重要问题之一。因此，古竹村极力谋求发展，不仅仅是古竹村村落发展需要，也是无锡市发展的诉求。

2　古竹村概况

古竹村，南部紧邻马山国家风景名胜区，是通往灵山大佛景区的必经之路；村庄北部以古竹运河为界限，隔河与马山镇工业园相望；村东西两侧，丘陵纵横，沿山种植有杨梅等经济树种。古竹村总面积 3.1 平方公里，耕地面积 151 亩，茶果面积 3300 亩；常住户 451 户，常住人口 2481 人，总人口 4190 人，其中，户籍人口 1690 人，外来人口 2500 人，是原马山镇商业集中区。近年来古竹村加强村

---

① 作者简介　倪好郎（1996—），男，硕士研究生，研究方向为风景园林规划设计。邮箱：543391165@qq. com。
通讯作者　唐晓岚（1968—），女，教授，博士生导师，研究方向为风景遗产保护。邮箱：398887917@qq. com。

庄整治，完成了古竹街及部分巷弄的改造，初步形成了以明清徽派建筑风格为基调的江南民居风貌，结合依山傍水的古竹特色，古竹村以其独特的地理区位因素，成为灵山求佛之路上的驿站，整个村落发展现逐渐转向以旅游业服务业为主导的产业化发展模式。

因此，本文从传统村落发展的角度运用 SWOT 分析法。SWOT 分析法最早由美国学者提出，分别从古竹村的 Strength(优势)、Weakness(劣势)、Opportunity(机遇)和 Threats(威胁)四个方面，全面系统地反映当前阶段古竹村的发展阶段，结合古竹村的自然人文现状发掘古竹特色，帮助古竹村地方政府制定因地制宜的发展战略，同时为同类型其他传统村落的发展提供借鉴与参考。

3 古竹村传统村落发展的 SWOT 分析

3.1 优势分析

(1)区域交通枢纽。水上交通以古竹渡与环山湖道为重要载体，古竹渡历来都是马山镇对外航运的重要渡口，围湖造田改造后，环山湖道(古竹运河)成为沟通东西太湖的要道。陆上区域，则主要依托于古竹路，古竹路作为通往灵山大佛景区的必经之路，承载着古竹村日常通行以及灵山旅游的主要人流，借助于此独特的交通优势，古竹村可发展成为灵山景区的后花园，集餐饮住宿等服务业为主体的重要中转场所。

(2)风景资源丰富。古竹村山水相映的自然风景，为数众多的名胜古迹，是开展旅游业的先决条件。古竹村紧邻太湖，依托灵山景区，其自然山水现状，宜开展以禅宗文化为主题的禅修特色之旅，感悟山川变迁，同时一览太湖美景。古竹景点众多，崧泽文化时期遗址、胜子岭古墓群、水平王庙、革命烈士纪念碑、纺工部无锡疗养院、龙泉、聚马湾、冠嶂峰等(见表1)。同时，近年来由于旅游业的发展也涌现了一片特色民宿客栈，成为现代网红打卡点。因此，在发展过程中，应结合时代特色，依托自然人文现状，传承古竹传统文化的前提下，发展旅游服务业。

表1　古竹景点列表

景点	类别	时间	地址	现状
崧泽文化时期遗址	历史人文型	1979—1981 年发现	古竹西头村	未建园
胜子岭古墓群	历史人文型	—	古竹胜子岭	荒冢累累，大部分坍塌，经鉴定为吴越春秋墓葬或夏代墓葬
水平王庙	历史人文型	建筑年代失考，1377 年重建	古竹、新城村交界处	未建园(现址为马山中心小学)
革命烈士纪念碑	历史人文型	1976 年 1 月 8 日	古竹塔山顶	现为太湖地区重要的抗战革命烈士纪念碑
纺工部无锡疗养院	历史人文型	1986 年建成	古竹村后山腰	特色江南园林建筑，现为旅游胜景
龙泉	自然生态型	—	古竹塔山下	现为古竹塔一处景点
聚马湾	自然生态型	—	冠嶂二、三峰之间	现为冠嶂峰一处景点
冠嶂峰	自然生态型	—	马山主峰	重要自然景点

资料来源：根据《马山志》整理所得。

(3)民俗文化保存良好。古竹村保存了大量极具特色的民俗文化，主要包括锡剧、马灯舞、酿米酒、蒸青团、年糕等年货，村民自发组织活动，创造了不少极具特色的剧目，如《王贵与李香香》。此外，马灯舞以其"一出马""二出马""三出马""六出马""犟出马"特色表演形式，于 1986 年被中国舞蹈出版社收入《中国民族民间舞蹈集成·江苏篇》。同时，古竹村注重民间艺术与非物质文化遗产的传承发展，利用传统节日向人们传递传统民俗文化，着力打造"文化＋民俗＋旅游"的特色古竹发展模式。

3.2 劣势分析

（1）产业单一，发展受限。古竹村早期发展，是随着城镇的工业化而发展，初步形成以轻工业为主体的城镇产业发展格局，结合村内自然优点种植杨梅等农业经济作物。近年来，随着村北马山工业园区的建立，村内原有的工厂优势逐渐下降，工厂的产业升级转型已成为古竹村发展必须面对的事情。古竹村南面紧邻灵山大佛景区，旅游等服务业发展全靠景区带动，因此在挖掘村内特色旅游资源的同时，需要兼顾与景区之间的关系。在发展旅游服务业时，结合古竹村的本土文化，提出一种禅修旅游体验式村镇旅游模式，倡导一种禅悟修行净化心灵的现代慢生活方式。同时，值得考虑的是旅游淡季旺季对于村内产业运营的影响。

（2）村镇建设发展，建设用地与古迹保护用地产生冲突。古竹村现有景点八处，其中三处历史人文型资源点（崧泽文化时期遗址、胜子岭古墓群、水平王庙）未得到重视，历史文化是发展之"源"，城市化是发展之"流"。不能为了追求城镇化快速发展，而将村镇内的特色古迹淹没，以水平王庙为例，水平王庙建筑年代失考，元朝末年被毁，明洪武十年（1377）重建，改名东岳行宫，之后屡屡修缮，之后咸丰庚申年（1860）毁于战乱，后民国十一年（1922）又拆神像建小学，后"文化大革命"期间改为宿舍，现重新建成小学。水平王庙的历史可谓悠久，但村镇为了文化教育发展而忽略对于古迹修复保护，这本身就是在抹杀村落特色。因此，村镇发展与古迹保护间仍存在较大的冲突。

（3）村落缺乏规划，加之村内大肆建设民俗旅馆，村落内部缺少公共交流空间。虽然古竹村依山傍水，但村内池塘仍是以满足原有农业灌溉，缺乏管理，绿地多为生产绿地，栽种植物主要是经济树种杨梅、杏、枇杷等。整体村庄内部缺少公共绿地，除古竹路系统绿化，村内绿化主要是依靠村民各户庭院内植物为主，缺乏系统统筹。

3.3 机遇分析

（1）传统村落发展与地方政府支持的政策机遇。自 2016 年以来，无锡市发展和改革委员会公布的《马山环山东路（千波桥南块—古竹路）拓宽改造工程项目建议书》《武进港、古竹运河蓝藻打捞设施应急方案实施方案》便旨在加强村镇景观风貌与生态保护，拓宽古竹路、整治古竹运河蓝藻现状，古竹村更应该把握这一发展机遇，谋求古竹村新发展，把握好传统村落转型发展的重要时期。

（2）传统村落品牌塑造的发展时期。现阶段进行乡村旅游品牌塑造既是乡村旅游发展的内在要求，也是乡村文化发展的现实需要，更是乡村振兴产业转型的必然产物。乡村品牌的建设有利于对于乡村资源合理规划与保护，对于村落特色的继承与发展大有裨益，古竹村在其品牌塑造时，要着重发掘地区特色，丰富营销手段进行统一管理，同时也要提高自身的服务质量与村落的基础设施质量。

（3）禅宗思想兴盛与旅游业发展的社会机遇。近年来，社会上流行"佛系生活""佛系工作"等，这些词其本质意思是当代年轻人对于现实压力的厌弃，追寻自我寻求内心的解脱。在这样的时代背景下，结合紧邻灵山大佛景区的得天独厚的地理优势。古竹村应该整合规范现有民宿，集中进行改造，营造一种特色禅修旅游体验式环境，积极弘扬博大精深的中国禅宗文化，从而改善当代城市人们因无规律的工作生活状态带来的巨大焦虑、压力与抑郁，通过村镇规划与景观设计探索出禅宗文化于人们生活的积极意义。以禅宗理念为指导意义的旅游体验模式在我国旅游发展现阶段还较为稀少，现有的禅宗类型旅游大多是围绕佛学景区开展的介绍与游览性质旅游，体验式旅游模式是在此基础上的创新发展。

3.4 威胁分析

（1）外来人口增加，本地户籍人口特征受到影响。古竹村常住户 451 户，常住人口 2481 人，总人口4190人，其中户籍人口1690人，外来人口2500人。古竹村外来人口，主要由经营餐饮民宿活动的外来投资者组成。随着外来人口的不断增加，古竹村特色渐渐消失，村内处处散发着商业的气息。真正了解村落历史，继承村落传统的人却越来越少，久而久之村落特色性逐渐削弱，因而如何保留本地原生活力，让村落特色传承、发展与创新，是值得思考的一个问题。

（2）地方政府对于历史文化资源的保护仍然需要加强。从总体上来看，全民对于文物保护意识仍然比较淡薄，相关法律法规在不断完善中，比如2002年全国人民代表大会颁布的《中华人民共和国文物保护法》，以及2003年国务院颁布的《中华人民共和国文物保护法实施条例》和2008年国务院颁布的《历史文化名城名镇名村保护条例》，同时也包括全国各地方政府出台的相关政策法规。但是对于具体的职能划分，行政机构的监督问题，以及违规问责具体操作存在问题。古竹村水平王庙就是一个例子，且调研期间革命烈士纪念碑广场也长时间封锁。

（3）旅游服务业的迅速发展，吞噬村落肌理。原本的古竹老街（古竹路）是古竹村重要的商贸街，是村民生活购买日用品的主要场所。但随着旅游服务业的不断扩张，老街两侧基本以餐饮、请香店、民宿为主，原本的日用生活、五金店等退居于小巷内，居民生活片区也因民宿区建立而被不断割裂，且村庄内部缺乏公共空间，村民之间的沟通愈发困难。

4 古竹村传统村落发展分析

古竹村紧邻马山（灵山胜景），整体林地、山地资源丰富，同时村庄长期以来依靠杨梅、杏、枇杷等经济林发展。当地村民对于山林资源利用，更多偏向于生产使用性质。在对于山林旅游开发、康养修复性景观设计方面未过多涉及。因此未来古竹村的发展，可以更加侧重对于森林旅游资源开发利用，结合村庄特色，可以从特色森林旅游开发与禅宗文化旅游两个角度进行发展规划。

4.1 特色森林旅游发展

以森林为主要载体的康养旅游、健康旅游、森林体验式旅游一直是旅游的重点方向。对于古竹村民而言，发展以杨梅等果蔬采摘，结合休闲、健身、康养的森林活动，是对于当地森林资源最合理的利用与开发。

对于古竹村而言，这种模式可以是互联网＋森林旅游O2O模式，通过互联网认领果树，认领对应果树的全部收获，推动当地村民收入增长。或者通过线上销售，线下采摘体验及森林游览，形成以森林为主体的特色乡村农业体验园区。

4.2 禅宗文化园

古竹村由于长期以来受到灵山大佛文化影响，部分形成以禅宗体验为主题的特色民宿产业，发展禅宗文化园建设，就是利用马山独特的优势，将山川隐逸思想结合请香礼佛文化，进行禅宗文化园整体规划并规范，从衣食到休闲形成一体化禅宗文化景观体验。

5 结 语

本文以古竹村为研究对象，通过采用SWOT分析法，探索在乡村振兴视角下，古竹村发展所面临的优势、劣势、机遇与威胁，从而分析出古竹村未来以森林旅游与禅宗文化体验为主体进行发展。研究显示，古竹村拥有得天独厚的地理区位优势，同时拥有较为丰富的风景资源，但是由于规划意识与基础设施等的欠缺，导致发展并未如预期一样迅速，且集聚式发展的餐饮、请香店、民宿供过于求，吞噬原本村落肌理。古竹村的发展，仍需要地方政府将乡村旅游与乡村建设相结合，将村落发展与历史文化生态保护相融合，共同促进村落的发展与民生改善，以点带面，以古竹村的发展促进马山半岛的繁荣发展。

参考文献

冯晓宇. 禅修体验式旅游景观设计研究[D]. 西安：西安建筑科技大学，2017.

古竹社区. 古竹社区简介[EB/OL]. http：//sqfw. wxbh. gov. cn/a/201301/article_ 1pspqlucivqe5. shtml，2012 – 05 – 22.

冉燕. 乡村旅游品牌建设的困境与对策[J]. 农业经济，2015(10)：96 – 98.

无锡市人民政府. 政府信息公开[EB/OL]. http：//www. wuxi. gov. cn/，2016 – 05 – 22.

张国强. 历史文化遗产保护利用机制研究[D]. 上海：复旦大学，2009.

网络大数据视角下的国家森林公园热度与游客感知偏好度研究

——以长江三角洲城市群为例

承颖怡① 张金光① 赵 兵②

（南京林业大学风景园林学院，江苏南京 210037）

摘 要：【目的】研究长江三角洲城市群中国家森林公园热度的影响因素，探究游客感知偏好，以依据游客切实需求指导森林旅游规划。【方法】以 68 个国家森林公园为研究对象，使用爬虫软件爬取网络大数据，选取公园所处地级市的经济条件、人口数量、住房条件及受教育程度四大因素在 SPSS23.0 中进行描述统计分析，并运用 ROSTCM6 软件进行游客评论词频、语义网络与社会网络分析。【结果】长江三角洲城市群内国家森林公园热度分布呈现江苏 > 上海 > 浙江 > 安徽；相关性分析中，公园所处地级市的人口数量、经济条件和受教育程度与公园热度显著相关（分别为 $P = 0.001$，$P = 0.000$，$P = 0.004$）；游客对门票价格（性价比）最为关注，公园的交通便捷程度、特色及设施为重点考察内容。【结论】网络大数据分析法具有数据量大、覆盖范围广、获取便捷等优势，能直观展现区域内国家森林公园的发展现状及影响因素，能呈现目前国家森林公园的科普教育强度不足，游客的森林保护意识较弱，且对森林资源缺少良好的认知的现象。

关键词：国家森林公园；大数据；热度；游客感知；相关性

1 研究背景与目的

随着旅游需求的多元化，渴望走向山野林间亲近自然的人群日益增多，森林旅游在国内旅游市场的占比也越来越大。我国森林资源分布广泛，截至目前，共建立国家森林公园 897 处。过去三十多年来，森林公园的蓬勃发展一方面使人们亲近自然，切身感受自然的魅力，为人们的身心健康作出贡献；另一方面由于其生态建设和自然保护的本质，更能让人们深切体会并参与到生态文明意识的建设；不可忽略的是，随着我国对自然教育的重视，许多国家森林公园开始建设自然教育基地，人们的自然资源保护意识普遍得到提高。森林公园带来的诸多效益使人们对森林旅游的需求及要求不断增强。查阅文献发现，国内对森林公园的研究多集中于国家森林公园演变历程与发展预测、风景资源分析、区划与规划、游憩动机及满意度研究等，针对公园热度进行影响因素相关性分析的研究甚少。近年来，国内学者开展针对国家森林公园游客动机及森林景观偏好的研究，多使用问卷调查法，然而此类方式获取的数据量有限且人力需求高，对于研究城市群的国家森林公园而言难以开展。如今身处网络大数据时代，以新浪微博为代表的位置服务应用也获得了广泛的关注，成为地理空间信息获取的重要途径，加上网络交流平台的开放性，使我们能够获取大量游客对特定森林公园的评价，并对此作出分析比较，从"售后"的视角进行客观评价，以此作为改善公园服务质量的依据，促进森林旅游的发展。

---

① 作者简介 承颖怡（1421714432@qq.com），女，博士生。张金光（570787957@qq.com），男，博士生。
② 通讯作者 赵兵（13605167303@139.com），男，教授，博士。

长江三角洲区域经济发达，旅游资源丰富，是我国非常重要的城市旅游联合发展区域。长江三角洲城市群覆盖上海、江苏、浙江、安徽共 26 个市，77 个国家森林公园，建设类型覆盖森林公园、自然保护区、风景名胜区、生态示范区、国家地质公园等，整体旅游竞争力大，森林资源闲置、被掠夺的现象屡屡发生，且由旅游产品单一、基础设施及服务体系薄弱、森林资源保护及科普教育意识不强等问题引起的森林公园游客量少、经营"惨淡"、吸引力不足等问题也屡见不鲜。如今针对此现状，传统的问卷调查与以单一国家森林公园为研究对象的研究方法已远远不够，而单纯依据旅游平台找寻游客感知偏好也显得不够科学性，通过多维视角探寻解决方法乃当务之急。

2 数据与方法

2.1 数据来源

使用百度指数平台对拟选数据来源——国内最热的社交媒体平台新浪微博、关注度较高的旅游平台携程、马蜂窝、驴妈妈获取近五年来的搜索趋势（见图1），发现新浪微博搜索率虽呈下降趋势但仍稳居第一，携程其次，故将新浪微博与携程网作为数据获取来源。

地域范围 全国　设备来源 PC+移动　时间范围 2014-07-27~2019-07-27

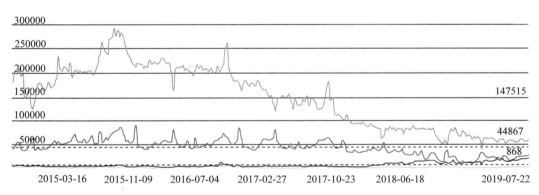

图1　近五年百度指数关键词搜索趋势

在微博广场中定位到长江三角洲城市群内所有国家森林公园，并使用抓包工具及火车采集器爬取话题内带有地理标记的所有动态，最终通过筛选，得到 68 个国家森林公园共 395359 条有效数据（见表1），其中，微博动态数超 5000 条的公园数量共 22 个，分别为上海 3 个，江苏 10 个，浙江 4 个，安徽 5 个。

表1　长江三角洲城市群国家森林公园微博发布数量

公园名称	微博评论（条）	公园名称	微博评论（条）	公园名称	微博评论（条）
浙江牛头山国家森林公园	2066	浙江九龙山国家森林公园	1773	南京无想山国家森林公园	751
浙江仙居国家森林公园	6783	安徽大龙山国家森林公园	140	江苏虞山国家森林公园	13230
括苍山风景区国家森林公园	136	浙江竹乡国家森林公园	33	上海东平国家森林公园	14236
浙江双龙洞国家森林公园	1544	安徽水西国家森林公园	103	合肥滨湖国家森林公园	6696

（续）

公园名称	微博评论（条）	公园名称	微博评论（条）	公园名称	微博评论（条）
浙江大峡谷双峰国家森林公园	1500	安徽天柱山国家森林公园	5445	安徽紫蓬山国家森林公园	98
浙江华顶国家森林公园	935	安徽妙道山国家森林公园	89	安徽鸡笼山国家森林公园	224
浙江千岛湖国家森林公园	7511	浙江梁希国家森林公园	364	合肥大蜀山国家森林公园	2277
浙江溪口国家森林公园	4051	上海海湾国家森林公园	5949	南京紫金山国家森林公园	105358
浙江诸暨香榧国家森林公园	288	安徽马仁山国家森林公园	6661	南京老山国家森林公园	3411
浙江五泄国家森林公园	1177	安徽敬亭山国家森林公园	6773	江苏宝华山国家森林公园	3690
千年香榧林景区香榧森林公园	288	上海佘山国家森林公园	1579	南京栖霞山国家森林公园	12604
浙江四明山国家森林公园	873	江苏西山国家森林公园	16022	江苏南山国家森林公园	5188
浙江大奇山国家森林公园	4638	安徽天井山国家森林公园	137	安徽琅琊山国家森林公园	23486
浙江天童国家森林公园	1117	江苏上方山国家森林公园	17761	泰兴国家古银杏森林公园	387
浙江兰亭国家森林公园	4769	江苏宜兴国家森林公园	621	江苏黄海国家森林公园	1933
浙江桐庐瑶琳国家森林公园	80	安徽冶父山国家森林公园	1460	安徽韭山国家森林公园	246
会稽山国家森林公园	941	上海共青国家森林公园	25670	江苏东吴国家森林公园	8750
安徽石莲洞国家森林公园	366	江苏天目湖国家森林公园	12178	安徽横山国家森林公园	28
浙江午潮山国家森林公园	795	宜兴龙背山森林公园	7518	丫山国家地质森林公园	300
杭州西山国家森林公园	592	江苏游子山国家森林公园	1406	浙江青山湖国家森林公园	16259
杭州半山国家森林公园	9337	江苏大阳山国家森林公园	5404	浙江富春江国家森林公园	2101
安徽九华山国家森林公园	442	安徽太湖山国家森林公园	798	浙江南山湖国家森林公园	150
安徽青龙湾国家森林公园	901	江苏惠山国家森林公园	4942		

同时爬取携程网中长江三角洲城市群国家森林公园的游客评论，筛选重复数据后，同样得到 68 个公园的有效数据 48980 条。以上两种数据获取方式展现了社交媒介新浪微博与旅游平台相比，具有数据量大、样本相对较多、受关注高的特点。

2.2 分析方法

首先将长江三角洲各国家森林公园的地理位置转换为 Google 地图的经纬度，依据上文得到的数据分别制作新浪微博评论热度图、携程评论热度图及面积分布图，以相互对应发现问题。其次，通过国家统计局搜集各国家森林公园所处地级市的总人口数、2018GDP、平均受教育年限及住房条件等数据，借助 SPSS23.0 软件进行相关性分析，以探寻公园到访热度的影响因子。最后运用 ROSTCM6 软件对文本信息进行词频统计、社会网络和语义网络分析，旨在进行游客感知偏好研究。

3 结果与分析

3.1 国家森林公园热度分布

将新浪微博及携程评论得到的热度分布可视化（见图 2、图 3）。

 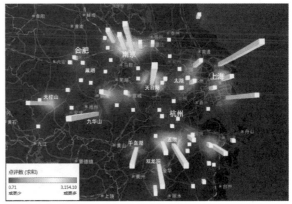

图 2　长江三角洲国家森林公园微博评论热度图　　　　图 3　长江三角洲国家森林公园携程评论热度图

　　黎华群将长江三角洲的旅游地域系统分解为以上海为中心的一级大都市圈、以杭州为中心的杭嘉绍浙东沿海旅游带、以南京为中心的宁镇扬旅游都市圈和以苏州为中心的苏锡常环太湖旅游圈,这与图 2、图 3 所示长江三角洲区域形成的国家森林公园旅游圈不谋而合。由图 2 可见,到访热度最高的为南京圈与上海圈,太湖圈其次,杭州圈随后,最后为安徽片区。图 3 与图 2 略有不同,但结果仍为江苏与上海最热,浙江其次,安徽最后。为了探究各省国家森林公园热度差异是否与面积大小或其所处行政区县基地条件相关,首先统计各公园面积,并将其可视化(见图 4)。

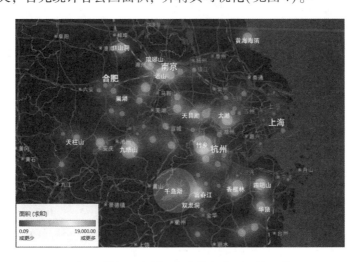

图 4　长江三角洲国家森林公园面积分布图

　　由图 4 可见,热度较高的上海、江苏两大片区的国家森林公园面积反而不是很大,尤其是上海片区的公园面积甚至极小,而面积排在前三位的千岛湖国家森林公园、九华山国家森林公园和竹乡国家森林公园以及其他很多面积较大的公园在微博带地理标记的动态却不是很多,说明面积并非公园到访热度的影响因素。

3.2　相关性研究

　　以上图表表明,处于不同地理位置的国家森林公园的到访热度差异性显著,而这一现象与其面积大小没有明确的关系(各森林公园热度与面积的显著性为 0.820 > 0.05 论证了这一观点)。为了进一步探究公园热度是否与其所处城市的基底有关,笔者选取了国家森林公园所在地级市的总人口数、经济条件、受教育程度、住房条件及同类竞争五个因子,并分别与热度(微博评论)在 SPSS23.0 进行皮尔逊双变量相关性分析(表 2)。其中,经济条件由该地级市的 2018GDP 表示;受教育程度由各市平均受教育年限表示；住房条件由住房内有厕所户数的占比表示；同类竞争由同一地级市内国家森林公园的数量表示，所用数据除 2018GDP 和公园数量外，均来自 2010 年第六次全国人口普查。

表 2   微博评论与公园所在行政区县基底因素的相关性

变量	微博评论
面积(m^2)	0.028
总人口数（人）	0.393 **
2018GDP（亿元）	0.438 **
平均受教育年限（年）	0.347 **
住房内有厕所户数占比	0.193
同类公园数量（个）	0.105

注：＊＊表示在 0.01 级别（双尾），相关性显著

P 值在小于 0.05 时表示具有相关性，在小于 0.01 时显著相关。分析结果显示五大因子中总人口的 P 值为 0.001，2018GDP 的 P 值为 0.000，平均受教育年限的 P 值为 0.004，均小于 0.01，和公园热度强相关；而住房内有厕所户数占比的 P 值为 0.115，同类公园数量的 P 值为 0.395，与公园热度无相关性。以上分析均为两变量间的结果，为了同时考虑多个变量间的联系，将统计数据制作成三维散点图（图5），以总人口数、2018GDP、平均受教育年限为三大维度，微博评论为数值，发现总体变化趋势相同，再次论证公园所处地级市的人口数量、经济条件和受教育程度为国家森林公园热度的影响因素，且皆具有显著的相关性，其中经济差异带来的影响最为突出。

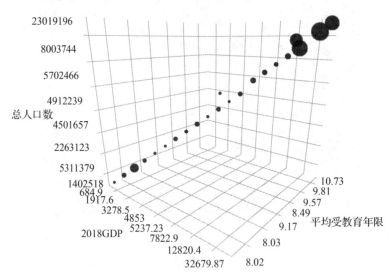

散点图（三个维度：总人口数、2018GDP、平均受教育年限；一个数值：微博评论）

3.3 游客喜好感知评价

使用爬虫软件爬取长江三角洲典型的 31 个国家森林公园 32857 条评论，进行 ROSTCM6 词频分析（图6）。

Pearce 认为，区域旅游供给的五大空间影响要素包括吸引物、交通、住宿、支持设施和基础设施，这一观点和以上数据分析结构不谋而合。图中诸如"古村""瀑布""氧吧""梅花""竹海"等词汇描述的为公园内的特色景观，即吸引物；"游船""小火车""栈道""滑道""索道""缆车"等为公园内的交通方式；"停车场""音乐台"等为公园内的设施条件。然而，热度最高、最受游客关注的却为"门票"二字，除此之外，"价格""性价比""收费""票价"等词汇也位列高频词榜，说明游客普遍关注公园票价的合理性。对长江三角洲地区国家森林公园的综合评价的高频词分析展示出游客的关注度为价格＞吸引物

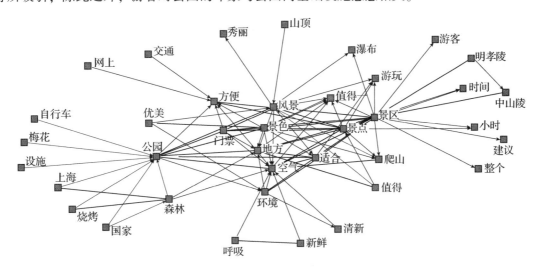

长江三角洲国家森林公园游客评论词频图

> 交通 > 设施。

使用 ROSTCM6 软件制作长江三角洲国家森林公园游客评论社会网络和语义网络分析图(图7),图中词汇之间的连线越多,表示其他词汇与它的关系越紧密。图中除"风景""景色""景点""景区"等通用词汇外,中心词汇还有"门票""地方""空气""环境""方便""适合"等。与"方便"相连的外部词汇为"网上""交通""门票"等,说明在游客的认知中,能否便捷到达公园和网上订票为判断公园是否方便的关键因素;与"公园"相连的外部词汇有"自行车""梅花""设施""烧烤"等,结合"爬山""游戏"等词汇,说明游客到国家森林公园的动机之一为锻炼、爬山、游玩和娱乐等;其二为被公园的特色景观如梅花等所吸引;除此之外,游客对公园的印象与公园内基础设施息息相关。

图7 长江三角洲国家森林公园游客评论社会网络和语义网络分析图

4 结论与讨论

同一城市中同类公园的竞争不会对公园热度产生较大的影响,而一定区域的人口数量、发达程度及居民的文化水平则会严重影响公园到访热度,城市的经济发展水平带来的影响最为显著。因此从国家及政府层面,建议合理利用资源,发展经济,并提高居民的文化教育程度,宣传推广森林旅游。本文对长江三角洲片区国家森林公园进行的游客感知偏好研究的结果表明公园的门票价格(性价比)为游客最为关注的内容,其次,公园的交通便捷程度、是否有项目特色、景观特色为游客重点考察的内容,而科普、康养等词汇出现频次甚少，居民对森林的认知及保护意识严重匮乏，故建议在国家森林公园管理者层面，规划建设时应抓住游客的感知偏好构建具有特色的旅游体系，融入森林科普教育及森林康养以增强自身吸引力，并注重公园的可达性，完善公园内部基础设施建设。本文研究公园热度采用了微博评论数量，但由于使用微博的人群具有局限性，因此存在一定缺陷。在研究同类竞争时未考虑到临近城市间同类公园的热度差异，在后续研究中需扩大区域范围，探究其中的影响因素。

参考文献

黄茂玲. 城市森林公园景观生态规划研究——以三台县凤凰山城市森林公园景观生态规划为例[D]. 成都：四川农业大学，2011.

龚文婷. 国家森林公园自然教育基地规划设计研究[D]. 咸阳：西北农林科技大学，2017.

胡彩萍. 森林公园旅游资源和生态环境保护探究[J]. 现代园艺，2019，382(10)：161 – 162.

李亚莉，张亚南，李永东，等. 塞罕坝国家森林公园游客动机及森林景观偏好研究[J]. 河北林果研究，2018(3)：23 – 24.

王鑫，李雄. 基于网络大数据的北京森林公园社会服务价值评价研究[J]. 中国园林，2017(10)：14 – 18.

徐礼来，宋效严. 安徽琅琊山国家森林公园森林景观建设存在问题及对策[J]. 林业勘查设计，2003(2)：26 – 27.

杨建明，余雅玲，游丽兰. 福州国家森林公园的游客市场细分——基于游憩动机的因子 – 聚类分析[J]. 林业科学，2015，51(9)：106 – 116.

张蕾. 发展森林康养是建设健康中国的重大举措[J]. 中国林业产业，2017(6)：50 – 53.

赵渺希，林韵莹，徐露. 基于SD法的大都市边缘地区城市感知研究——以佛山市西樵镇为例[J]. 南方建筑，2012(1)：43 – 45.

钟茂初. 长江经济带生态优先绿色发展的若干问题分析[J]. 中国地质大学学报(社会科学版)，2018，18(06)：13 – 27.

周宏昌，谭先保. 浅谈我国森林公园建设和森林旅游业的现状与展望[J]. 中国科技博览，2011(34)：458 – 458.

Karanikola P, Panagopoulos T, Tampakis S. Weekend visitors' views and perceptions at an urban national forest park of Cyprus during summertime[J]. Journal of Outdoor Recreation & Tourism, 2017(17)：112 – 121.

Yuan F, Zhang X, Liang J. Assessment indicators system of forest ecosystem health based on the disturbance in Wangqing forestry [J]. Acta Ecologica Sinica, 2013, 33(12)：3722 – 3731.

Zheng Y, Lan S, Chen W Y, et al. Visual sensitivity versus ecological sensitivity：An application of GIS in urban forest park planning[J]. Urban Forestry & Urban Greening, 2019(41)：139 – 149.

"两山理论"下的香榧遗产地乡村振兴研究

周铭杰① 唐晓岚[1,2]②

（1 南京林业大学风景园林学院，江苏南京 210037；
2 南京林业大学中国特色生态文明建设与林业发展研究院，江苏南京 210037）

摘　要："两山"理论从提出至今已有十几年的时间，其所蕴含的科学内涵越来越成为我国当前生态文明建设思想的核心价值观。尤其是党的十九大报告中提出的乡村振兴战略，也是结合生态文明建设，在"两山"理论的指导下，促进乡镇的发展。香榧森林保护地既是我国重要的农业文化遗产，也是森林经济发展地，保护好农业文化遗产以及发展好森林经济是人类社会发展的一个重点。文章以"两山"理论为着入点，结合香榧遗产地——浙江赵家镇乡村的发展研究，探讨其利用香榧资源来促进乡村发展的过程，并提出一些关于香榧森林文化传承的问题，为有关乡村经济发展方面提供一些启示和思考。

关键词："两山"理论；香榧遗产地；香榧森林文化；乡村振兴；浙江赵家镇

1 引　言

绍兴会稽山古香榧群在 2013 年以其山地经济林果特征被认定为全球重要农业文化遗产保护试点单位，作为香榧遗产地的赵家镇是会稽山古香榧群的重点区域。2017 年 9 月 16 日，赵家镇在浙江省林学会开展的首届"浙江省森林文化小镇"评选活动中，荣获"浙江省森林文化小镇"称号。赵家镇，其地理位置处于浙江省诸暨市的东北部，北纬 29°45′，东经 120°27′，会稽山脉西麓，与绍兴县、嵊州市相接。赵家镇总面积约为 96.44 平方千米，其森林面积达到 75.45 平方千米，林木覆盖率为 77.2%。该镇的生态环境较好，有着丰富的生物多样性，并且自然资源充沛。

"香榧农业文化遗产"其内涵是古代劳动人民的果树嫁接技术成果，并形成延续至今的独特农业生产系统；其外延包括香榧食品生产、香榧历史文化、耕作工具等。赵家镇作为香榧遗产地，主要以香榧发展产业经济，并有着深厚的香榧生态文化积淀。近几年开始，该镇从传统农业产业发展迈到生态经济发展的道路上来，扩大香榧种植面积的同时不断传承、创新生态文明。

"两山"理论是习近平总书记于 2005 年 8 月在浙江安吉余村考察时所提出的，"两山"理论的内核一部分是"绿水青山"，代表着生态，绿水青山里蕴含着珍贵的自然资源；另一部分是"金山银山"，代表着经济，是我们社会发展重要的因素。"两山"理论实践至今，引导国内许多乡村达到绿色减贫乃至小康建设的效果。本文所提到的赵家镇便是依托良好的农业文化遗产资源来发展自身的经济，有效地

---

①　作者简介　周铭杰（1995—），男，研究生，研究方向为林业文化遗产保护与乡村振兴发展。电话：15996205439。邮箱：934451221@qq.com。

②　通讯作者　唐晓岚（1968—），女，教授、博士生导师，研究方向为林业文化遗产保护与乡村振兴发展。邮箱：398887917@qq.com。

将"绿"转化为"金"，并促进绿水青山与金山银山的良性循环。但作为香榧遗产地的赵家镇，除了要依靠香榧资源来发展乡村经济，也需要从香榧这一重要农业文化资源的保护角度着手，维护好香榧自然生态系统的同时传承好香榧森林文化，这也是对"两山"理论的最好实践和检验。

2 香榧及香榧遗产地的相关研究

2.1 香榧

香榧，又名中国榧，属于红豆杉科榧树种，是原产于中国的常绿乔木树种，也是世界上稀有的经济树种。香榧子是香榧树的果实，是世界上最著名的干果之一，其果实又称三代果、玉榧、玉山果、赤果等，其大小如同枣子一般，内核呈椭球形，类似于橄榄，果壳在成熟后为紫褐色或黄褐色，种实为黄白色，表面有油脂，散发着一种特有的香味。香榧树因其出现在距今大约一亿七千万年的中侏罗纪，属于第三纪孑遗植物，而被称为"活化石"。

香榧树还蕴含着浓郁的文化意韵，自唐代开始，文人墨客以香榧为题材所作的诗词，以及历史名人关于香榧的轶事，有不少流传于今。香榧在宋朝时被列为贡品出现在公卿士大夫的桌上，大文豪苏东坡在《送郑户曹赋席上果得榧子》中赞香榧："彼美玉山果，粲为金实盘；瘴雾脱蛮溪，清樽奉佳客。"南宋学者叶适在《蜂儿榧歌》诗中赞："平林常榧唊俚蛮，玉山之产升金盘；洞中一树断崖立，石乳荫根多风寒。"香榧有着极强的生命力，它的营养价值也被明代医学家李时珍发现并且在《本草纲目》一书有所收录。

2.2 浙江省香榧林的生态分布与种植历史

世界上有八种榧树，分别为佛罗里达榧、加州榧、日本榧、云南榧、长叶榧、巴山榧、九龙山榧、香榧。在这八种榧树中，只有香榧树和日本榧树的种子可以用来食用，但可以作为优良干果品种栽培的只有香榧一种，且这种优良的品种多产于浙江省会稽山区域的磐安、东阳、绍兴、嵊州、诸暨等地，以诸暨为最盛。

当前，在浙江省范围内野生与半野生状态的榧树林主要分布在临安的天目山区和绍兴的会稽山区。浙江为香榧发展的摇篮，南宋嘉定七年（1214 年）的《剡录》一书中就记载了苏轼关于香榧的描写："……玉山属东阳，剡、暨接焉，榧多佳者，僧巽中榧汤诗久厌玉山果，初尝新榧汤，榧肉和以生蜜，水脑作汤奇绝。"这句话里的信息很丰富，说清了南宋时期在剡（现浙江嵊州）、暨（浙江诸暨）还有浙江东阳等地都有关于香榧的栽植，并且香榧数量很多，食用的方式是将榧子制成香榧汤。明朝万历年代的《嵊县志》中提到"榧子有粗细 2 种，嵊尤多"，其中的细榧说的就是现在香榧的一个品种，表明细榧培育的历史也有将近 400 多年。

2.3 赵家镇香榧研究

在《诸暨县志》中，有对赵家镇栽培香榧的历史进行记载，赵家镇对于香榧的栽培已有1300 多年的悠久历史。赵家镇是会稽山古香榧群的主要区域之一，其区域内的香榧古树群达 126 个，香榧树龄达到百年以上的有 3.7 万株。我国唯一的香榧自然保护区——香榧森林公园就位于赵家镇，公园占地面积约 50 平方千米，园内古榧林立、榧树盘根错节、重岩飞瀑、奇趣异景，其中 500 年以上的香榧有2.5 万棵，千年以上的香榧树有 2700 多棵，是一个纯自然的原始森林公园。

3 香榧遗产地生态旅游发展及其乡村产业的优势与困境

3.1 香榧遗产地的乡村基本情况

绍兴会稽山古香榧群在赵家镇这一脉的分布主要为榧王村—宣家村—相泉村一带，香榧群分布包括榧王村(西坑、钟家岭)、宣家村(里宣、外宣)、东溪村、相泉村、新绛霞村、泉畈村等 11 个行政村(图 1)。

文化是由人类所创造的，森林文化也是由自然森林资源结合人类的智慧而结晶出来的。赵家镇香榧群区域内及周边的村民，依托得天独厚的香榧自然资源条件和优越的地理位置，创造了大量物质财富和精神财富。村民在当地林业部门以及相关企业的支持下，满足自身衣食住行的基础物质条件下继续保持与传承香榧森林文化，其中榧王村、东溪村依靠香榧林发展的势头良好。

榧王村是闻名遐迩的香榧专业特色村，村域面积 6.017 平方千米，平均海拔 500 米以上，整个村子被古香榧林群落所环抱，村子环境优美、空气清新，堪称世外小桃源，村民的收入来源主要是香榧、樱桃。榧王村是由西坑村和钟家岭村两个自然村所合并而成，"榧王"的由来顾名思义，村内有一棵树龄达 1360 多年的古香榧树，树高 18 米，冠幅 26 米，胸围 9.23 米，古树生长力依旧很旺盛，每年的产量(种子)达 600 千克。

榧王村中 80% 的村民都依靠香榧产业来获取收入，除此之外还有樱桃和茶叶能给村民增加不少收入。近几年在党和政府大力号召生态经济的发展下，村子里农家乐和生态观光旅游的发展勃勃兴起，林业教育基地的建立、疗养业的发展也给村民带来了可观的收入。在 2018 年，榧王村村民还自主研发了"西施榧饼""香榧月饼"等特色食品，靠山吃山的人与自然发展观在榧王村有着较好的体现。

图 1 赵家镇香榧遗产地香榧生态分布与村庄分布关系图

东溪村由皂溪、张家坞、丁家坞三个自然村合并而成，村内人口近 2000 人，在 2017 年被评为全国美丽乡村示范村。该村位于国家香榧森林公园入口处，是香榧原产地保护核心区，村内香榧林达400 多亩，古榧奇姿、林茂树密。东溪村始终秉持"两山"理论，不断传承农耕文明，发展特色文化，以香榧森林文化来发展产业经济，打造了"枫桥老何""走马岗""稽峰"等著名品牌，依靠香榧品牌的效益有效促进了榧农的经济收入，全村榧农靠直接种植香榧的收入有近 200 万元。

3.2　香榧遗产地之乡村生态旅游发展优势与困境

生态旅游是指在被保护的自然生态系统中，以自然景观为主体，融合区域内以人文、社会景观为对象的郊野性旅游。

生态旅游的发展需要有高的知名度，赵家镇在知名度的提升方面有着良好的优势。早在 1973 年的全国林业展览会中，当时的赵家乡为展览会提供的香榧原木受到了国内林业专家们的一致好评。1975年诸暨县在全国农业展览会和"广交会"上展出枫桥镇香榧干果 20 千克，使得诸暨香榧这一名声进一步提升。1987 年，上海科教电影制片厂来诸暨市拍摄并完成"香榧"科教片。2008 年起，诸暨市政府在每年的 9 月办"中国香榧节"，用以拓展香榧产业的发展道路和加强诸暨市的香榧林业文化推广。党的十九大报告首次提出了乡村振兴这一战略，我们把乡村看作中国社会生活的一个基本单位，乡村的发展需要依托当地资源、文化、历史等，打造独具特色的文化旅游品牌，加快发展生态旅游，既可以发展乡村经济，改善人民生活，也能满足人们对乡土文化的消费需求。

赵家镇依托榧乡独特而丰富的生态旅游资源，深入挖掘香榧文化，以全国唯一的香榧国家森林公园为发展空间，建成了多种旅游设施：游客中心、香榧文化展馆、香榧产品购物街、榧乡漂流中心等。2015 年，"千年香榧树、休闲养生地"的口号在赵家镇喊响，其致力于打造原始香榧生态游、农业观光采摘游、农家乐休闲养生游等旅游品牌，并取得了显著的成效（表 1）。

表 1　2015 – 2018 年赵家镇香榧文化旅游发展情况

香榧	数量	农家乐	数量
香榧基地（万亩）	3.6 万亩	农家乐山庄（家）	58 家
盛产榧树（万株）	14.7 万株	居家型农家乐（家）	39 家
干果年产量（吨）	600 多	农家乐拥有床位（张）	1600 多
年产值（亿元）	2.5 亿元	农家乐餐位（个）	4000 多

除此之外，近几年兴起的香榧古道马拉松赛、自行车全国邀请赛陆续在赵家镇举行，同时开展各类文化休闲类活动，吸引更多国内外游客来赵家镇游玩。小镇一方面积极举办香榧节、樱花节和樱桃节等特色节会，另一方面开发精品度假型民宿项目，并邀请各地的文化学者、网络红人、摄影大咖等来到当地进行旅游文化体验。游客们积极参与剥香榧比赛，倾听当地居民讲述传颂千年的香榧故事，共谈香榧森林文化的遗产保护。

赵家镇生态旅游的发展中，依旧存在着不足之处：赵家镇香榧生态文化的挖掘稍弱，文化传播力度不够，导致乡村生态旅游景点的名气都要低于诸暨其他的景区，要打造专属于赵家镇特色的生态旅游品牌，产品信息的传播是至关重要的。现阶段香榧消费群体在南方城市居多，北方城市对香榧的认知度不高，因而消费群体不够广泛。产品的认知度不高，说明无论香榧林业文化还是旅游发展在宣传力度上存在不足，没有采用多种方式来突出当地乡村旅游资源，没有将娱乐性、知识性、教育性结合起来以提高知名度，形成好的品牌效应。

2005 年，习近平在浙江日报《之江新语》发表《绿水青山也是金山银山》的评论，鲜明提出，如果把

"生态环境优势转化为生态农业、生态工业、生态旅游等生态经济的优势,那么绿水青山也就变成了金山银山"。赵家镇充分利用好香榧这一宝贵的自然资源,做到保护与发展并行,便能走出一条适合小镇发展的生态文明建设之路。

3.3 香榧遗产地乡村产业的优势与困境

香榧作为"坚果之王",以食品作为香榧林业发展的传统产业自然是赵家镇经济发展的重要支柱。但是香榧作为坚果食品和腰果、开心果等类似,它们的可食用部分很少,并且产品的制作需要经过复杂的工序、投入大量的人力。近年来,虽然香榧的栽培技术不断提高,香榧产率也在逐年提高,但却面临着"生产增加、市场不变"的局面。素有"竹乡"之称的浙江安吉县,从最开始的出售原竹,到现在收购原竹;从一开始只利用竹竿到全竹利用、从物理利用到生化利用、从单纯加工到链式经营,安吉竹民通过竹子三大产业联动实现竹子价值最大化。随着江西、湖南、福建等其他地方香榧的培育与香榧产品的发展,对赵家镇的产业会有一定的冲击,如何将香榧自身的价值如同安吉的竹一样得到更好的体现成为赵家镇香榧产业链延伸的一大重点。2016年,被称为赵家镇龙头企业的浙江冠军香榧股份有限公司与韩国化妆行业的SK集团合作,运用最新的科研技术从香榧假种皮中提炼出可用抗癌药的紫杉醇、白卡丁等物质,将其制作为香榧精油、生物纤维发酵面膜、手工精油皂等化妆产品及相关保健产品。这一做法极大程度地开发了香榧的价值,从过去榧农将青果皮丢弃到现在通过技术手段提取青果皮中的有利物质,也是变废为宝,同时也是很好的一种产业链延伸的方式。

在农业文化面临着逐渐流失的大环境下,香榧农业文化的传承也需要引起重视。对于赵家镇的香榧农业文化遗产来说,为加强对这一重要资源的认知度,需要运用现代科学技术充分开发香榧本身的价值,拓展香榧产业链,做好文化传承的物质基础。

4 香榧遗产地乡村振兴中四大传承途径

会稽山古香榧群成为世界上首个以山地经济林果为主要特征的农业文化遗产,足以表明这是我国古代劳动人民智慧的结晶,体现了当时古人果树嫁接技术的高超。在代代榧农的辛勤耕耘下,有关于香榧的传说、美妙诗词传播至今,形成独具特色的香榧森林文化。如何做好香榧森林文化的传承,文章提出了以下四种途径。

4.1 传承中强化地方记忆

会稽山古香榧群这一独特的农业文化是我国古代劳动人民留传的宝贵资产,本身承载着千年的记忆,也是一种特别的地方文化符号。香榧不仅包含了经济发展的农业生产意义,更是以其寿命长、三代同树的特点有着"长寿、团圆"等象征意义。在信息化高速发展的现代社会,这一重要的农业文化遗产应当得到更广泛的认知,最重要的是要加强地方的香榧森林文化记忆。

目前,赵家镇内拥有两个"遗产",分别是全球重要农业文化遗产——会稽山古香榧群;世界水利灌溉工程遗产——古井桔槔工程。当地农业管理部门应当做好树立香榧遗产地标识的工作,深层次挖掘整理榧乡文化,发展赵家镇"千年古村、千年古榧、千年古井"这一"三千"记忆,通过系统梳理赵家镇的香榧历史、文化,真正地形成"香榧文化",打造香榧遗产地这一创新品牌,以此来强化地方记忆。

4.2 传承中培养专业人才

古香榧群是古人在千年前果树选育和嫁接技术的优良成果,是人类宝贵的财富,这种"财富"不仅包含香榧物种的稀有性,还包含世界农业文化遗产这一精神,因此,需要一批专业的人才来对香榧遗产的保护与传承做出有效措施。但是对于当代青年来说，他们更多的是去依赖现代的科技文明，很少有人愿意从事农业劳作，这对于香榧农业文化的传承会有一定的影响。国家应当培养一批拥有香榧保护知识和技术的专业人才，这些专业人才不光需要了解香榧的经济价值，更要深刻认知香榧的民俗文化和生态意义，从而担当起古树保护、文化传承的重要任务。

农业文化遗产的保护需要很强的技术性，目前对于农业文化遗产的理论研究尚存在不足之处，这就迫切地需要拥有多学科知识背景的人才来对香榧保护的理论方面进行系统梳理。

4.3 传承中拓展生态产品

党的十八大提出了生态产品这一新概念，并成为衡量生态文明建设的一项指标。赵家镇有着优越的香榧森林生态基础，若以发展森林旅游为目标，便能够更好地拓展生态产品：以尊重自然、保护自然为前提，践行"两山"理论，发展森林康、疗、养等服务业，开展探险、野营、马拉松等有益于人类活动同时又不破坏香榧森林生态环境的"森林运动"。生态产品能带来良好的社会经济效益，又能够给大众普及森林生态保护知识，是可持续发展观的一种实体化体现。这种产品是结合森林景观和人文景观之美，多方面来发展生态旅游，避免旅游层次的单一性。

4.4 传承中修复生态环境

香榧森林在该地的生态环境中发挥着至关重要的作用，它能够有效防止洪涝灾害，防止水土流失、土壤侵蚀等，同时还能为当地的村民带来绿色的自然景观。香榧作为国家二级重点保护野生植物，其资源是宝贵的，因而香榧的生态环境是需要引起重视的。目前，专家学者对于古香榧群的保护易受到自然因素的影响，台风、雷电、暴雨、病虫等天灾虫害是常见的现象。在关于香榧分布的研究中发现有部分古香榧树生长在山坡、断崖处，水土流失严重、土壤养分不足的生态环境不利于香榧的生长。

传承香榧林业文化的同时，修复香榧森林的生态环境逐渐成为相关专家学者所关注的焦点。修复香榧林的生态环境需要多方面共同协作：当地村民关于香榧生态环境保护的意识要加强；政府在现有香榧保护立法的基础上，逐渐完善生态环境修复相关政策及法律法规；相关企业引进先进的培育技术及产品的生产技术；促进香榧林生态环境修复资金来源的多元化。修复香榧林的生态环境，能够更好地进行香榧林业文化的传承，促进赵家镇经济的发展，也符合"两山"理论所提出的绿色发展观。

5 结 语

赵家镇发展香榧森林文化生态旅游模式，并将"两山"理论贯彻林业发展的各个重要节点，打造森林特色小镇。在保护香榧林生态环境的前提下，充分发挥香榧这一特色林业优势来发展乡村经济，让百姓的生活富裕起来，促进人与自然的和谐相处。因此，森林特色小镇是一个实现乡村生态文明与绿色发展的"样板"，更是将我国优美的"绿水青山"变成"金山银山"的可持续发展之路。以林业文化发展作为绿色发展的重要支撑，通过挖掘各个乡村的文化（包括农业文化、历史文化、人文景观等），积极推进生态旅游的建设，使其成为推动我国绿色发展产业之一，有利于振兴乡村经济、营造好的宜居环境、推进小康社会发展。

参考文献

陈绍志，樊宝敏，赵荣，等. 林业县域经济发展的基本经验、问题与政策建议——基于十大林业产业发展典型县（市）的实地调研[J]. 北京林业大学学报（社会科学版），2012，11(02)：89 – 96.

胡晓聪. 诸暨赵家镇乡村生态旅游发展探讨[J]. 安徽农业科学，2008(19)：8232 – 8233.

金海霞,马腾.浅谈绍兴香榧产业发展的现状及对策[J].国土绿化,2018(01):47-48.

李宁,李玲.文化产业视角下的乡村振兴研究[J].人文天下,2018(11):48-54.

刘锡诚.越系文化香榧传说群的若干思考——一个香榧传说群的发现及其意义[J].西北民族研究,2013(02):50-60,15.

王斌,陈锦宇,闵庆文,等.绍兴会稽山古香榧群农业文化遗产保护与发展策略探讨[J].古今农业,2013(01):105-111.

徐航.会稽山区"子孙树"[J].国土绿化,2013(02):46.

俞秀南.森林保护工作中存在的问题及策略[J].黑龙江科技信息,2017(10):271.

张高陵.森林小镇践行"绿水青山就是金山银山"的价值取向[N].中国工业报,2018-05-28(002).

周静莉,滕兰稳.生态旅游兴起引发的双向效应[J].安徽农业科学,2008,36(1):305,318.

多尺度下的长江三角洲城市群森林公园可达性测度

——基于 K–2SFCA 模型

周芳宇[①]　张金光　季心蕙　赵　兵[②]

（南京林业大学风景园林学院，江苏南京　210037）

摘　要：【目的】从城市群、城市和街道多元尺度下度量国家森林公园可达性，依据可达性的空间分布，分析可达性服务能力，以期优化国家森林公园的分布格局。【方法】借助地理信息系统（GIS）平台，基于核密度型两步移动搜索法 K–2SFCA，以长江三角洲城区群整体为研究区域，计算国家森林公园的可达性，并从可达面积和可达人口两个层面进行评价。【结果】长江三角洲城市群森林公园可达性整体不够理想，公园的布局极其不均衡，城市群的东南部和中部的部分城市对森林公园的需求最大。【结论】通过定量数据辅助定性分析的数字景观技术，在森林公园选址布局研究中兼具人性化和科学性，更能迎合城市居民的需求，而多尺度视角更能全面了解城市融合发展趋势下的优势与不足。

关键词：核密度型两步移动搜索法；长江三角洲城市群；国家森林公园；空间可达性

1 引　言

1.1 概述

　　随着旅游业的发展和林业产业结构的调整，森林旅游的开发日益受到高度重视，森林公园应运而生并迅速发展。森林公园承载着当前我国兴办绿色产业的重任，为了科学保护和高效利用丰富的森林资源，20世纪70年代至80年代初中国林业部门就已开始酝酿推动森林公园的建设工作，至今经历了30多年的历程，森林公园的分布范围已遍及31个省自治区、直辖市，森林公园体系的发展在加强中国自然文化遗产资源的保护以及促进旅游业的发展中都产生了深远的影响。

1.2 森林公园价值

　　森林作为面积最大的陆地生态系统，被认为是人类赖以生存和繁衍生息的根本保证，在人类历史文明发展过程中起着重要的作用。其带给人类的各类福祉被广泛认可，从古至今人类不仅利用着它源源不断的木材资源价值，而且一直享受着它所带来的巨大的环境与生态价值。森林是生物圈能量的基地，也是生产力最高的生态系统，森林结构与功能在空间和时间尺度上的变化，对环境的物质和能量的输入有着举足轻重的作用，并且可以减少大气中温室气体的存量，起到调节气候、改善环境的重要作用。

　　同时，森林公园作为城市内重要的休闲场所之一，对人类具有重要的社会价值。其丰富的自然资

---

①　作者简介　周芳宇，女，南京林业大学，硕士，研究方向为风景园林景观设计。电话：17826026221。邮箱：1349106492@qq.com。

②　通讯作者　赵兵，男，教授，博士生导师。邮箱：13605167303@139.com。

源、良好的休闲环境、配套的休闲设施、先天的地理优势为居民提供游憩服务与康养体验，备受城市居民的喜爱。大量实证研究证明，与自然接触有益于身心健康，对认知、情感、行为具有复愈作用，在城市绿地中步行可促使个体心理幸福感提升。森林公园作为自然环境的呈现的重要载体，为城市居民提供了良好的资源环境基础，森林公园所具有的生态自然性很好地满足了人的这一要求。因此，森林公园作为社会要素呈现的自然环境，在社会健康方面发挥着重要作用。

1.3 相关研究

近年来，随着人们收入的增加以及对健康重视程度的不断提高，户外休闲旅游需求呈明显的上升趋势。森林公园作为主要的休闲旅游目的地之一，也越来越受到旅游者的青睐。因此，森林公园旅游的研究也受到了国内学者的广泛关注，研究内容主要集中于森林公园旅游开发的现状、问题及策略探讨；森林公园的旅游市场分析；森林公园旅游环境承载力评估；森林公园旅游产品的开发；森林公园旅游业发展的影响；森林公园的旅游开发与管理等。上述研究成果为我国森林公园旅游发展提供了一定的研究基础，但当前学界对森林公园的可达性、空间分布格局、空间结构等方面的研究还不多，研究方法也缺乏 GIS 空间分析手段的引入。

因此本研究从森林公园入手，以长江中游城市群为例，基于地理信息系统软件分析长江三角洲城市群区域内省级及以上森林公园的空间分布格局并计算可达性，尝试在定量上把握区域森林公园的空间结构并揭示其内在规律，以期为区域森林公园的规划布局提供参考并丰富森林公园可达性研究体系。由于研究范围地域空间广阔，采用车行交通时间表示服务半径，根据城市群尺度较大、出行距离较远的现实情况，辅以问卷调查旅游规划领域数位知名专家反馈建议，按照机动车按各级道路设定速度行驶 90 分钟的时间总成本，作为森林公园空间可达性阈值范围标准。

2 研究数据与研究方法

2.1 研究区概况

本文以 2016 年 5 月国务院批准的《长江三角洲城市群发展规划》中划定的长江三角洲城市群为研究区域，以国家森林公园为研究对象，以街道为研究单元进行可达性分析，涉及三省一直辖市，包括：上海市，江苏省的南京、无锡、常州、苏州、南通、盐城、扬州、镇江、泰州，浙江省的杭州、宁波、嘉兴、湖州、绍兴、金华、舟山、台州，安徽省的合肥、芜湖、马鞍山、铜陵、安庆、滁州、池州、宣城，共 26 个城市，203 个区县以及 2854 条街道，国土面积共计 21.17 万平方千米。

2.2 数据来源

研究数据主要包括 26 个城市的各个街道人口统计数据、中心城区分街道的行政区划图、矢量交通路网数据等。

2.2.1 国家级森林公园分布

中国的森林公园分为国家森林公园、省级森林公园和市、县级森林公园三级，国家森林公园是森林公园分类体系中的最高级别。国家森林公园是指森林景观特别优美，人文景物比较集中，观赏、科学、文化价值高，地理位置特殊，具有一定的区域代表性，旅游服务设施齐全，有较高的知名度，可供人们游览、休息或进行科学、文化、教育活动的场所，迄今为止，中国内陆地区国家森林公园共计897 处，其中长江三角洲区域国家森林公园共计 79 处。

运用 Arcgis10.5 将文本格式的数据，如现有公园绿地面积、位置和规划社区公园位置，转换为矢量数据并补充属性表，定义地理和投影坐标系。结合现行规划文本及图件，同遥感影像目视解译对比，同时结合实地调研作为数据补充，对研究区城市公园绿地进行数字化处理，提取公园绿地矢量数据。

2.2.2 空间路网数据

城市道路矢量数据包括多种道路类型：高速公路、一级道路、二级道路、其他道路，通过Bigemap获取道路矢量要素，得到长江三角洲城市群整体道路矢量数据集，基于 Arcgis 10.5 平台，首选对交通路网要素数据进行相交打断处理，不同类型的道路分属于不同图层，使用高级编辑工具条（Advanced Editing）下的打断相交线工具（Planarize Lines）打断同图层线要素，使用线相交打断工具（Line Intersection）打断不同图层线状矢量要素。然后在个人地理数据库中创建要素数据集，将道路矢量数据导入要素数据集，建立网络数据集，并设置步行速度等属性，模拟红绿灯等候等交通因素。

2.2.3 人口数据

居民人口数据来源主要有两种方式：一是第六次人口普查中最小统计单元——街道尺度的人口数据；二是通过遥感解译居住区的面积细化人口数据、分区制图的方式，将人口数据细化到居住区，提高数据的空间分辨率。由于第六次人口普查数据只精确到街道、乡镇，本研究以第一种方式作为人口的主要数据来源，同时以第二种方式进行居住区尺度人口数据的估算，以提高数据精度。

2.3 研究方法

核密度型两步移动搜索法是公共服务设施空间可达性研究中的重要方法，在国内外公共服务设施布局研究中得到了广泛应用，且发展出了众多扩展形式。2SFCA 最早是由 Radke 等（2000）提出，由 Luo 等（2003）进一步改进并命名为两步移动搜索法。2SFCA 的基本思想为：① 对每个供给点 j，搜索所有在 j 搜寻半径（d_0）范围内的需求点（k），计算供需比 R_j；②对每个需求点 i，搜索所有在 i 搜寻半径（d_0）范围内的供给点（j），将所有的供需比 R_j 加总得到 i 点的可达性 A_i：

$$A_i^F = \sum_{j \in \{d_{ij} \leq d_0\}} R_j = \sum_{j \in \{d_{ij} \leq d_0\}} \left(\frac{S_j}{\sum_{k \in \{d_{kj} \leq d_0\}} D_k} \right)$$

式中：i 表示需求点；j 表示供给点；A_i^F 表示根据 2SFCA 计算得到的需求点 i 的可达性；d_{ij} 是需求点 i 和供给点 j 间的距离；R_j 是供给点 j 的设施规模与搜寻半径（d_0）内所服务的人口的比例；S_j 表示供给点 j 的供给规模；D_k 表示需求点 k 的需求规模。

核密度型 2SFCA（Kernel Density 2SFCA）由 Dai 等（2011）提出，在 2SFCA 搜寻半径内加入核密度函数形式的距离衰减函数 $g(d_{ij})$，可表示为：

$$g(d_{ij}) = \frac{3}{4} \left[1 - \left(\frac{d_{ij}}{d_0} \right) \right], d_{ij} \leq d_0$$

鉴于此，本文基于 Arcgis 10.5 平台，利用遥感数据与人口统计数据，采用核密度型两步移动搜索法对长江三角洲城市群的国家森林公园可达性进行评价，一方面通过实例模型探索核密度型两步移动搜索法的应用价值，另一方面也可为各大型城市绿地系统的供需关系平衡与调控提供科学依据。

3 结果与分析

3.1 街道尺度国家森林公园可达性分析

研究区总面积为 211700 平方千米，区域内国家级森林公园面积共计 2851.24 平方千米，占研究区总面积的 1.35%。其中，国家级森林公园各省数量各异，上海有 4 个，安徽有 25 个，江苏有 19 个，浙江有 31 个（图 1）。长江三角洲城市群中，国家级森林公园空间布局特征为：数量上以中部和南部为主体，面积上以西部和西北部占主导，并具有局部集中、整体分散的特征。国家森林公园大多在城郊集中分布，而城市近郊区配置数量不足且分布离散趋势明显；同时，它们多沿着城市高速路分布在地势复杂的山地地区，也有依托山体、湖泊的大型风景区级国家森林公园，如安徽浮山国家森林公园、江苏天目湖国家森林公园等。

研究区内街区共计 2854 个（图 2）。总体来看，长江三角洲城市群各街道的森林公园可达性多普遍较低，少数较高，且差异较大。其中，以舟山市普陀区的虾峙镇为最佳。此街道人口较少，并且邻近浙江市天童国家森林公园和浙江市溪口国家森林公园，因此可达性程度最高。另外，江苏南通的搬经镇和磨头镇、安徽宣城的柏垫镇情况亦较高并且可达性程度较接近。安徽滁州的总铺镇、江苏南京的马鞍街

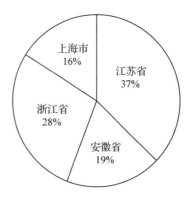

图 1　长江三角洲城市群各省份
国家森林公园占比

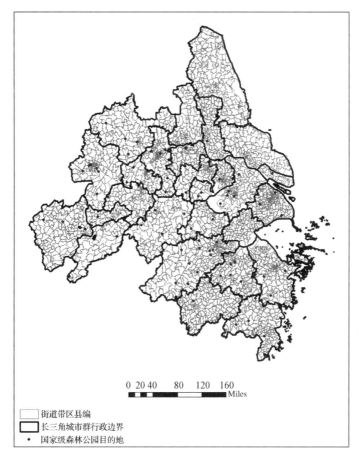

图 2　长江三角洲城市群行政区及国家森林公园点分布图

道、安徽铜陵的天门镇等街道可达性也较好，它们主要优势在于人口少和路网丰富。而其余多数街区的可达性较差，究其原因在于国家级森林公园数量有限且分布较远，即使出行成本在 90 分钟内也难以到达最近的国家级森林公园。值得注意的是，安徽滁州并无一例国家级森林公园，但其城市中却有几处可达性较好的街道，它们均地处滁州市与苏州市以及泰州市的交界处，有着良好的交通路网与稀少的人口，与之最近的森林公园是江苏省苏州市的虞山国家森林公园，占地 1466.67 公顷，有着良好的生态价值与社会价值。这一结果也说明，国家森林公园在缓解边缘地区的社会排斥现象中有着重要的社会价值（图 3）。

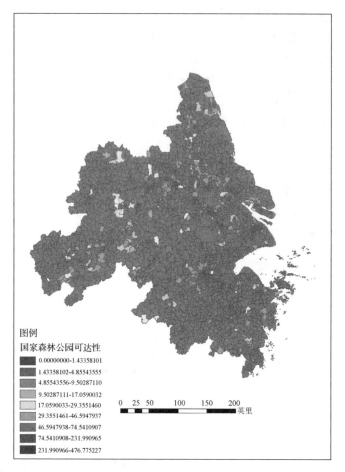

图3 街道尺度下长江三角洲城市群国家森林公园可达性

3.2 区县尺度国家森林公园可达性分析

整体来看，区县尺度下的可达性差异更为明显。由图4可知，整个长江三角洲城市群中国家森林公园的可达性最高的区域为普陀区，仍属于浙江舟山群岛。另外安徽合肥的瑶海区与江苏南通的如皋市也明显高于其他区县。但根据国家森林公园的分布可知，瑶海区与如皋市内均不存在国家级森林公园，这也与街道尺度下产生的国家森林公园可达性分布现象类似，其自身以较丰富的路网和较稀少的人口弥补了其本身的森林公园缺失。

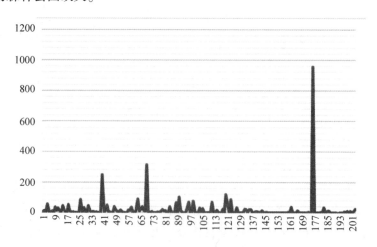

图4 长江三角洲各区县国家森林公园可达性折线图

统计可得，可达性较好的城市还包括城市群中部的安徽宣城广德县、江苏苏州吴中区、江苏无锡宜兴市、江苏泰州兴化市，西部的安徽马鞍山含山县、安徽安庆怀宁县、安徽安庆桐城市、江苏泰州海陵区，北部的江苏盐城盐都区、江苏盐城射阳县、江苏无锡滨湖区，以及南部的浙江台州天台县、浙江绍兴上虞区。总体来看，长江三角洲城市群北部和中部的区县国家森林公园可达性较高，而南部区县除舟山群岛和个别区域外都相对较差(图5)。

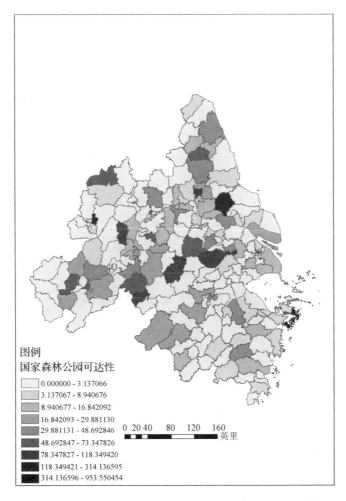

图5　区县尺度下长江三角洲城市群国家森林公园可达性

3.3　城市尺度国家森林公园可达性分析

城市尺度下各城市国家级森林公园可达性则更为清晰。从图6、图7来看，安徽省的可达性是优于另外两省一市的，其中，宣城市、合肥市、安庆市、马鞍山市可达性较好，铜陵市和芜湖市可达性次之，池州市可达性属于全省最低；江苏省的南通市、泰州市、苏州市较为良好，镇江市、扬州市较弱，常州市的可达性则是全省最低；上海市作为直辖市，国家森林公园可达性亦处于较低水平；浙江省舟山市属城市群中可达性较高水平，杭州市为省内可达性第二高者，但仅属于城市群中等水平，绍兴市、泰州市、金华市皆处于城市群平均水平之下，嘉兴市则是整个城市群中可达性最差的城市。总体来看，浙江省对森林公园的需求最大。

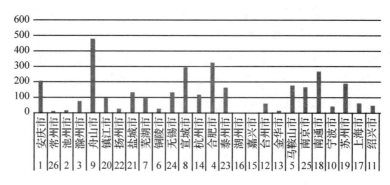

图6 长江三角洲各城市国家森林公园可达性柱状图

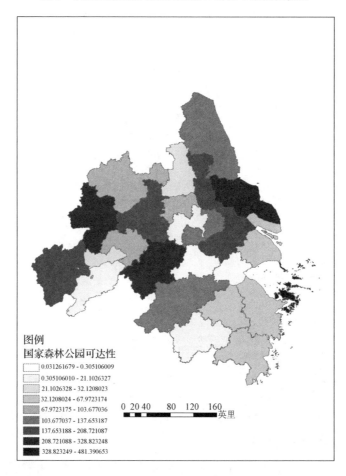

图例
国家森林公园可达性

- 0.031261679 - 0.305106009
- 0.305106010 - 21.1026327
- 21.1026328 - 32.1208023
- 32.1208024 - 67.9723174
- 67.9723175 - 103.677036
- 103.677037 - 137.653187
- 137.653188 - 208.721087
- 208.721088 - 328.823248
- 328.823249 - 481.390653

0 20 40   80   120   160
英里

图7 城市尺度下长江三角洲城市群国家森林公园可达性

4 国家森林公园布局优化建议

综合上述研究成果，归纳长江三角洲城市群国家森林公园布局存在的问题如下。

（1）目前长江三角洲城市群的国家森林公园多分散在近郊、远郊等城市边缘区域，规划选址更多地考虑区域自然资源、生态功能方面的条件，因此空间布局缺乏一定的规律性和科学性。另外，各地数量差异不足，供给溢出和供给不足并存，缺乏资源的统筹和挖掘。

（2）长江三角洲国家森林公园可达性的空间结构没有明显的规律性，也未形成预期的多中心结构，总体空间分布明显较为不均衡，空间分异程度高，分布供需不平衡。从国家森林公园服务范围分析来看，尚存在较为明显的服务空缺区域。其中，因国家森林公园选址大多位于郊区，加上各城市内交通出行成本的阻力，中心城区对森林公园的可达性较低，远郊区可达性程度反而较高。

（3）国家森林公园虽然大多占地面积大，覆盖范围广阔，但其开发程度各异，内部交通不甚完善，缺乏系统的管理和科学的开发，使得其实际可达性进一步被削弱，也再次增加了城市居民的出行时间成本。长江三角洲国家森林公园的空间布局缺乏对各地居民游憩需求的综合考虑，这涉及各城市各地区人口分布、居民出行能力和对旅游的行为偏好等，同样地，森林公园本身所能吸引的服务人群对郊野公园空间布局可能产生的影响也是应深入探讨的问题，这与国家森林公园的特色、质量以及艺术价值等有关。

针对以经济发达、人口密集、交通便利为代表的长江三角洲城市群体系，分析国家森林公园游憩服务供给能力、居民游憩需求以及空间交通联系，提出以下布局优化建议。

（1）从各个城市的街道尺度来看，为了解决国家森林公园可达性乃至空间布局方面存在的问题，在今后的公园规划中要尽量消除服务空缺区，并提高路网的连通性和便利性，尽量缩短居民到达国家森林公园的距离，减少居民到达国家森林公园的时间。而针对国家森林公园资源不足的城市，应深入挖掘森林资源，这既是对森林资源的有效管理与保护，也是对城市居民游憩需求的补给。长江三角洲是我国城市群的先锋代表，创新性地探索国家森林公园的规划具有重要意义，不仅在数量上应有所增加，更重要的是远期规划的森林公园选址有助于减少微观尺度上的服务空缺区域，提高街道尺度的森林公园可达性，以公平保障市民的游憩娱乐之需。

（2）从路网的连通性上来看，高速公路路网的完整性和连通性对长江三角洲尺度下的国家森林公园可达性影响较为明显。到 2009 年，长江三角洲地区公路总里程达 26.24 万千米，其中高速公路总里程达 7821 千米，同比增长 0.77% 和 5.21%。由于城市群的整体性不可分割，其高速公路路网就如同单个城市的主干道，为连通各个城市各个主要区域都有着重要意义。长江三角洲城市群中高速公路网络的密集区域主要集中在中部和西部地区，其车行时间下量化后的森林公园可达性则相对较高，其可达面积也相对较大，大大降低了城市居民的出行成本。

（3）从城市群整体来看，国家森林公园应尽量选址在城郊人口稀少、自然条件优越地区，以保证植被斑块的完整性、生物多样性，更好地发挥国家森林公园的生态价值，同时为附近居民及其他地区市民增加游憩场所，在一定程度上缓解边界区域内森林公园的游憩供给不足。目前，我国顺应时代发展，城市转型处于正在进行时。长江三角洲城市群的重定义与再重视就是对城市融合新生、区域协同发展做出回应，而满足整个城市群居民的生态及游憩需求则是完善城市群发展的一大重点。城市转型中，需将边缘地区包括在内，尤其是包括公共绿地在内的边缘区居民的需求，从而缓解边缘地区的社会排斥感，提高资源享有的公平公正度。相比之下，城市边缘区域经历的环境变化和社会变化最为单调和缺乏。因此，政府需要对城市公共绿地的开发尤其是郊区森林公园进行周密规划和战略干预，才能缩小城乡差距，缓解边界效应，加速推进新型城镇化建设。

（4）从城市人口角度来看，长江三角洲城市群人口情况复杂，截至 2014 年，长江三角洲城市群地区总人口 1.5 亿人，约占中国的 11.0%。长江三角洲城市群是少数民族散居的地区，56 个民族齐全，有少数民族约 120 万。同时，它也是中国外来人口最大的集聚地，是外来人口落户门槛最高的区域之一，城市群内约有 2500 万人未在常住城市落户。庞大的人口数量对应着巨大的绿地需求，而国家森林公园的分布不均与数量不足使其供给与需求无法完成相对平衡，这也是其可达性未能达到较高水平的原因之一。未来应尝试微调人口政策，适当均衡人口分布、调整人口结构，从而减少部分地区过重的负荷，降低公共服务提供的难度和不公平性，进一步从公平性角度确保整个城市群市民的森林公园活动空间。

5　研究不足及展望

　　基于两步移动搜索法的国家森林公园可达性研究可以直观地反映出国家森林公园服务空间分布特征和服务空缺区域，而且操作起来较传统方法更为简单。但该方法仍存在可改进之处，第一，因受到人口普查数据最小统计单元的限制，空间可达性测度的尺度为街道级，如果能够获得居住区级或村级人口的社会与经济属性数据，研究的精度将会更高，研究的结果也会更为准确；第二，本文采用的数据为第六次全国人口普查统计资料，距今已有一段时间，数据难免有误差，可运用更新的数据进一步完善；第三，研究中使用的服务阈值由阅读相关文献、网络资料与专家咨询法综合得来，存在进一步改进的空间，可以寻找更加权威的数据资料，为国家森林公园公园可达性提供更合理的依据。还可加强对居民行为心理偏好的研究，在空间可达性的基础上更多地关注心理可达性，为城市公共开放空间可达性研究提供更合理的依据。此外，可以考虑多种出行时间成本的类别，更贴近居民日常游憩出行模式，提高此评价体系的应用前景。

　　国家森林公园作为公共绿地，其布局的空间性直接关系到城市居民的生活环境质量，而国家森林公园的规划选址与大城市郊区农地的生产功能、生态保育功能以及郊野休闲功能相结合的趋势密切相关。因此，对国家森林公园可达性的研究不应局限于物理的距离和时间，还可以包括社会、文化和个人因素。本文基于 OD 成本距离和交通时间的测度方法反映出可达性具有片面性和偏向性，尚未考虑到游憩者的出行需求与行为偏好，该问题属于居民需求与居民行为的差异问题，需要做更多的问卷调查和分析，根据需求指数与可达性水平之间的相关性进一步评价国家森林公园分布的空间可达性。

　　综上，研究森林公园的空间结构及可达性问题，对于提高森林资源利用率，调整森林公园旅游的战略布局，形成一个区域性、高效率的森林公园体系有着重要意义。本研究从国家森林公园入手，以长江三角洲城市群为例，基于地理信息系统软件分析长江三角洲城市群区域内国家级森林公园的空间分布格局并计算可达性，对比不同空间尺度下国家级森林公园产生的不同效益，尝试在定量上把握区域森林公园的空间结构并揭示其内在规律，以期为大尺度视角下森林公园的规划布局提供参考并丰富森林公园的研究体系。

参考文献

陈阳．森林公园养生旅游需求研究综述[J]．旅游纵览（下半月），2018，273（06）：57 – 58.

李玫，项桂娥．长江三角洲城市群规划背景下皖江城市带银行业发展战略——基于 PEST – SWOT 分析模型[J]．科技经济市场，2016（10）：72 – 75.

李世东，陈鑫峰．中国森林公园与森林旅游发展轨迹研究[J]．旅游学刊，2007，22（5）：66 – 72.

李英，朱思睿，陈振环，等．城市森林公园游憩者感知差异研究——基于城市休闲服务供给视角[J]．生态经济，2019，35（01）：118 – 122.

林祖锐，周维楠，常江，等．LAC 理论指导下的古村落旅游容量研究——以国家级历史文化名村小河村为例[J]．资源开发与市场，2018.

陶思远．上海市郊野公园政策分析与规划建设初探[J]．经济研究导刊，2014（27）：250 – 252.

杨丽婷，刘大均，赵越，等．长江中游城市群森林公园空间分布格局及可达性评价[J]．长江流域资源与环境，2016，25（8）：1228 – 1237.

尹新哲，李菁华，雷莹．森林公园旅游环境承载力评估——以重庆黄水国家森林公园为例[J]．人文地理，2013，28（2）：154 – 159.

朱红云, 孙克强, 范玮, 等. 长江三角洲一体化与智慧城市群研究[J]. 金陵科技学院学报(社会科学版), 2016, 30(3): 36 - 40.

邹晨, 欧向军, 孙丹. 长江三角洲城市群经济联系的空间结构演化分析[J]. 资源开发与市场, 2018, 34(01): 49 - 55.

Dai D J. Racial/ethnic and socioeconomic disparities inurban green space accessibility: Where to intervene[J]. Landscape and Urban Planning, 2011, 102(4): 234 - 244.

Luo W, Wang F. Measures of spatial accessibility to health care in a GIS environment: synthesis and a case study in the Chicago region[J]. Environment and Planning B: Planning and Design, 2003, 30(6): 865 - 884.

生态美学视域下森林风景道景观营造研究

——兼论"清凉峰国家山地公园森林风景道"景观营造

田晨曦[①]　陈博文[①]　李　健[②]

（浙江农林大学风景园林与建筑学院旅游与健康学院，浙江杭州　311300）

摘　要： 生态美学思想引导的森林风景道景观营造符合森林生态保护的诉求，对构建人与森林生态和谐关系的构建具有重要作用。结合"清凉峰国家山地公园森林风景道"景观营造的实践，探讨生态美学思想引导的森林风景道景观营造。提出森林风景道景观营造特色理念："反规划"指导下的生态规划理念；生态审美意识引领的森林美理念；过程性思维与生态文明体验理念；森林风景道景观"特质体验"理念。从森林空间内风景道景观与生态审美意向角度将其景观营造分为出入口形象片区景观营造、车辆通行路段景观营造、观景平台景观营造及大地景观营造，并探讨其特色景观营造方法，为我国其他森林风景道景观营造提供理论参考和示范作用。

关键词： 生态美学；森林；风景道；景观营造；清凉峰

1 引　言

森林风景道是集交通通行、森林生态保护、景观展示、休闲游憩等功能于一体的综合性道路，其景观营造依托森林景观进行。不科学的营造方式容易造成森林生态系统的严重破坏。为了使森林风景道在景观营造时尽可能地减少对森林生态系统的破坏，使风景道的景观营造符合森林生态系统的规律，就需要在景观营造中充分考虑到生态学原理。生态美学以生态学理论为基础，把生态观念作为价值取向并引入风景美学当中，认为景观作为生态美的一部分而存在，遵循生态原则的景观营造才能利于人。同时，生态美学在景观审美体验中，从"多感官"融合强调审美体验（表1）。生态美学中生态伦理意识"强调生物圈生态整体的人文主义"，力图将美学与生物多样性的目标相结合，因此更加符合生态文明建设的诉求。本文基于生态美学理念，研究以森林生态系统为中心，关注生态审美体验的风景道景观营造为思路，并以"清凉峰国家山地公园森林风景道"为例，探讨符合生态原则的森林风景道景观营造方法。

基金项目　国家社会科学基金项目（14CGL023）；浙江省软科学研究计划（2019C35085）。

① 作者简介　田晨曦（1993—），男，在读硕士，研究方向为城乡规划。邮箱：544235204@qq.com。
陈博文（1993—），男，在读硕士，研究方向为城乡规划。
② 通讯作者　李健，男，博士，副教授，硕士生导师，研究方向为生态规划与景观设计。邮箱：lijian@zafu.edu.cn。

表1　基于生态美学相关要素的景观营造

角度	特征表现
感受者	间接的，基于生态认知引导的
	以生态为中心、天地神人四方游戏
	多感官的
	精英的
景观	意境美，多模态的，动态的，变化的，复杂的
	象征性的，深层意义
	身处其中的，全部景观(动植物、水域、山体等)
	自然的，杂乱的，生态过程
	不可复制的
感受者与景观的互动	主动的激发人景对话
	体验的
	全身心的沉浸
互动成果	愉悦和理解
	长期的、持续的，深刻改变，促进内外变化的催化剂

注：本表参照 Paul H Gobster(1996)相关研究，结合最新研究成果有改动。

2　生态美学视域下的森林风景道景观营造特色理念

2.1　"反规划"指导下的生态规划理念

"反规划"以土地生态系统的内在联系为依据，维护区域自然过程、生物过程和人文过程的连续性和完整性，主动的提出规划优先。与传统风景道景观相比，"反规划"指导下风景道功能更加综合，包括生态恢复、游憩、文化遗产保护、视觉体验等。同时，与传统零碎的风景道景观相比，"反规划"指导下风景道景观营造强调系统的整体性，风景道与区域生态环境的自然过程、生物过程、文化遗产保护、游憩过程紧密相关，是生态机体的有机组成部分。

2.2　生态审美意识引领的森林美理念

与传统审美理论不同，生态审美认为生态伦理意识是生态审美的基础。森林生态系统的生物多样性能提供良好的生态资源。但传统审美将森林定义为静止的、视觉的建构，将人对森林美的反应限定在感觉、情感方面，生态审美意识引领的森林美在前者的基础上，增加了人对森林生态过程与生物多样性的感知。在风景道出入口、车辆行驶路段、观景平台等设施的景观营造中通过人的多感官对景观的理解，引导和培养人的生态审美意识。

2.3　过程性思维与生态文明体验理念

过程性思维要求生态思维既看到整体的平衡有序，又看到整体的变化发展，其与生态文明的建设具有高度的一致性，一方面，体现在过程性思维是一种整体性思维，将生态环境中的诸多要素看作是一个相互影响的整体，强调各生态要素之间的协同作用和要素的相关性。另一方面，过程性思维对生态环境的演化过程及相互关系有着积极作用，对梳理生态环境中各组成要素的利益相关性有着重要作用。在风景道景观营造中，将风景道的建设确立在整个生态圈内，有助于正确定位其生态位，对发现相关生态要素的关联具有重要意义。生态文明体验是一种基于人对生态完整性、多样性的认识，呈现出生态环境中各要素之间的有序的存在方式。风景道将过程性思维与生态文明体验作为其景观营造的特色理念以区别于传统风景道景观营造，是有意识的引导风景道景观营造与环境基底建立有序的整体系统。

2.4 森林风景道景观"特质体验"理念

依托多元的森林景观，营造具有强烈森林景观特征的森林空间环境。风景道景观由于其具有构成要素的多元性、时空的多维性、景观环境的多重性特征，使得景观的感受者对风景道景观的感受具有多样性，时空的变化影响感受者的审美体验，多元的景观环境能有效缓解感受者的审美疲劳。泰耶认为"可持续景观的可视性和形象性在公众中的体验影响和仿效率是至关重要的"。这就需要在人与森林风景道景观的接触过程中让人能充分感受到不同时空的景观变化，通过这种"体验特质"引发感受者对生态审美态度的转变。因此，在森林风景道景观营造中，通过风景道周围景观的变化，如林相在色彩、密度的变化，引导人的关注的焦点，增强森林特征体验。

3 清凉峰国家山地公园森林风景道概况

"清凉峰国家山地公园森林风景道"位于浙江省杭州市临安区，是正在建设中的以清凉峰国家山地公园游客中心为起始点所构成的环线，全长约100千米。其中，起于清凉峰国家山地公园游客中心，止于杭瑞高速出口，以中间83千米为重点建设公路段。本文研究的"清凉峰国家山地公园森林风景道"在地域空间上连接了清凉峰镇7个行政村与龙岗镇9个行政村及十门峡、浙西大峡谷、大明山等景区，担负着区域内居民生产生活及对外旅游运输的重要功能，且是连接浙西旅游圈的重要风景道。然而，原有公路等级低、弯道多、纵坡大、路面窄，已不适应目前交通运输的需要；公路两侧绿化树种单一、观赏性差、山体裸露；沿线森林景观特色不明显；忽视了对沿线植被恢复的生态学思考和自然人文景观的利用。在新的一轮规划建设中，将对包括沿线景观风貌、重要节点、配套设施、指示系统重点建设，对局部山体进行修复(图1)。

图1 项目空间布局

4 森林空间内风景道景观与生态审美意向

4.1 森林美的认知

人对森林要素的感觉是认知森林美的基础材料。"联想"是对森林美认知的重要内容，能激发人对森林生态的思考，继而达到引导生态审美的方向。其依靠人的感觉产生，人对森林中诸多要素通过多感官而感知，继而产生不同的感情状态和感情强度，同时这种感情也随时间和空间的变化而产生改变。随着人在风景道线性空间中持续移动，对森林景观的感情也会发生变化。

森林景观对感觉的刺激强度影响着人对森林的感情，表现出愉悦和不愉悦，感情强度与感觉强度关系见图2。韦伯定律指出，刺激强度达到 a 点后形成感觉。莫克（Merker）定律指出，感觉与强度的关系是一条曲线，由图1得出感情强度和感觉深浅并非同时进行而互相不违背，而是上升到某点后快速下降。因此，在森林空间内风景道景观营造中呈现给人同质的森林景观或长时间的感官刺激都会导致人陷入不愉快状态，影响人对森林景观的"联想"，进而影响人对森林美的认知。

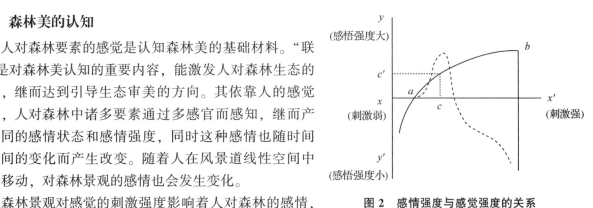

图 2　感情强度与感觉强度的关系

4.2 森林空间内风景道景观与审美意向

森林空间内风景道景观不同于平原风景道和城市景观道，也有别林道，其建设需要在满足运输通行功能的同时，承担游憩的功能。这就需要森林风景道在景观营造时需突破传统道路简单的绿化与彩化方式。"清凉峰国家山地公园森林风景道"的景观营造关注森林空间整体的营造与人审美的感知。首先，从行驶速度的动态视觉特征、人类审美域与森林景观的空间距离及人的游憩需求，将森林空间内风景道景观营造划分为风景道出入口形象片区景观营造、车辆通行路段景观营造、大地景观营造及观景平台景观营造。其次，从上述分类来看，在车辆通行路段，车辆行驶速度的动态视觉特征决定了景观营造方式，受车速提升的影响，驾驶者对周边森林景观的感知距离与视野范围逐步缩小，从而影响其对沿线森林景观的感知能力和细节景观的观察能力。受山地风景道通行车速要求，结合风景道沿线森林景观空间体系与人类审美域的关系，对车辆通行路段景观环境主要从中空间角度着手，主要强调刺激驾驶者的视觉感知，营造森林大景观空间格局。风景道出入口，以近空间景观营造引导人产生进入感，渲染生态氛围。对于观景平台及大地景观的景观营造，则可从近空间、中空间、远空间、超远空间全方位营造刺激多感官的森林景观空间体系（表2）。

表 2　风景道沿线森林景观空间体系与人类审美域之间联系

景观空间		空间距离	感官	森林景观空间的主因子	风景道及配套设施
近空间	①	10m～30m	视觉 嗅觉 听觉	眼球转动的拓展视野范围内；树叶、花、果实等的明视域；森林微景观视野效果	观景平台、大地景观、出入口
	②	30m～60m	视觉 听觉	眼球转动的拓展视野范围内；林内树干明视域；森林微景观视野效果；森林生态空间	观景平台、大地景观、出入口
中空间	①	60m～500m	视觉 听觉	眼球转动的拓展视野范围外；树形、树干的明视域；森林大景观空间	车辆通行路段、观景平台、大地景观
	②	500m～1km	视觉 听觉	森林设计效果；森林树种、区块变化组合；森林大景观空间	观景平台

（续）

景观空间		空间距离	感官	森林景观空间的主因子	风景道及配套设施
远空间	①	1km～5km	视觉	树冠明视、识别范围；森林树种、区块明视、识别范围；森林设计效果；森林地表式样明视域；森林大景观施业效果	观景平台
	②	5k～10km	视觉	森林式样识别范围；森林设计效果限界域；森林施业限界	观景平台
超远空间		10km以上	视觉	自然地形、山貌等	观景平台

5 特色景观营造

5.1 森林风景道景观营造特色理念的景观表达方式

"清凉峰国家山地公园森林风景道"景观营造在强调"视觉美"的同时，更加注重意境美的景观营造。由"反规划指导下的生态规划理念"进行宏观思考，把握景观营造中对生态系统整体性的理解，在保障公路运输的前提下，保障森林风景道在森林保护、森林游憩、生态教育等方面的作用，并通过线型风景道系统进行串联和有序组合，维护森林生态系统的稳定与永续发展。"生态审美意识引领的森林美理念""过程性思维与生态文明体验理念""森林风景道景观特质体验理念"在生态景观的营造中有共通性，表现在感受者对生态美的欣赏、体验与理解上。其中"生态审美意识引领的森林美理念"在景观营造中体现在表达方式的多样，即通过景观在色彩、形态、声音、气味等多方面信息的传达，刺激人的感官以达到增强人对森林生态系统的理解，继而培养生态审美意识。"过程性思维与生态文明体验理念"在森林景观营造的表达体现在景观的时空变化有序，即森林变化发展过程的完整和规律，例如，理念反对为了增强视觉穿透效果而减少低矮植物，人为阻断风景道周边动植物的生长过程的行为。"森林风景道景观特质体验理念"则将景观营造重点放到了森林景观特征的培育方面。这些理念相互联系，共同应用到景观营造中，最终建立感受者与森林生态系统的和谐关系（图3）。

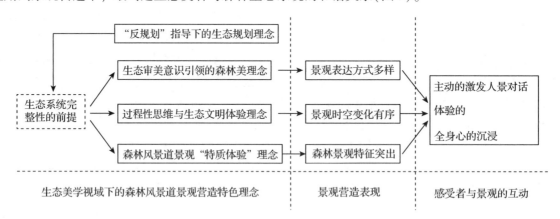

图3 森林风景道景观营造特色理念的景观表达方式

5.2 出入口形象片区景观营造

出入口游客服务中心的设置是为了方便使用者进入，渲染森林生态空间与风景道气氛，让人在进入之前便能感受到生态的环境氛围及风景道的主题。主入口要求标志鲜明，有代表风景道风格的元素展示，如乡土建筑、装饰等。在景观表现方面，应突出森林景观特征，增强森林进入感。因此，在出入口设计中以森林风景道景观"特质体验"理念为出发点，关注森林景观特征的表达。并在此基础上营造生态审美环境氛围。在"清凉峰国家山地公园森林风景道"入口景观营造时，通过"生长"为寓意的入口景观形象的营造，传达自然生长、链接天地的意识，营造森林生态环境的氛围。并通过入口景观的营造，打造生态美学的意境美、整体美、和谐美，激发感受者的生态意识，增强生态文明体验感觉。在用材方面选择竹子为装饰材料，将风景道入口与森林景观相融合（图4）。同时还需要在风景道出入口处设置车辆停车场，停车场铺面全部采用软性铺装改造或新建，以实现完全绿化、生态化和透水化。

图4　森林风景道入口景观

5.3　车辆通行路段景观营造

森林风景道中车辆通行路段所占比例最高，与山地森林的联系最为密切，在景观格局中占据重要地位。因此在该段景观营造时应以过程性思维引领景观营造，例如，通过林相改造，增强森林景观在不同时间表现出不同的色彩和形态的变化，增加森林景观丰富度。

在此理念的指导下，同时结合森林空间内风景道景观与审美意向，我们将车辆通行路段景观营造的重点放到中空间角度。此时森林景观空间的主因子为树形、树干的明视域及森林大景观空间。据森林生态系统的多样性特征及生态美学反对未经深思熟虑的人为重建的"第二自然"的主张，视觉景观应充满森林生态特征且富于变化。在该段森林大景观营造中重视过程性思维和生态文明体验的理念，重视森林景观的多样性，融合森林景观中生态元素及人工构筑物，主要关注沿线林相变化，以大景观格局呈现去激发驾驶者的情感。

"清凉峰国家山地公园森林风景道"两侧植被大部分是自然更新，但一些地段坡面露土、溪边滩涂植物稀疏、植物品种单一稀少，导致景观效果单一、四季景观单调、观赏性欠佳，故需要对自然山林做长期的林相改造，增加林相色彩，补植彩叶、观花、观果树种，如柿子树、乌桕、枫杨、红枫等彩相，以丰富春、夏、秋、冬四季的林相构成，使"清凉峰国家山地公园森林风景道"形成稳定、色彩丰富且具有较高观赏价值的植物群落，彰显多样森林生态景观。

并根据实地植被景观情况，对露土70%以上且坡度较大的位置，主要目的固坡护坡，种植以灌木地被为主；植被稀少的，以塑造林相为目的，补植大乔木；生态单一的地方，丰富植物群落，增加植物层次（图5）。

1.露土70%以上且坡度较大的位置。主要目的固坡护坡，种植以灌木地被为主。

2.植被稀少的，以塑造林相为目的，补植大乔木。

3.生态单一的地方，丰富植被群落，增加植物层次。

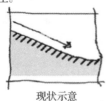

现状示意

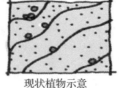

现状植物示意

现状植物示意

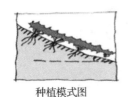

种植模式图

种植形态示意

增加植物组团用曲折形外边界，与周边环境的互动性更强。

植物效果示意

图5　林相改造策略

5.4　观景平台景观营造

观景平台是人与森林空间交流最丰富的地点，包括近空间、中空间、远空间和超远空间，同时是人停留时间较长的游憩空间。因此在观景平台景观营造时，将引用生态审美意识引领的森林美理念，着重强调对人生态审美意识的引导，并结合人体感官对森林的色彩、气味、声音的感受，营造出颇具森林生态特征的森林空间格局。通过基于人对自然全方位的感触，提高人的生态意识，以达到生态审美的培养。如太子尖观景平台景观营造以台地雨水花园结合观景平台，在不同的观景高度感受不一样的风景。平台选择景观视线良好且原生植物较多的区域，使得观景平台与原生植物互相景观渗透，以刺激感受者视觉。同时在植物选择时，在保留浙西乡土植物的基础上种植彩叶树种及芳香类草本植物，在视觉及嗅觉上刺激感受者。在听觉环境的营造方面，雨水花园水渠在营造时借鉴中国园林传统掇山理水手法，通过水渠宽窄、高低的变化，人为制造水在流动的声音，同时观景平台位于森林内部，虫鸟之声繁多，各种声音种类多样且富有变化。通过景观营造在视觉、嗅觉、听觉方面将感受者与森林景观相联系，这样的生态美学理念，对提高感受者生态审美意识具有巨大的促进作用(图6)。同时，在营造中强调就地取材，使用当地石材及枯枝制作景观平台及栏杆，使观景平台整体环境与森林生态环境相融合。

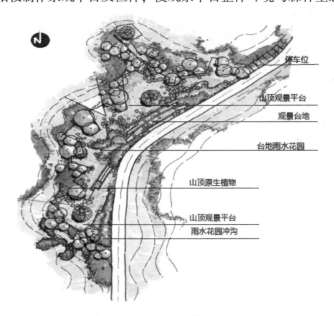

图6　太子尖观景平台

5.5 特色大地景观营造

从景观营造理念方面来看，大地景观遵循生态学原则，采用"源于自然"的营造手法，注重整体形态，力图保证自然的原生态，反对未经深思熟虑的人为重建的"第二自然"[19]，保留原有地形环境，利用闲置梯田等资源，在山间打造景观与生态相依存的大地景观。结合景观特征将"清凉峰国家山地公园森林风景道"景观营造分为带状和节点型两大类型。

带状大地景观带主要以动感田园风貌带道路为轴线形成的五彩骑行，其是从华光潭水上运动公园游客服务中心至朱岭村，全长4千米，绿道两侧种植经济花卉，打造花间骑行的绝美意境。在该段大地景观营造中，通过意境美的打造，激发人对自然的热爱之情。同时，运用生态审美意识的相关理念，在花卉的选择时，充分考虑到芳香类植物对人嗅觉感官的刺激，使大地景观不仅可以"看"也可以"闻"。

节点型主要以赤岭村观景平台、高山览胜段的梯田为节点形成的大地节点景观（图7）。高山览胜段的梯田节点在农田、旱地里增加本土树种，合理的增加原生态、人性化的景观设计，并以近自然的手法进行美学艺术等的特色表达。符合生态文明体验的理念。同时将山间小溪引入景观营造中，利用水体"活"的特征使整个景观充满生机和灵动。以形成大地文化与景观地标，解决节点景观的标识、认知与留念。

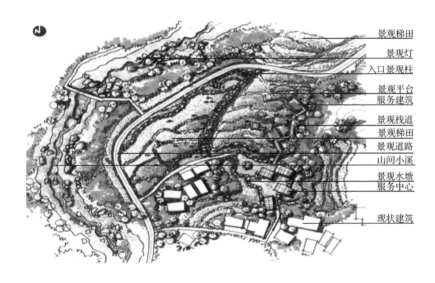

景观梯田
景观灯
入口景观柱
景观平台
服务建筑
景观栈道
景观梯田
景观道路
山间小溪
景观水塘
服务中心
现状建筑

图7 赤岭村大地景观

6 结 语

受到森林景观的特征的影响，森林空间内对风景道景观营造应关注森林生态环境保护与生态理念的运用，将生态美学引入森林风景道景观营造中符合森林生态文明建设的诉求。文章以"清凉峰国家山地公园森林风景道"为例，以生态美学作为风景道景观营造理念，这种理念为我国其他森林空间内风景道景观营造提供理论参考和示范作用。

参考文献

包战雄. 森林生态美学及其对森林生态旅游的启示[J]. 林业经济问题，2007（06）：544－548.
冰沁，田舒，杨辉，等. 新世纪美学运动与西方近现代风景园林美学的范式转向[J]. 大连理工大学学报（社会科学版），2014，35（02）：132－136.

程相占，阿诺德·柏林特（Arnold Berleant），保罗·戈比斯特（Paul H. Gobster），等．生态美学与生态评估及规划［M］.
郑州：河南人民出版社，2013.

程相占．论生态审美的四个要点［J］．天津社会科学，2013，5（05）：120－125.

葛娟．景区旅游公路景观美学质量评价及景观营造［D］．重庆：重庆交通大学硕士论文，2010.

李庆本．国外生态美学读本［M］．长春：长春出版社，2010：31.

王晓华．何为"生态思维"［J］．东岳论丛，2005（06）：166－168.

伍谦．景观林相改造中的色彩配置［J］．中南林业科技大学学报，2010，30（11）：108－112.

新岛善直，村山酿造．森林美学［M］．高文琛，译．北京：中国环境科学出版社，2011.

许金良，王荣华，冯志慧，等．基于动视觉特性的高速公路景观敏感区划分［J］．交通运输工程学报，2015，15（02）：
1－9.

余青，吴必虎，刘志敏，等．风景道研究与规划实践综述［J］．地理研究，2007（06）：1274－1284.

曾繁仁，阿诺德·伯林特（Arnold Berleant）．全球视野中的生态美学与环境美学［M］．长春：长春出版社，2011.

曾繁仁，大卫·格里芬（David Ray Griffin）．建设性后现代思想与生态美学［M］．济南：山东大学出版社，2013.

张阳．公路景观学［M］．北京：中国建材工业出版社，2004：9.

赵海春，王靛，强维，等．国内外绿道研究进展评述及展望［J］．规划师，2016，32（03）：135－141.

周膺，吴晶．生态城市美学［M］．杭州：浙江大学出版社，2009.

Anna J. Beyond the view：Future directions in landscape aesthetics research［J］．Landscape and Urban Planning，2011，100
（4）：353－355.

Russ P. Conflict between ecological sustainability and environmental aesthetics：Conundrum，canärd or curiosity［J］．Landscape
and Urban Planning，1995，32（3）：227－244.

Xinhao W，Danilo P，Mark C. Ecological wisdom as an emerging field of scholarly inquiry in urban planning and design［J］.
Landscape and Urban Planning，2016，155：100－107.

人口密集区森林公园发展建设研究

——杭州径山山沟沟国家级森林公园总体规划修编

郑阿敏①　马凯丽②

（浙江农林大学风景园林与建筑、旅游与健康学院，浙江杭州　311300）

摘　要：近年来，随着城镇化进程的推进，越来越多的森林公园建设在人口密集区，更多的人流、车流以及居住区的分布对于森林公园的环境建设提出了更高的要求。余杭区位于浙江省杭州市管辖区内，杭州市是浙江人口密度最大的地级市之一。本文通过分析杭州径山山沟沟国家级森林公园总体规划修编，提出径山山沟沟国家级森林公园发展建设中存在的主要问题，提出相应对策，总结人口密集区森林公园发展建设战略，旨在为人口密集区森林公园的生态建设累积经验，以及提供相应依据，以期在森林公园在人口密集区建设中发挥更大作用。

关键词：森林公园；人口密集区；杭州径山山沟沟国家级森林公园；总体规划修编；发展建设

1　引　言

森林是人类文明的摇篮，也是人类永恒的朋友。大森林、大自然维系着人类的生存与发展，寄托着人类的希望和未来。森林公园的建设在增加当地旅游收入、发展区域经济的同时保护和发展了国家珍贵的森林资源，增加城市绿量，为城市小气候环境质量的提升提供保障，成为了城市重要的生态保护屏障，并为社会公众提供了良好的户外游憩空间，满足了人们日益增长的精神文化需求，具有经济、生态、社会三方面的效益，三者之间相辅相成。建设森林公园是实施重要生态系统保护和修复工程的载体之一，是人们对森林与人类关系认识的深化，是促进人与自然和谐相处的重要途径，也是建设美丽中国的窗口。

诸多森林公园的经营主体，如国有林场、林业局等，缺乏合作意识，选择封闭式发展模式，常将乡村社区排除在旅游发展的合作伙伴之外。轻视社区，把社区居民视为弱者，甚至认为社区居民是依赖者，把社区居民视为森林公园旅游发展的障碍，消极看待社区居民。森林公园旅游开发给社区带来了负面影响，如水污染、空气污染、噪音污染和视觉污染等的不断增加；过度拥挤和交通堵塞及物价上升等。社区难以介入森林公园旅游开发，深处山区的大部分居民，长期受官本位思想的影响而形成对权势的依附心理。因此加快森林公园建设步伐，探索人口密集区森林公园发展建设，不断拓展林业保护的领域和产业发展空间，促进森林多功能利用方式和林业为社会服务的方式的根本转变，不仅是社会发展对林业的主导需求向以生态需求为主，多功能利用服务方式的根本转变，也是全面建设小康社会、实现人与自然和谐相处的客观需要。

---

①　作者简介　郑阿敏，女，硕士，浙江农林大学，风景园林与建筑学院。电话：19857183713。邮箱：1563573172@qq.com。
②　作者简介　马凯丽，女，硕士，浙江农林大学，风景园林与建筑学院。电话：19857183460。邮箱：35481435@qq.com。

2 径山山沟沟国家级森林公园概况

杭州径山山沟沟国家级森林公园位于杭州市余杭区径山和鸬鸟 2 镇。由原 1 个省级森林公园——杭州山沟沟省级森林公园、1 个国家 4A 级景区——双溪竹海漂流景区、1 个景区——径山景区、2 个省级自然保护小区——红桃山、窑头山省级自然保护小区整合而成。总面积 5375 公顷，其中林地面积5177 公顷，另有外围协调控制面积 1100 公顷，森林公园总控制范围 6475 公顷。

径山镇是余杭区的首镇，由原潘板、长乐和双溪 3 个乡镇组成，北苕溪、中苕溪横贯全镇，南连杭徽公路，北接 104 国道，015 省道贯穿全境而过，交通便利。径山镇面积达 157.08 平方千米(占余杭全区总面积的 1/8)，全镇下辖 13 个建制村，2 个社区，274 个村民小组，总人口 3.85 万人。

鸬鸟镇地处余杭区西北部，总面积 72 平方公里，下辖 13 个建制行政村，128 个村民小组，总人口1.24 万人。境内生态资源丰富，森林覆盖率达 88%，是全区仅有的无工业功能区块镇，区政府对其实行生态补偿机制。

森林公园包括两镇内的径山村、四岭村、双溪村、太平山村、山沟沟村、太公堂村等 6 个行政村。

3 径山山沟沟国家级森林公园存在的主要问题

3.1 森林公园建设对周边居民的影响

森林公园的建设在一定程度上将占用周边居民的资源，将给居民生活水平带来一定的影响，既有利也有弊。

一方面，杭州径山山沟沟国家级森林公园自然生态环境优良，区域内多种地貌类型分布，旅游资源相当丰富。同时，它以古老的禅茶文化、森林康养文化和原乡民俗文化为特色，拥有着深厚的历史文化底蕴和丰富的文化资源。杭州径山山沟沟国家级森林公园的发展必将带来更多的客源，为当地社区居民创造更多的就业机会，提升当地社区的基础设施建设，促进当地经济的不断发展。当地居民的生产方式将由原始的农耕劳作向旅游服务转变，转变将带来更多的收益，更少的劳动力支出，改变居民原有的生产生活方式。

另一方面，杭州径山山沟沟国家级森林公园的发展将持续不断地带来客源，客源的大量涌入将占用居民原有的通行道路，造成交通拥堵，居民无法像以往一样进行农耕等活动，同时还会导致噪音、垃圾污染等问题的出现，使居民的生活水平降低。

3.2 旅游发展对乡村文化的影响

乡村文化是乡村居民与乡村自然相互作用过程中所创造出来的所有事物和现象的总和。乡村文化建设是展现乡村整体形象的重要部分，是实现乡风文明的核心理念，是走向乡村发展的持续动力，是实现乡村振兴战略的关键步骤。

但目前随着旅游业的快速发展，大量非乡村元素的介入及大规模外来游客的涌入，对乡村文化带来了不可逆的伤害。许多乡村地区文化建设浮于表面，流于形式，盲目跟风，导致乡村文化建设缺乏创新，内容和形式趋向单一化和同质化。甚至因此出现了传统文化异化、地域特色消失等不良现象，进而使当地社区的旅游吸引力减退，最终影响了旅游业的可持续发展。

杭州径山山沟沟国家级森林公园历史文化积淀深厚，森林生态资源优越，但现有旅游产品多属初级项目，生态和文化内涵的挖掘力度不足。现有游线无法体现其文化特色和生态气质，从历史文化到VI(视觉形象)细节都相对简单，影响旅游体验的综合感受。禅茶是径山的核心旅游项目，但进入景区的路线和景区内其他景点的设置都没有体现出相应的规模。因此，如何注重产品内涵的发掘，建设现代化深度游旅游产品体系是促进森林公园范围内及周边乡村文化振兴的关键，也是实现乡村振兴战略的重要抓手。

3.3 生态环境保护与旅游资源开发之间的矛盾

良好的生态环境是人类赖以生存的根基，是人类生存、生产与生活的基本条件。森林风景资源是自然留给人类的珍贵遗产，也是现代经济社会发展中一项重要的难以再生的国家资源。因此，在保护生态环境的前提下对旅游资源进行适度合理的开发尤为重要。

保护与开发始终是矛盾的，生态环境是本项目的核心资源，生态环境一旦破坏，旅游产业将面临釜底抽薪的困局。我国人口与森林资源之间的矛盾日益突出，径山山沟沟国家级森林公园位于人口密集的杭州市，杭州作为中国人口密集的城市之一，在保护生态环境的前提下，合理开发利用森林资源，维持人口与森林资源之间的平衡是一个重要的课题。因此，杭州径山山沟沟国家级森林公园旅游建设中存在的最大难题即如何在保护良好生态环境的前提下开展旅游项目。

4 对策与发展策略

4.1 对策

4.1.1 推动产业融合发展，营造生态宜居环境

杭州径山山沟沟国家级森林公园规划红线范围分布着两个镇六个行政村，这种情况给森林公园的保护性开发和管理带来了极大不便。基于此，森林公园在建设过程中应综合考虑森林风景资源的完整性和当地居民生产生活所需，推动产业融合发展，营造宜居生态环境。

径山山沟沟国家级森林公园在建设过程中挖掘山沟沟原住民民俗文化内涵，打造农家淳朴生活、领略农村民俗风情、参与农事趣味活动的民俗特色村落。对太平村村貌进行改造提升，打造滨水慢生活休闲体验村落，倡导"慢生活""乐活""环保"等生活概念，提出"慢食运动"的生活方式，同时，突出森林康养主题，布置森林科普宣教内容，展示森林公园的生态优美形象。对沿溪村庄景观进行整治，梳理滨水开放活动空间，打造一条集滨水漫步、餐饮住宿、休闲购物于一体的慢生活街区；在太平山村官畈附近打造田园体验中心，利用沿太平溪的带状空间，通过溪流景观提升、游憩步道建设、沿溪绿道建设，开展散步、慢跑、溯溪、垂钓、骑行等多样田园户外休闲运动，计划用地2.32公顷；提升打造太公堂精品民宿村落。结合四岭禅隐休闲区功能布局，对新建民居及项目建筑风格及高度进行控制，注重生态环境保护。结合径山农禅体验区功能布局，对现状民居屋顶、外立面进行改造，统一风格，控制新建民居建筑高度，为远期民宿旅游开发奠定基础。结合禅茶第一村、禅茶精品酒店、绿道公园等项目，打造禅茶主题度假休闲配套服务和产品体系等。

综上所述，从产业融合来看，径山山沟沟森林公园融合和一、二、三产业，具备产业整合和再生能力，催生了乡村新产业和新业态：与农业结合催生休闲、景观、采摘、体验等农业产业形式。从人居环境来说，径山山沟沟发展中的基础设施建设，营造了宜居的社会生活环境，形成适人宜居的环境支撑，推进了森林公园建设与居民的和谐发展。

4.1.2 传承并发扬乡村固有文化

杭州径山山沟沟国家级森林公园以古老的禅茶文化、森林康养文化和原乡民俗文化为特色，六千多年前的马家浜文化时期，先民就在余杭这片土地上生息劳作，是稻作文化的起源地之一。新石器时期，余杭先民于良渚、瓶窑、安溪形成聚落。秦统一中国后，曾有大量于越居民迁徙余杭。以后各朝，

尤其是南宋，北方人口大量移入，几经民族融合，已无直接后裔。今之居民，多系汉族人口，另有回族、苗族、满族、畲族等 11 个民族。区域内拥有较多历史遗址：如径山万寿禅寺，当年号称"五山十刹"之首、"江南第一禅寺"，建寺至今已有 1200 余年；它也是日本临济宗的祖庭和日本茶道的发源地之一。径山脚下的双溪陆羽泉，是市级文保单位，相传当年茶圣陆羽曾在此隐居，撰写世界上第一部茶叶专著《茶经》；区域内主要民俗活动包括传统技艺、传统舞蹈、民间舞蹈等，主要有元宵舞龙灯、端午赛龙舟、长乐草龙，大路彩龙船，径山庙会等。深厚的历史底蕴和丰富的文化资源，为森林公园后续发展提供了保障。

基于此，一方面杭州径山山沟沟国家级森林公园将旅游发展所依赖的乡村特有自然生态与人文民俗因素，转化为乡村建设与发展的资源，减轻旅游发展给乡村文化与生态带来的不可逆损害；另一方面可将旅游与乡村文化结合催生演艺、研学、游艺等文化产业形态。

4.1.3 保护生态环境，合理开发森林资源

改造是森林公园景观建设的需要，但必须以保护现有森林资源为基础，严禁乱砍乱伐，尽量保持森林植被的原生状态。森林公园在建设中的保护与开发利用主要体现在核心景观区与生态保育区两大区块。

核心景观区是拥有特别珍贵的森林风景资源而必须严格保护的区域，核心景观区内除了必要的保护、解说、游览、休憩和安全、环卫、管护站等设施外，不得进行任何其他建设。

生态保育区是森林公园内以生态保护修复为主的区块，也是森林公园遵循自然规律，促进自然群落更新发育的区块。根据相关规定和标准，径山山沟沟国家级森林公园的生态保育区原则上不向游客开放，同时对当地居民的经营采取一定程度的管控，严禁毁林、开荒等破坏性生产活动。本规划将森林公园经营范围内，除核心景观区、一般游憩区和管理服务区外的所有地域全部划入生态保育区，包括银子岗 – 豹子岭生态保育区、帽子顶生态保育区、窑头山 – 红桃山生态保育区、黄坞顶生态保育区和径山生态保育区，总面积为 3378.55hm²，占公园总面积的 57.34%。红桃山和窑头山为省级自然保护小区，其野生动植物资源在全国具有极典型性，该区块的核心任务就是保护，除窑头山核心景观区内可以修建少量环境友好型游憩设施外，其余区块严禁一切人为活动进入。其他生态保育区范围多为当地居民生产活动频繁的区域，主要为人工毛竹林。高强度的经营生产活动导致这些区域生物多样性较差，大范围内形成毛竹林单一群落，生态安全受到了一定威胁。这些区域保育的核心任务是在保证当地居民生产生活需要的基础上培育健康的森林生态系统，逐步构建类型多样的近自然森林群落、生态廊道和生物多样性保护网络，提升自然生态系统的稳定性和生态服务的功能性，在营造优美森林植被景观的同时提升生态安全屏障。

4.2 发展战略

4.2.1 可持续发展战略

实施可持续发展战略，不断提高森林公园旅游经济、社会、环境的综合效益。具体包括：

（1）资源与生态环境可持续

森林景观资源、森林生态环境是森林公园生态旅游发展的根本。森林公园建设和旅游经营过程中，加强资源与环境保护，重视节能减排，倡导低碳旅游，推行绿色消费，注重生态文明，保证景观资源和森林生态环境不因旅游而降低。

（2）经济可持续

以人为本、以游客为中心，全面提升旅游服务质量，提高游客对杭州径山山沟沟国家级森林公园的满意度，增强城市吸引力和市场占有率，进而增强森林公园的旅游市场竞争力。在客流稳定增长，游客满意度高的基础上，达到森林公园收入持续增长，经济效益持续提高。

4.2.2 高素质内涵式发展战略

（1）营造展示全国意义的森林景观

国家级森林公园需要有全国意义的景观和旅游产品，才能真正树立竞争优势。自然景观中，地文景观、水文景观等只能保护性利用，只有森林景观才能够建设提升。无论是径山和鸬鸟镇，还是余杭区乃至杭州市，对杭州径山山沟沟国家级森林公园的定位均已经统一在生态功能第一的框架下，这意味着森林公园范围内林业的生产功能已经下降为从属地位，在这种背景下，拥有优越水肥条件的森林公园完全有条件进行较大力度的景观和生态提升工程，促进森林生态景观的优化，进而营造具有全国意义的森林景观。

（2）优化整合，完善产业链

森林公园空间布局优化整合。如前所述，杭州径山山沟沟国家级森林公园地域宽广，景点分散，且前期开发过程中存在较大程度的独立建设、各自经营的现象。因此，使景区功能重组，充分利用特色旅游资源，形成森林公园整体旅游产品谱系，打造统一主题下的多功能产品组合是实现森林公园整体发展的前提。

完善森林公园旅游产业链。高水平开展景点建设，按照 AAAAA 级景区标准全面配套相关设施，全力提升综合服务能力，形成吃、住、行、游、购、娱一体化发展的森林公园休闲旅游产业链。

延伸并深化森林生态旅游产业链。深度挖掘森林生态旅游资源，打造多重功能的复合型旅游产品体系，拓展森林生态旅游产业空间，提升森林生态旅游附加值，实现森林旅游产品转型升级。森林公园突出森林康养和禅茶轻修主题，从森林景观培育开始吸引游客观赏森林景观、开展森林环境游憩，到中华传统保健运动和养生文化导入、禅茶文化的萃炼显化、健康森林食品制作，再到游客参与森林生态养生和文化体验活动，积极促进深度游森林生态旅游产业链的构建。

（3）管理体制和经营机制创新

开展制度创新，包括管理体制创新和经营机制创新，强化政府主导，协调民众参与，健全市场体系，实现政府主导力、市场配置力和企业主体力"三力合一"。

推进管理体制创新，提高森林公园管理水平。根据《森林公园管理办法》，杭州径山山沟沟国家级森林公园由余杭区人民政府林业水利局主管，实行统一管理。但森林公园建设至今其管理基本停留在行业职能部门职能化管理层面，并未成立专门化的管理机构和具体的管理体制。因此，下阶段应以林水局牵头成立由多部门参与的国家级森林公园管理部门，协调管理森林公园各项开发建设工作，进而形成有效的管理工作手段与方法，不断提高森林公园管理的能力和水平。

推进经营机制创新，增强森林公园发展动力。包括投资机制创新，完善市场配置机制，引进民营资本；现代公园治理结构创新，建立现代法人治理机制；用人机制创新，建设高素质的、适应现代森林旅游发展要求的景区管理、酒店管理、游客管理等旅游人才队伍；社区参与机制创新，建立完善社区参与的渠道、途径。

4.2.3 借力借势跨越式发展战略

杭州径山山沟沟国家级森林公园虽然目前尚存在较多问题，但随着城市建设和社会经济的全面发展，森林公园当前正面临着巨大的发展战略。借助大径山旅游产业全面升级、余杭及杭州市市国际名城建设工程的大力推进、乡村振兴战略在公园周边的全面铺开，推进区域之间、城乡之间和行业之间的协调发展，杭州径山山沟沟国家级森林公园应走因地制宜、差异化发展路径，借力借势加快构筑市场竞争力，融入并引领区域旅游市场，共享国内外客流，分流二次客源，实现加速发展、跨越式发展。

5 结　语

本文结合杭州径山山沟沟国家级森林公园的建设，针对其发展建设过程中存在的问题，围绕森林公园建设与周边居民生产生活、旅游发展与乡村文化、生态环境保护与旅游资源开发这三方面问题之间的相互协调性进行了探索。对此，我们可以作出如下的总结和思考：

（1）总体看来，森林公园建设对居民生产生活是一把双刃剑。一方面，森林公园的建设不仅提高了当地基础设施建设水平，还提供了更多的就业机会。另一方面，森林公园的建设却会对当地社区生态环境、居民生活水平等带来了负面影响。因此尽可能减少森林公园资源保护与当地居民生产生活的相互制约，寻求双方合作的最优策略。

（2）旅游业的发展将会给乡村文化带来不可逆的伤害，如内容单一化、形式同质化、缺乏创新性等种种问题。森林公园可将旅游发展所依赖的乡村特有自然生态与人文民俗因素，转化为乡村建设与发展的资源，减轻旅游发展给乡村文化与生态带来的不可逆损害。

（3）生态环境保护和旅游资源开发始终是一对矛盾，如何协调保护和开发之间的关系是森林公园开发面临的重要问题。

参考文献

陈丹. 城郊型森林公园总体规划设计要点[J]. 林产工业，2013，40(01)：64 – 66.

陈贵松，陈建成. 森林公园与社区和谐发展机制探究[C]// 中国林业技术经济理论与实践(2008). 2008.

黄鹏. 昆明轿子山景区开发与社区居民利益协调研究[D]. 昆明：云南大学，2013.

蒋艳. 欠发达地区旅游发展中的社区参与意识分析[J]. 浙江外国语学院学报，2004(2)：18 – 22.

廖安领，孔令营，王春弘，等. 森林公园建设发展思路探析[J]. 现代园艺，2015(11)：103 – 104.

张艳，张勇. 乡村文化与乡村旅游开发[J]. 经济地理，2007(03)：509 – 512.

朱丹丹，张玉钧. 旅游对乡村文化传承的影响研究综述[J]. 北京林业大学学报(社会科学版)，2008(02)：58 – 62.

基于国家森林公园管理建设的几点分析与思考

——以合肥印象滨湖国家森林公园为例

汪玉竹①

（合肥印象滨湖旅游投资发展公司，安徽合肥　230000）

摘　要： 20世纪末，世界各国纷纷兴起了保护生态环境的绿色浪潮，森林生态旅游作为"回归大自然"的"绿色旅游"应运而生。森林生态旅游是指在被保护的森林生态系统中，以自然的景观为主体，再融合不同区域内的人文、社会景观为主要对象的旅游活动。游客通过这样的方式去融入大自然，获得了解自然、享受自然、回归自然的好处，自觉产生保护环境、保护自然的一种文明、科学、自然的旅游方式。由此，针对国家森林公园的建设、运营管理、研究思考也受到了越来越多的关注。我国国家森林公园的设立起步较晚，在开发管理运营上还存在诸多问题。为了实现国家森林公园的可持续发展，更好地开发和利用这一重要生态旅游资源，本人基于自身工作，以所在工作单位——合肥印象滨湖国家森林公园为例，对国家森林公园的建设、管理以及所面临的问题作以下几点思考和分析。

关键词： 国家森林公园；规划管理林长制；对策与思考

1　合肥滨湖国家森林公园简介

合肥滨湖国家森林公园位于合肥滨湖新区东南，北依甲子河，南达环湖北路，西连巢湖南路，东临南淝河，十五里河南北贯穿。公园面积1072公顷（16080亩），其中森林面积799公顷，水域面积263公顷，是安徽省内唯一的万亩城市水网森林。清朝时百姓筑圩防水，围湖造田，形成大张圩。2002年，包河区根据国家退耕还林政策，在大张圩广植杨树、湿地松、香樟等乔木，涵养水源、恢复生态、保护环境，培育万亩生态林地，初步修复森林植被。2008年12月，经安徽省林业厅批准建立省级森林公园。2012年8月，合肥市借势环巢湖生态建设，将公园建设作为生态文明建设的一号工程和惠及全市人民的民生工程，合肥市包河区更是举全区之力打造环巢湖绿色明珠。2012年10月1日，公园一期开园。2013年5月1日，公园二期正式开放。2013年底公园全票通过国家林业局专家组评审，2014年4月进行揭牌仪式，正式成为国家级森林公园。2016年2月被评为"国家4A级旅游景区"。

2　滨湖国家森林公园资源评价

合肥滨湖国家森林公园作为安徽省省内唯一的万亩城市水网森林，公园生态覆盖较大，动植物资源良好，在改善城市生态环境、涵养水源、保持水土、净化空气、调节气候、防风降噪等方面发挥着

---

①　作者简介　汪玉竹，女，大专，合肥印象滨湖旅游投资发展有限公司党委委员、副总经理，从事旅游行业。电话：18756921600。邮编：230000。

重要作用，是城市的生态屏障，有着"安徽西溪"的美誉。

滨湖国家森林公园环境优美，空气清新，河水清澈，水质优良。森林和湿地这两个重要的生态系统并存，是名副其实的"城市之肺"和"城市之肾"。其大气环境质量达到《环境空气质量标准》（GB 3095—1996）一级标准，水质符合《地表水环境质量标准》（GB 3838—2002）一类标准。园区负氧离子含量经过专业机构检测，达到 2500—3000 个左右/立方厘米，达到国家最高标准 6 级疗养水平。森林公园内以杨树为基调树种，成片状分布，形成季相变化明显的森林景观。园内现有国家一级保护植物水杉、珙桐、银杏等 3 种，二级保护植物鹅掌楸、喜树等 7 种，形成多层次的植物群落。森林公园的湖水、湿地是鸟类的天堂，有鹭、红嘴鸥、翠鸟等 32 种保护鸟类，其中国家二级重点保护野生鸟类 6 种。

3 合肥印象滨湖国家森林公园的建设与管理

合肥滨湖国家森林公园经合肥市包河区委常委会、区政府常务会研究决定，公园永久免费对外开放。公园距合肥滨湖核心区和新的安徽省政务中心仅 5 千米，并且处于东南上风口，森林产生的大量氧气对城区空气质量也有一定的改善。党的十八大提出建设"美丽中国"，安徽省提出"生态强省"战略。2011 年，安徽省区划调整，巢湖成为合肥内湖，合肥市提出"大湖名城、创新高地"的世纪新战略，全面推进环巢湖生态文明示范区建设。推动森林公园建设，打造"安徽中心、和美包河"绿色王国，是民心所望，城市所需，所以，园区自创建伊始，创新经营模式，精细化管养，坚持把"自然、生态、环保"理念摆在首要位置贯穿整个过程。

3.1 在"建"上下功夫，推进林相改造力度

2011 年，安徽省行政区划调整，合肥旅游的八百里巢湖揽入合肥市怀抱，五大淡水湖由一个城市全部拥有，全国仅此一例，这也预示着合肥旅游业迎来了春天。原来合肥市内各景区相对分散，体量小，吸引不了南来北往的游客，合肥充其量只是交通中转地，而不是旅游目的地。随着环巢湖旅游的蓬勃兴起，渐渐有了新的转机。

此地原名大张圩，自清朝以来，百姓筑圩防水、围湖造田，导致生态环境日渐破坏。2002 年包河区大力实施退耕还林，万亩杨树林区悄然形成。2012 年 8 月，作为环巢湖生态文明建设的一号工程，在省、市领导的关心下，合肥市包河区举全区之力开始正式启动滨湖国家森林公园建设。合肥滨湖国家森林公园总占地面积 1072 公顷（16080 亩），其中森林面积 799 公顷（占比 75%），水域面积 273 公顷（占比 25%），是安徽省内唯一的万亩城市水网杨林，园内森林和湿地这两个重要的生态系统并存，是名副其实的"城市之肺"和"城市之肾"。然而，森林公园开园建设前，当时也仅有两条路，林间道路不通畅、景观规划不协调、沟渠水域不连片、旅游服务设施几乎为零，各种困难和挑战摆在眼前，开创性建设迫在眉睫。

3.1.1 突出生态自然，大力实施生态修复

大力实施丰富植被、恢复湿地、动物投放等生态修复工程，高度重视改善林种单一问题，先后实施彩林叠翠、林下植被、樱花谷、百花园－百草园、动物投放等生物多样化工程，动植物种类不断增加，其中植物种类由数十种增至现在的 381 种。国家一级重点保护野生植物水杉、珙桐、银杏等 3 种，二级保护植物有鹅掌楸、喜树等 7 种。经过改造，已形成"多廊多带多点、林水交融一体"的多层次、多功能的森林生态网络结构体系。这样独特的生态资源在安徽省内首屈一指，在中部省会城市中难得一见。建设中还大做"生态修复文章"，最大限度保持公园原有水系形态、保护原生植物，尽量减少施工面积和人工雕琢痕迹；对原有灌溉渠等人工设施，采用木桩护坡、去直成弯等"去人工化"措施，恢

复自然河流形态。确定建设的配套设施，尽量采取环保材料和生态措施，生态公厕全部配套污水处理系统，实现达标排放、综合利用的目标。林区内服务驿站全部建成生态木屋，游步道采用生态路面和木栈道。坚持"保护利用和适度旅游开发"，大型配套、餐饮、停车服务等项目全部布局在林区之外，严控体量和外观，使其与生态环境相适应。例如，主入口有巢游客服务中心采取绿色覆土建筑形式。

3.1.2 坚持规划先行，始终保持品质特色

立足"世界眼光、国内一流、合肥特色"的高标准，先后引进北京笛东、武汉大学、南京大学、上海大学、安徽农业大学、安徽省城乡规划院、省水利水电勘测设计院、省城建设计研究院等10多家专业设计团队，参与总体规划以及景观设计、林下植被、林相改造、活水净水、旅游策划、建筑设计等规划设计。大到园区整体规划，小到一个景观工程，园区管理方都实地进行量体裁衣，精心打磨，反复向施工单位和员工强调，要注重工程品质，将每个项目都做到极致，打造百年甚至数百年经典工程，经得起时间和历史的检验。从此，在大美巢湖之滨，生机勃勃的万亩水网森林犹如邻家少年，张开巨大的双臂迎接五湖四海的宾客。

经过专业机构检测，园区负氧离子含量为2500～3000个左右/立方厘米，达到国家最高标准6级疗养水平。目前，公园建成自然生态和历史人文2大主题游览区、18大景观、2大观景平台。城、湖、岛、山、河、桥、路、林8种景观在此交相辉映，是环巢湖旅游的"绿色明珠"。

3.1.3 生态建设一直在路上，创新发展永不止步

未来，合肥滨湖国家森林公园要晋升5A级公园，谋划以打造徽街雨巷项目、甲子河带状湿地项目及大圩城市会客厅项目为牵引，融入更多的有巢文化、船文化、江淮民居名人等合肥本地特色文化，开发巢屋、船房等旅游产品，定位环巢湖第一康养胜地，向全国游客提供生态养生、住宿休憩及餐饮服务等功能，努力将公园建设成为"让城市融入大自然、让居民望得见山、看得见水、记得住乡愁"的范例，展现大湖名城大旅游的最佳形象。

3.2 在"管"上下功夫，实行林长制管理，树立生态景区形象

3.2.1 率先实行林长制管理

公园"三分建、七分养"，为科学有效的管理园区，2017年6月4日，合肥市重点生态区域推行林长制启动仪式在合肥滨湖国家森林公园举行，合肥滨湖国家森林公园成为林长制首批试点单位，由此拉开了全省推行林长制工作的序幕。合肥滨湖国家森林公园林长由市人大常委会主任汪卫东担任，区级林长由区委书记葛锐担任，合肥印象滨湖旅游投资发展有限公司董事长、总经理、党委书记方彪担任公园林长，"三级林长"为公园保驾护航。公园在醒目位置公示林长制相关信息，并充分利用园区宣传栏、显示屏、微信公众号等方式，密集宣传林长制工作；编制《合肥滨湖国家森林公园植物图鉴》，专门宣传林长制和森林保护工作。

3.2.2 向全国游客郑重承诺"垃圾落地不超过15分钟"

在合肥滨湖国家森林公园全面实行林长、路长及河长"三长制"工作机制，公司班子成员及管理人员实行每日巡查制，联合保洁、保安定人定岗，责任包干，将服务、养护、安保和监督责任分段分片落实到人，实施精细化、网格化管理，同时结合周例会、行政办公会等会议，提出具体举措，建立调度机制，拿出解决办法，做好问题跟踪落实和情况反馈，保洁服务现已实现滨湖国家森林公园"垃圾落地不超过15分钟"的目标，树立了平安景区、卫生景区的品牌形象，游客对旗下景区的综合满意度达到95%以上。为做好公园的日常养护工作，由上岸渔民和失地农民组成的专业工程施工、园林养护队伍，既解决了当地农民就业问题，又省去外包环节，降低企业劳动成本。印象滨湖公司与合肥市公安局巢湖水上分局加强联动协作，成立首支环巢湖岸线联合巡逻队，打击合肥滨湖国家森林公园夜间偷盗、非法捕捞等行为，确保公园生态安全和景区秩序。对督查中发现的问题，该整改的整改，该处罚

的处罚，做到责任明确，落实到人。还与美国哥伦布市结成城市公园生态环境保护友好合作单位，使合肥滨湖国家森林公园的对外形象更具国际视野。2018 年 8 月，在山东原山举办的国家森林公园建设与管理研讨会上，合肥滨湖国家森林公园作为全国 12 家代表单位之一作交流发言，园区建设管理成绩得到了国家林业和草原局领导的赞赏和与会同仁的一致认可。2019 年 4 月，合肥滨湖国家森林公园建设运营管理经验，被推荐至省委和中办。

3.2.3 落实建成安徽首个三级绿道体系和三级驿站体系

滨湖森林公园园区内 87 千米的三级绿道体系和三级驿站体系，成为安徽省体系配套建设的示范区。一级绿道为观光电瓶车道，全长 20 千米；二级绿道是自行车道和游船水道，长度为 27 千米，三级绿道是行人游步道和木栈道，长度为 40 千米。以绿道布局为主线，设计形成三级生态驿站（服务）体系，一级驿站 1 个为有巢游客接待中心，服务全员，提供餐饮、游客服务、旅游商品及设备用房；二级驿站 6 个，分别为翠隐洞天、茗舍听风、小火车站房、巢皇桥自行车处、百花园 – 百草园及儿童生态乐园，科学考虑游客游览及生理功能需要，提供讲解、休憩、茶水、小吃、公厕等服务；三级驿站 13 个，分布在林中各处，配有休息平台及自行车调度点，所有驿站无缝对接，服务范围覆盖全园。公园的三级绿道、三级驿站体系建设实践被国家林业局作为典型经验向全国推广。

3.3 在"用"上下功夫，服务便民造福社会

3.3.1 不设围墙，永久向市民公益开放

经合肥市包河区委常委会、区政府常务会研究决定，公园永久免费对外开放。我们始终坚持这一原则，不设围墙，免费向全国游客开放，着力打造惠民为民、亲民便民的人民公益园，真正做到景区为民建，让民享。据粗略统计，每年累计为合肥市 10 万余名中小学生提供入园服务，成为学生踏青秋游最热门的景区；免费给数千名残障儿童、城市环卫工、养老院孤寡老人乘坐观光车、森林小火车，让他们感受到公园贴心、热忱的公益服务。

公园建设好不好，游客最有发言权。合肥滨湖国家森林公园逐渐成为环巢湖人气凝聚最旺、效益增长明显的最热门景区。仅滨湖国家森林公园，自 2012 年开园至今就接待全国游客 2350 多万人次，参观考察团体 3000 余批次，并接待了汪洋、吴邦国、刘延东、孟建柱、曹建明、回良玉、王兆国、沈跃跃、郭金龙等中央领导，30 余个省部级领导，60 余个副部级领导莅临考察，展示了大湖名城的旅游形象。让"到合肥就要到滨湖，到滨湖就要到滨湖国家森林公园"的口号变成了现实。2012 年十一黄金周期间累计接待游客人次达到 26 万人次，超过芜湖方特，仅次于安徽黄山。

3.3.2 解决失地农民、上岸渔民就业

我们将附近义城街道、烟墩街道、大圩镇、肥东长临河镇、肥西上派镇等地的上岸渔民、失地农民都破格招录进来，从事保安保洁、工程园艺等适宜性工作；同时管理队伍中专科生、本科生、研究生占比 80% 以上，解决了数百人的就业问题，促进了地方经济发展，维护了社会稳定，实现了"人民公园政府建，建了公园为人民"的目标，为合肥市的经济建设和公益建设作出了贡献。公司也从组建时的 20 几人，发展到如今的 900 余人。

3.3.3 彰显国企责任，树立企业良好社会形象

（1）抗洪抢险。2016 年 7 月以来，合肥市迎来持续时间最长、影响范围最广、降雨强度最高的强降雨天气，巢湖水位创下 12.77 米历史高位，公司所属景区均不同程度地受到洪灾影响。数百名职工全员上岗，积极开展汛前、汛中、汛后的生产自救互救。组建党员突击队，公司先后组织两百余人次的精干力量，完成十五里河农场桥管涌抢险、驰援北徐村护堤加固、明珠码头管涌堵漏等行动。"水上抢险突击队"加固、转移船只上百艘，确保国有资产无损失。先后选派精干力量协助合肥市海事局、水上公安、肥东县到相关灾区救援，还安排 3 名人员远赴外地铜陵市参加长江抗洪抢险工作，所派员工

受到了当地党政军领导的高度肯定和一致好评，为合肥市赢取了荣誉。

（2）抗雪护园。2018年初连下了好几场大雪，暴雪天气以来，印象滨湖旅投上至公司领导，下至基层员工，冒着雨雪天气，全员在岗。他们拿起手中的竹竿、地上的铁锹，清理树木、道路积雪，为来往的游客铲出了一条条"平安道"，最大限度地降低了暴风雪危害，保证了旗下景区安全无事故。翠隐洞天中式木屋是游客的休憩驿站，由于屋顶积雪有40多厘米厚，对近百余平方米的木屋安全造成了威胁，很多员工主动请缨，到屋顶上除雪，保证了国有资产的安全，展现了印象滨湖国企公司良好的形象和坚实的战斗力。

（3）拾金不昧。森林景区地广树茂，针对所辖景区点多、面广、线长的实际，在园区主要路段，监控及广播系统实现全覆盖，印象滨湖创新安保工作方法，合理分配力量，做到保安出勤不超过5分钟赶到现场，应急处突能力得到显著增强。每年参与扑灭由游客点燃的各类火灾10余起，寻找园区走散老人和小孩上百起，上交游客丢失的钱包、钥匙等物品近千件，成为游客平安游园的"守护神"，全年实现所有景区安全无事故，树立森林景区良好社会形象。

3.4 在"新"上下功夫，以当好中国旅游目的地为最高目标

3.4.1 创新经营管理模式

创新无止境，改革有出路。滨湖国家森林大胆试点国企参与建设管理，按照现代企业模式，负责公园日常运营和管理，并实行收支两条线，积极探索实现投入与产出平衡的方法路径。公园虽然不收门票，不设围墙，但运营团队还创新经营模式，开发部分市场化特色旅游产品，通过提供观光车、自行车、森林小火车、游船、婚纱摄影、儿童科普教育等有偿服务，满足游客多样化休闲需求，公司每年年收入近3000万元，极大地拓展了旅游运营的新格局。

为做好养管工作，公司从长远利益出发，专门成立专业化的工程和管养队伍，负责项目施工建设、后期维护、园林绿化等方面，省去外包环节，有力降低了企业成本。2017年，印象滨湖公司管养大队植树造林画面登上央视《新闻联播》，向全国观众展示了合肥滨湖国家森林公园的景区形象。2019年4月9日，CCTV-13新闻频道《春暖花开》栏目对合肥滨湖国家森林公园进行了近3分钟的现场直播，题为《生态修复草木盛林水相间绿意浓》，用唯美的画面面向全国乃至全世界观众展示了滨湖国家森林公园满目绿意生机盎然的春天和生态修复上取得的显著成果。

3.4.2 创新旅游融入元素

为让人民群众有更多的幸福感和获得感，就要不停的植树造景，确保公园四季有景色，季季景不同。为此，我们积极实施生态多样化工程，据不完全统计，2018年公园累计栽植池杉、落羽杉、红豆杉、美国红枫等各类乔木18万余株，山茶、茶梅、五色梅、月季、紫薇、桂花、樱花、桃花等各类灌木58余万株米，地被40余万平方米，主要节点新增花镜20余处，极大丰富了园区面貌；利用林相改造水毁工程，牛家村新建了桃花岛景观，并对周边水道进行拓宽，准备增设电动船项目，让老百姓有更多的游玩项目选择，实现"春钓虾，秋钓蟹，四季让你观锦鲤"；下一步，还要对儿童乐园进行重点提升，确保它成为"儿童成长中的永久记忆"。

园区利用自身资源优势，在做大做强森林旅游的同时，还适时将旅游业融入其他元素。

2018年，先后承办安徽首届插花花艺大赛、牛家村民俗文化节、公益植树、爱心亲子跑、"丰渔节"慈善、包河好人颁奖等赛事活动，既可以达到经济效益，为公益企业提供"造血功能"，又可以再选择种植一些新的特色树木品种，让老百姓有更多的新、奇、特感觉，坚持可持续的绿色发展道路。

3.4.3 企业化管理，提升企业文化软实力

企业的发展离不开全体员工的倾力付出，景区的口碑靠广大游客的满意，口口相传，更靠自身员工"打铁还需自身硬"的实干。滨湖国家森林试点国企参与建设管理，实行现代企业化运作，是管理者

必须掌握和运用的。为更好建设管理国家森林宝贵资源，一手抓建设的同时，提升企业文化软实力也是森林公园建设管理中的关键所在。为此，印象滨湖公司规定在森林公园旅游淡季时组织学习《为人民服务》《愚公移山》《纪念白求恩》"老三篇"，提高员工的思想意识。年终对管理员工进行绩效考核，包括综合考核、理论测试、民主测评、员工出勤等内容，并确保树立"能者上、贫者让、庸者下"的用人导向。同时，创造性提出建设五园（公益人民园、自然生态园、历史文化园、科普教育园、观光趣味互动园，最终成为人民的后花园），打造五员（人人都是管理员、人人都是监督员、人人都是宣传员、人人都是安全员、人人都是保洁员），开办五堂（道德讲堂、国学讲堂、森林课堂、运动课堂和养生课堂），锤炼"三军"（给游客安全感的特种兵——保安队、给游客舒适感的娘子军——保洁队、给游客清洁感的海军陆战队——打捞队、工程队、园艺队），采用"三种"身份（领导身份、师父身份、朋友身份），设立两个基地（研学基地、科普基地）等口号，不断拓展企业文化内涵。

4 合肥印象滨湖国家森林公园突出问题及对策思考

4.1 森林树木单一、资源利用有限问题

需要降低杨树风险。森林公园成园于退耕还林，万亩杨树林存在着病虫害大、整体水位高、杨树寿命短、容易大面积倒伏死亡等诸多问题，需要大力进行林相改造，逐步更新、优化栽植华东地区适宜的常绿常青树种，提升景区的景观品质。如实施樱花谷等地生态修复、果树林建设、甲子河沿河生态廊道提升等工程；需要加强水系治理。由于公园杨树树冠高大、密度较密，加之秋冬季河道掉入部分落叶、枯树枝，遮挡了阳光直射水面，在一定程度上影响到了水质。主要应对之策，一方面需要继续发挥潜流湿地环保项目作用，另一方面需继续对公园部分沟渠进行改造，启动活水工程，打通林间水系微循环。需要加大资金投入。公园定位为公益人民园，不收门票，以公益为主，企业化经验，为确保收支两条线，公益性项目后期仍需政府加大投入力度，进一步完善和提升便民服务配套设施，让游客有得看，有得玩，并可通过重点打造甲子河带状湿地项目，融入有巢文化、船文化、江淮民居文化，建设集文化和康养一体的高端基地。

4.2 客源市场问题

目前滨湖国家森林公园实行企业化经营管理，如何在环境保护的基础上，进一步做好森林旅游，客源市场问题，值得思考。目前，滨湖国家森林公园还仅仅适用于市、省市场，如何利用安徽泛长三角区域优势，还值得进一步思考，主要应对之策，应瞄准需求旺盛的家庭休闲度假、户外运动、生态科普文化市场，针对需求创新开发特色产品。以合肥市为基点，以长三角发达城市群为重点开拓市场，并大力吸引其他机会市场。

4.3 保护要求与游览需求的矛盾

因国家环保政策要求，再加上森林公园定位为人民公益园，承诺永久免费，森林公园关停了一些游览项目，公园目前赢利点仅仅集中在森林小火车、自行车租赁等，造血功能不足，存在万亩森林公园"地广人却稀"的局面，旅游资源开发严重不到位。主要应对策略，首先重新审视森林公园保护与开发的关系，结合供给侧结构性改革、全域旅游、旅游创新、优质旅游的现实要求，以及环境变化特征、产业发展需要和市场需求，调整对森林公园旅游开发与保护之间关系的定位，建立森林生态保护与森林旅游协调发展的新关系，按照新要求重新把握森林生态保护与森林旅游二者协调发展的科学尺度；其次区域联动，实行错位发展，与周边景区联动发展，形成规模效应；再次是扬长避短，打造高端品质，充分利用优势资源，选择适合的产品类型，利用森林高端康养、户外养生等，以质量代替数量，

求精不求大，精打细算利用有限空间；最后，内外一体，统筹兼顾，寻求森林公园与临近村落的一体化发展，内外统筹、多种游览模式的统筹，构建有序而又丰富的游览及服务体系。

4.4 需要探索新的亮点

森林一直是人类的原始家园，人类生存繁衍进化与森林的关系非常密切，随着工业化发展，人口密度增加，人口老龄化和"亚健康"普遍，大众对养生类旅游产品需求日益旺盛，而国家森林公园正是开展森林养生旅游的最重要的场所之一。结合当前旅游活动开展的特点与需要，整体策划森林公园游憩项目，其建设要顺应生态旅游发展趋势，可大力开发主题类森林生态旅游产品。如利用国家森林公园科普旅游资源丰富优势，通过森林知识科普文化的建设，加强科普宣传教育，让游客深入了解到森林资源的形成、生态资源的价值、保护森林的意义，倡导人与自然和谐的社会责任。开发森林康养为主题的森林生态旅游产品，利用滨湖国家森林公园生态环境舒适宜人，森林保健养生旅游资源品质高，高含量的负氧离子对心血管、高血压、亚健康等疾病有辅助医疗和治疗作用。深度开展森林康体养身旅游，从欣赏森林景观、呼吸空气负离子，开展森林 SPA、森林健行、森林禅修等保健活动，形成完整的森林养生系统；森林休闲度假为主题的森林生态旅游产品以森林田园生活为主题，发展城市居民周末休闲度假旅游，让游客回归自然、贴近森林人家生活，体验森林田园景观、森林营地度假、蔬果采摘和撒尼农家乐等，享受林家恬静的生活环境。打造户外拓展运动基地，开展民俗体育活动、徒步、森林亲子探秘活动等户外拓展活动，融锻炼、娱乐、健身、探险等综合性功能为一体等。

习主席说："绿水青山就是金山银山，像对待生命一样对待生态环境"。环境保护，一直在路上，未来，合肥滨湖国家森林公园要发展晋升5A级公园，还需要更多投入，以保护自然生态为基调，找准定位，创新发展，融入更多的有巢文化、船文化、江淮民居名人等合肥本地特色文化，努力将公园建设成为"让城市融入大自然、让居民望得见山、看得见水、记得住乡愁"的范例，是吾辈应为之不懈奋斗的最美目标。

参考文献

陈丽军，苏金豹，赵希勇，等．我国森林旅游产业优质化发展对策研究：以森林公园为例[J]．林业经济，2019（2）：84 – 88.

陈沁瑜．森林公园生态服务认证对策与实证分析[D]．福州：福建农林大学，2017.

程晓丽，黄国萍．安徽省旅游空间结构演变及优化[J]．人文地理，2012，27(6)：145 – 150.

韩久同．现代森林资源经营管理模式[M]．北京：北京理工大学出版社，2012.

姬艳梅，王小文，梁宝翠，等．陕北地区土地利用与生态承载力动态变化分析[J]．中国人口·资源与环境，2011，21（增刊1）。

刘思敏．黄金周能否被替代[J]．旅游学刊，2008(6)：6 – 7.

王力峰．森林生态旅游经营管理[M]．北京：中国林业出版社，2006.

熊建新，陈端吕，彭保发，等．洞庭湖区生态承载力及系统耦合效应[J]．经济地理，2013，33(6)：155 – 161.

叶菁，谢巧巧，谭宁焱．基于生态承载力的国土空间开发布局方法研究[J]．农业工程学报，2017，33(11)：262 – 271.

赵先贵，马彩虹，肖玲，等．江西省可持续发展动态分析[J]．中国生态农业学报，2011，19(4)：936 – 939

钟毅，尹程龙，曹令媛．涪城凤凰山森林公园生态旅游资源现状与开发对策[J]．四川林勘设计，2018(3)：68 – 71.

国家森林步道规划选线和建设技术要点分析

黄以平[1]① 张晓萍[1] 崔永红[2]②

（1. 福建省林业调查规划院，福建福州　350003；2. 福建农林大学，福建福州　350002）

摘　要： 国家森林步道是以森林资源为重要依托，融合区域具有国家代表性的自然风景、历史文化旅游元素为一体，形成的大跨度、高品质普惠性生态共享产品。它肩负展示国家形象、助力生态文明建设、丰富生态共享产品、促进文化传承繁荣、助推乡村经济增长等诸多使命。其规划选线和建设是否科学合理，直接关系到其完成诸多使命的成效。本文在武夷山国家森林步道规划选线工作的实践基础上，结合对国家森林步道建设规范等文献材料的思考，重点对国家森林步道选线和建设中的关键技术进行分析，提出相应建议，旨在为国家森林步道的规划选线和建设提供理论参考。

关键词： 国家森林步道；规划选线；建设；技术要点

1　国家森林步道概述

1.1　国家森林步道提出

国家林业和草原局 2015 年开展了国家森林步道的基础性工作，2016 年组织对秦岭、太行山、大兴安岭、罗霄山、武夷山等 5 条线路开展初步选线，2017 年至 2019 年，国家林业和草原局先后发布大兴安岭、太行山、秦岭、罗霄山、武夷山、天目山、南岭、苗岭、横断山、小兴安岭、大别山和武陵山3 批 12 条国家森林步道，涉及内蒙古、黑龙江、北京、河北、河南、陕西、甘肃、湖南、湖北、江西、福建、浙江、广东、云南、四川、贵州、安徽、重庆等省（自治区、直辖市），全长达 22039 千米。12 条国家森林步道，跨越众多名山大川、不同气候带和典型植被类型，形成大跨度旅游资源聚合体，将成为中国旅游发展的蓝海产品。

1.2　国家森林步道含义

国家林业和草原局发布的国家森林步道建设规范中明确国家森林步道是指穿越著名山脉和典型森林，邻近具有国家代表性的自然风景、历史文化区域，长跨度、高品质的森林步道。国家森林步道是穿越著名山脉和典型森林的综合载体，将具有国家代表性的自然风景、历史文化区域以穿越或邻近的方式融合其中，形成长跨度、高品质展示祖国大好河山的步道体系。它以步道体系为骨架，整合区域自然风景资源为血肉，汲取区域历史文化资源为灵魂，形成长跨度、高品质的国家代表性资源聚合体。

---

① 作者简介　黄以平，男，在职研究生，林业高级工程师，研究方向为森林经理、森林旅游、林业规划设计、生物多样性保护等。邮箱：Hyp1962@163. cm。

② 通讯作者　崔永红，男，硕士研究生，森保高级工程师、园林工程师、林业工程师，研究方向为森林保护、园林绿化、林业调查规划等。邮箱：929041525@qq. com。

长距离的国家森林步道是自然与文化的聚合体、是美丽中国山脉、林脉和文脉的实物载体。它将散落在中华大地的森林公园、湿地公园、荒漠公园、国家公园、自然保护区和风景名胜区等自然和历史遗产地等串联，像一条绿色项链上镶嵌着璀璨明珠，组成国家美景画卷。

1.3 国家森林步道作用

国家森林步道的建设应体现生态系统原真性、国家代表性，让徒步者体验纯真的自然荒野和传统文化，是返璞归真、认识自我，增强自豪感，提升民族自信心的物质基础，同时肩负展示国家形象、助力生态文明建设、丰富生态共享产品、促进文化传承繁荣、助推"乡村振兴"和"一带一路"战略等诸多使命。第一，展示国家形象。以国家森林步道为骨架将散落在祖国大地上的具有国家代表性的自然风景资源和历史文化资源串联，形成国家壮丽山川风景和深厚文化底蕴的优势资源聚合体，树立国家品牌，展示国家形象。第二，助力生态文明建设。国家森林步道建设运营，将引导人们回归自然、了解自然、热爱自然、保护自然，汲取自然的智慧和养分，形成人与人、人与自然、人与社会和谐共生的良性循环，助力生态文明建设。第三，丰富生态共享产品。国家森林步道的建成运营将为越来越多的徒步爱好者提供优质的生态共享产品，丰富人们享受自然的渠道，成为引导人们返璞归真，认识自我，增强自豪感，提升民族自信心的物质基础。第四，促进文化传承繁荣。国家森林步道穿越区域涵盖不同地域特色文化、使用者来自不同民族或国家，不同文化借助国家森林步道平台发生交融和发扬传承的机会增多。第五，助推乡村振兴。国家森林步道穿越或临近区域主要为人口密度小、生态环境优的偏远乡村，其国家品牌效应将赋予所涉及区域的旅游产品更强吸引力，促进乡村区域基础设施完善、旅游相关产业发展、居民收入增加，助推乡村振兴。第六，助推"一带一路"国家战略实施。国家森林步道的步道体系不断的发展完善，可以形成与周边国家的国家步道体系互联互通，促进沿线国家的友好交流，助推"一带一路"国家战略发展实施。

1.4 国家森林步道优势

第一，国家品牌效应。国家森林步道是一张国家级的旅游名片，可以提升区域旅游资源市场知名度、增强对游客的吸引力，从而促进区域旅游产业发展，增加收益。第二，投资低见效快。国家森林步道建设坚持最低限度建设、高效整合利用的方法，通过合理的选线布局将原有古道、林区便道、废弃铁路等徒步道路进行连接贯通，将步道周边原有的国家代表性自然风景资源、历史文化资源等进行合理整合，贴上国家森林步道标签，即可投入使用，因此，投入较低、见效较快。第三，保持生态系统原真性。国家森林步道建设以保持自然荒野和提供有限服务为原则，保证其建设对生态系统的影响降到最低，确保生态系统原真性。第四，优势资源聚集效应。国家森林步道整合森林旅游、文化旅游、徒步旅游、康养旅游、休闲旅游等不同旅游资源，形成国家代表性旅游资源聚合体，发挥国家优势旅游资源的产业聚集效应。第五，普惠性生态共享产品。国家森林步道在整合自然风景资源和历史文化资源的基础上，根据实际情况和需要设置不同的步道类型和难度，拓宽步道使用者的覆盖面，彰显生态共享产品的普惠性。

1.5 国家森林步道潜力

国家森林步道是以森林资源为主要依托，融合自然风景资源和历史文化资源为一体，引导人们以徒步方式回归自然的普惠性生态共享产品，其发展潜力除自身优势外，还应主要从市场需求和政策支持进行综合分析。根据文化和旅游部数据中心发布的资料统计，2012—2017 年我国旅游市场总体呈现明显增长趋势，尤其是 2017 年国内旅游市场出现高速增长，国内旅游人数达 50.01 亿人次，比上年度增长 12.6%，国内旅游收入 4.57 万亿元，比上年度增长 16.0%，入境游客人数和国际旅游收入均保持在较高水平，且呈现出增长趋势。根据《中国林业统计年鉴》数据统计，我国森林旅游人数由 2012 年的 14.82 亿人次，跃升至 2017 年的 31.02 亿人次，年平均增长率保持在 20% 以上；森林旅游直接收入从 2012 年的 0.91 万亿元增长至 2017 年的 2.17 万亿元，年平均增长率保持在 27% 以上。2015—2017年期间国内森林旅游人数和收入增长量逐年上升。根据北京每日徒步运动中心、中国徒步网、国际市民体育联盟中国总部（CVA），联合天津财经大学商学院博观致远户外休闲研究院发布的《2018 中国徒步旅游发展报告》指出徒步旅游参与者已经从小众化走向大众化，逐渐成为人们热捧的健康生活方式，徒步旅游产业市场挖掘和发展空间无限。综上，我国的旅游市场发展稳中有进，后续市场潜力巨大，森林旅游人数和收入不断高速增长，徒步旅游逐渐成为人们的热捧选择。国家森林步道是依托优质森林资源、引导人们以徒步方式进入自然的旅游产品，它将森林旅游、徒步旅游、文化旅游等旅游方式融为一体，能够满足不同人群的旅游需求。发展国家森林步道必将成为旅游产业发展的蓝海战略，未来的市场挖掘空间和发展潜力巨大。

2 国家森林步道规划选线

2.1 国家森林步道规划选线技术要点

国家森林步道选线科学合理是其完成肩负历史使命的基本保障，根据对《国家森林步道建设规范》等文献资料的分析和实践工作的总结，提出以下国家森林步道选线技术要点。

2.1.1 国家代表性

展示国家形象是国家森林步道的重要使命之一。国家森林步道选线要将国家代表性自然风景资源和历史文化资源的覆盖度，形成向步道使用者展示中国地大物博、山河壮丽、历史悠久、文化灿烂的实物载体。

2.1.2 自然荒野性

国家森林步道是满足人们以徒步方式回归自然、认识自然、敬畏自然、融入自然，汲取自然荒野的智慧和养分的普惠性生态共享产品。其线路只有保证自然荒野性才能对久居城市的人们充满神秘感和吸引力，才能让身处其中的人们领略自然荒野的魅力、发现自身潜能、磨练意志、学习自然、保护荒野。因此，国家森林步道选线应以生态系统原真性保持完好、人为活动干扰度低的荒野区域为主。

2.1.3 整合利用性

国家森林步道是对原有的古道、林区道路、废弃道路和散布在周边的自然风景、历史文化和服务设施等旅游资源通过科学合理的筛选、整合，对部分无法连通的区域进最低限度的修整贯通，贴上国家森林步道标签即可使用的一种普惠性生态共享产品。因此，国家森林步道选线时应采取拿来主义的方法，注重对原有资源的科学合理整合，保证建设的最低限度和保持生态系统的原真性。

2.1.4 人地安全性

国家森林步道选线应注重步道使用者和步道周边资源的安全。因此，其选线应避开存在地质灾害风险等对步道使用者造成人身安全风险的区域，同时避开生态脆弱区、动物迁徙通道和法律法规禁止进入等容易受到人为活动干扰的区域。

2.1.5 线路单向性

国家森林步道选线时应注意不能形成闭合圈。虽然实地可能存在能够在国家森林步道的主线上形成闭合圈的原有道路，但不可贴上国家森林步道的标签。

2.1.6 衔接融合性

国家森林步道实地选线要在与国家林业和草原局发布的线路总体走向和所涉及县级行政区相衔接的基础上，结合区域发展实际需求衔接各级各部门发展规划，使国家森林步道发展与区域发展潮流相互融合、相互促进。

2.2 国家森林步道规划选线建议

根据前期实践，将国家森林步道选线工作分为前期准备、实地调查、线路提出和线路确定4个阶段，现针对各阶段工作内容提出技术建议。

2.2.1 前期准备

前期准备主要分为专业技术人员组织、技术方案拟定、图文资料收集和调查工具选择4部分。第一，专业技术人员组织建议成立专门的领导小组和编制小组，明确各成员的职责分工，统筹开展工作；第二，工作方案、技术方案和涉及区域技术人员培训方案通过收集与研究国家森林步道相关文献资料制定，邀请国家森林步道知名专家和森林旅游户外运动爱好者进行研讨优化；第三，图文资料收集建议以县为单位开展调查使用图纸和本底资源资料收集。调查使用图纸建议采用行政图、航片、卫片(1∶100000～200000)和地形图(1∶10000)配合使用的办法，满足总体方向控制和局部调查需要；本底资源资料收集建议与国家森林步道涉及区域政府、林业部门、文化旅游部门、户外俱乐部等相关人员配合，通过文献资料查阅、走访座谈等形式开展；第四，调查工具主要完成影像采集和线路采集工作。图像采集建议使用手机拍摄，局部景观特色显著的区域建议采用无人机采集俯瞰影像，线路采集建议使用奥维互动地图等户外轨迹记录的手机第三方应用程序。

2.2.2 线路提出

线路提出是根据国家林业和草原局发布的国家森林步道线路大致走向，结合国家森林步道建设规范选线要求，通过对前期收集本底资源资料和走访座谈结果进行综合分析，初步提出县域内国家森林步道具有可行性的几种线路走向方案，并绘制到行政图上，作为外业调查用图。初步线路提出的技术要点为保证线路单向性、经过区域森林植被资源优越、优先穿越或邻近区域内具有国家代表性的自然风景和历史文化资源、尽量利用原有古道等步道资源、避免通过法律法规禁止通过区域、与人口密集区域保持适当距离、尽量避免动物迁徙通道、与珍稀野生动植物的栖息地或生长地保持安全距离、避开地质灾害点、避开生态脆弱区域等。

2.2.3 实地调查

实地调查是线路确定前期的重要基础工作，主要内容包括线路贯通调查、线路涵盖资源调查两大类内容。线路贯通调查主要是要根据初步提出线路在区域内和跨区域落地贯通的可行性，以及可利用原有古道、林区道路、废弃道路的情况，同时采集影像资料，作为最终线路确定时的基础分析资料；线路涵盖资源调查主要是对散布在线路周边的自然风景、历史文化、补给点、露营地等当前具备的资源情况进行现状调查。

实地调查的方法上建议寻求当地护林员、户外爱好者、年长猎人等对当地山区林区道路熟知的人员协助，对当前具备通行条件的区域开展实地调查，采集影像资料、关键节点坐标和线路轨迹，对当前不具备通行条件的区域利用无人机、望远镜等设备开展影像资料采集和基本情况调查。

2.2.4 确定线路

确定线路是在对初步提出线路经过实地调查后的综合分析基础上进行的，最终线路应当是在满足保证线路单向性、经过区域森林植被资源优越、优先穿越或邻近区域内具有国家代表性的自然风景和历史文化资源、尽量利用原有古道等步道资源、避免通过法律法规禁止通过区域等技术要求的基础上择优选取，并邀请相关专家、各相关市、县、乡镇和户外爱好者对择优选取线路提出完善优化建议，经修改优化后确定线路。

3 国家森林步道建设原则及建议

国家森林步道建设规范明确国家森林步道建设原则主要有保持自然荒野、塑造国家形象、展现地域文化、注重人地安全、提供有限服务，结合工作实践和思考对国家森林步道建设原则补充分期分段实施、全民共建共享、融入国家战略 3 个原则。下面对国家森林步道建设原则进行分析，并提出相应建议。

3.1 保持自然荒野

保持自然荒野是国家森林步道建设的核心理念和要求，是实现人们借助国家森林步道回归、融入、敬畏自然荒野的保障。在保持自然荒野上，建议国家森林步道建设以整合利用途径区域的古道、林区道路等原有的山区林区道路为主，对局部需要新建路段进行基本平整和除杂等最低限度的建设为辅，通过串联途径区域内现有国家代表性的自然风景和历史文化资源，选取步道周边的开阔地、岩石、山洞等作为庇护所等措施，实现贯通国家森林步道体系、丰富涵盖资源和满足徒步者基本生存需求的同时，保留步道及其周边的自然荒野风貌，保持生态系统完整性和原真性。

3.2 塑造国家形象

塑造国家形象是国家森林步道肩负的重要使命之一，主要通过向步道使用者展现具有国家代表性的地脉、林脉、文脉这一途径实现。在塑造国家形象上，建议国家森林步道建设以线路途径或临近具有国家代表性的自然风景和历史文化资源为主要措施，无需进行过多的人为建设。

3.3 展现地域文化

展现地域文化是国家森林步道为步道肩负的又一重要使命，主要通过为步道使用者提供更多接触和体验当地特色文化的机会实现。在展现地域文化上，建议国家森林步道建设以优先利用古道，穿越或临近古镇、古村落等具有人文特色的区域，并开发一些便于步道使用者接触和融入地域文化的体验项目，实现展示地域文化内涵和魅力的目的。

3.4 注重人地安全

注重人地安全是国家森林步道建设运营的基本要求，主要包含步道建设运营过程中保证生态环境安全和步道使用者安全两个方面的内容。在注重人地安全上，建议国家森林步道建设避开法律法规禁止通过区域、动物迁徙通道、生态脆弱区域、森林火灾风险较大区域和地质灾害点等，与珍稀野生动植物的栖息地或生长地保持安全距离，将森林步道建设运营对生态环境安全影响降到最低的同时，保证步道使用者的人身安全。

3.5 提供有限服务

提供有限服务是国家森林步道保持自然荒野性的本质要求，是通过最低限度建设，满足徒步者基本生存需求，实现无痕森林和激发人体潜能的一种做法。在提供有限服务上，建议国家森林步道建设以整合利用步道周边原有资源为主，如选取草甸、岩石、山洞等作为庇护所，山泉、溪流作为水源补充地等措施，保障步道使用者的基本生存需求，不在荒野区域进行公共厕所、食物补给等服务设施建设。

3.6 分期分段实施

国家森林步道是未来国家步道体系建设理论和实践基础的先行者。因此，其建设不可能一蹴而就，而是理论研究与建设实践相互推动、逐步实施的循环过程。在分期分段实施上，建议国家森林步道建设分近期和远期建设，近期建设目标是修复利用古道、林区道路等原有道路、距离城镇较近区域和原有徒步线路，逐步对民众开放使用；远期建设目标是步道全线贯通，形成六大系统完备的国家森林步道体系。

3.7　全民共建共享

国家森林步道是一种普惠性全民共享生态产品，全民共建共享可以提升民众参与感和建设效率，降低建设成本。全民共建共享上，建议国家森林步道建设时，聘请当地居民、志愿者、户外爱好者等人员对步道进行人工平整、除杂，在建成运营后，向全民开放，邀请当地居民、户外爱好者、志愿者等参与管理运营。

3.8　融入国家战略

国家森林步道因跨度大、涵盖资源丰富等特点，可挖掘发展潜力巨大，具有融入国家发展战略的优势。在融入国家战略上，建议国家森林步道根据途经区域多为人口稀少、经济欠发达的乡村这一特点，融入国家"乡村振兴"战略，借助国家旅游名片的优势，挖掘助推乡村振兴的新思路和新模式；另外，主动融入国家"一带一路"战略，规划步道线路与周边国家步道体系实现互联互通，促进跨国步道体系建设和区域文化交流。

4　结　语

国家森林步道是在社会经济增长、徒步方式回归自然市场需求激增和国家政策支持的背景下，应运而生的一种以森林资源为主要依托、融合国家代表性自然风景和历史文化资源为一体的普惠性生态共享产品。其发展有望成为我国各类旅游资源深度融合，共同发力的典范，成为我国旅游产业发展的蓝海战略。国家森林步道选线、建设、维护和运营是一项具有长期性和挑战性的宏大工程体系，其中的诸多问题需要我们在借鉴国际经验的基础上，结合我国不同区域实际情况进行深入研究和实践，逐步形成我国森林步道的理论和实践体系。

参考文献

陈鑫峰，班勇. 国家森林步道——国外国家步道建设的启示[M]. 北京：中国林业出版社，2016.

中华人民共和国林业行业标准. LY/T 2790—2017 国家森林步道建设规范[S]. 国家林业局，2017.

武夷山国家公园体制试点区周边社区土地利用变化分析

廖凌云①

（福建农林大学园林学院，福建福州　350002）

摘　要：国家公园周边社区的土地利用变化可以直观反映周边社区发展对国家公园体制试点区的影响与威胁，分析土地利用变化可为国家公园的规划和管理提供依据。以武夷山国家公园体制试点区周边社区为研究对象，综合定量分析与定性分析研究方法，分析了武夷山市建设用地变化与九曲溪东南支流流域所在村域范围内土地利用变化特征。结果表明：(1)武夷山市的建设用地的空间格局从分散变为集聚，武夷山建设用地在空间上已经基本形成 X 型空间格局。(2)武夷山市兴田镇的建设用地面积增加幅度最大，其次为武夷街道(度假区所在地)和星村镇。(3)九曲溪东南支流流域范围内的林地、茶园和建设用地面积持续增加，水域和耕地在逐步减少。(4)1992—2002 年，九曲溪土地利用类型转变以转化为林地为主。未利用地、茶园和耕地向林地的转移比率居前三位，分别占各自的70%、56%和52%。2002—2014 年，九曲溪土地利用类型转变以转化为茶园为主。耕地、建设用地和未利用地向茶园的转移比率居前三位，分别占各自的66%、52%和19%。(5)周边社区旅游产业与茶产业的发展是土地利用变化的主要驱动力。

关键词：国家公园体制试点区；土地利用变化；周边社区；武夷山

土地利用变化过程中的土地退化、生境破碎化与转移是导致全球生物多样性丧失的主要驱动因子。自然保护地周边土地利用的变化会对保护地产生负面影响，包括环境污染、生态系统受影响和生物多样性减少等。我国自 1956 年国内第一批自然保护区建立以来，我国已形成以自然保护区为主体的多部门分管、地方管理为主的自然保护地体系。中国自然保护地尤其是自然保护区，由于早期的抢救式保护，自然保护区内及周边往往都分布大量社区和集体林，面临着人口增长的发展压力和城乡用地扩张的威胁。中国国家公园体制建设始于 2013 年十八届三中全会，至今中国共设立 10 处国家公园体制试点区。中国国家公园体制建设最具挑战性的问题是土地和社区。土地利用变化分析既可以用于自然保护地环境质量与保护效益的评估，也可以直观反映周边社区发展对国家公园体制试点区的影响与威胁，可以为国家公园的规划与管理提供依据。

近年来，对自然保护地土地利用变化研究多是借助遥感影像，采用定量的方法，从时间尺度上对自然保护地周边社区土地利用格局进行研究；在空间尺度上，多以自然保护地内及周边一定距离缓冲区为研究区，而以县市、乡镇或村的行政区范围尺度分析的研究较为少见。以行政区边界作为分析范围，有利于识别不同县市对自然保护地的威胁差异，并制定相应的应对策略。本研究以武夷山国家公园体制试点区周边社区为研究对象，综合定量分析与定性分析，分析了武夷山市建设用地变化与九曲溪东南支流流域所在村域范围内土地利用变化特征，为国家公园体制试点区提供针对周边社区土地利

---

①　作者简介　廖凌云。电话：18559073751，邮箱：lingyun - 921@163.com。

用规划和协调管理的科学依据。

1 研究区概况

　　武夷山国家公园体制试点区(以下简称"武夷山试点区")位于中国福建省北部、武夷山脉北段,是中国东部地区面积最大且覆盖自然保护地类型最多的试点区。武夷山试点区位于武夷山生物多样性保护优先区域内,是云豹、白颈长尾雉等重要物种的栖息地。武夷山试点区是区域生态保护的重要节点,从区域生态保护的视角,试点区周边县市或许可以通过生态廊道与试点区建立生态联系,实现区域的整体保护。从社会经济的关联的角度,试点区跨越南平地区的两市(武夷山市、邵武市)、一区(建阳区)和一县(光泽县),周边县市的经济发展依赖于试点区的资源和环境条件。此外,江西武夷山自然保护区、九曲溪流域的东南支流片区和武夷山壮年晚期、老年期丹霞地貌分布区是试点区核心价值的体现,并未划入试点区范围,是对试点区核心价值有重要影响的周边区域。本研究将武夷山试点区的周边社区分两个层次:(1)与试点区在区域生态或社会经济联系的周边县市;(2)未划入试点区范围,却是核心价值的重要组成部分的村庄或自然保护单元。试点区周边社区的分布如图1所示,村镇的名称如表1所示。武夷山市与试点区在社会经济和生态保护上的关联最为紧密,未划入试点区范围内且是核心价值组成部分的村庄主要位于武夷山市范围内。本研究选择武夷山市和九曲溪东南支流流域(以星村镇的黎源村黎新村、枫林村、巨口村和井水村的村域范围为边界)为研究区域(图2)。

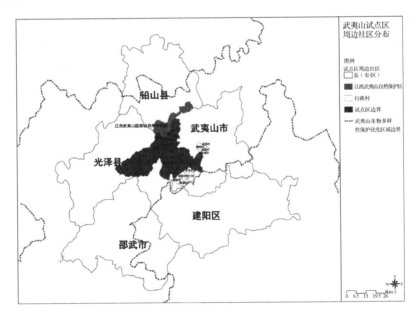

图1　武夷山试点区周边社区分布

表1　武夷山试点区周边社区一览表

	试点区的周边社区	本研究的研究对象
1	周边县市	江西省的铅山县、福建省的邵武市、建阳市、光泽县、武夷山市
2	试点区核心价值的组成部分	江西武夷山国家级自然保护区,武夷街道的高苏坂村、樟树村,崇安街道的城西村、城南村,星村镇的黎源村、黎新村、枫林村、巨口村和井水村

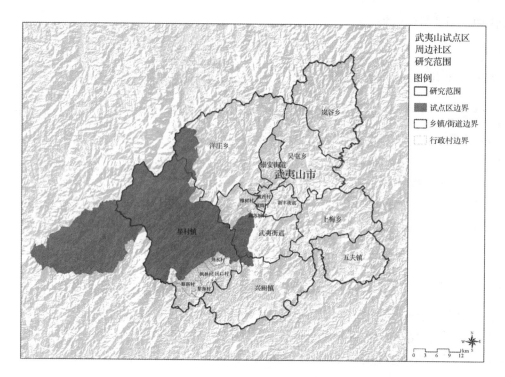

图2　武夷山试点区研究范围

何苇航等基于武夷山市1996年、2005年和2014的3期Landsat影像对武夷山近20年的土地利用时空变化展开分析，提出旅游业发展是土地利用变化的驱动因素。本研究根据武夷山市旅游业和茶产业发展的关键时间点拓展了土地利用变化研究的时间尺度。武夷山市旅游业的发展兴起于1992年武夷山国家旅游度假区的建立，茶业发展始于1992年的千亩茶山计划的提出。武夷山国家公园体制试点区的建立于2015年提出。因此，本研究选取1992—2014年为研究时间范围，以解析试点区建立以前武夷山市城乡发展带来的建设用地扩张 和土地利用变化。

2　数据与方法

2.1　数据来源与预处理

本研究选择使用美国地质勘探局网站公开的遥感影像数据，并根据数据的可操作性选取了1992年、2002年和2014年3个年份的遥感影像进行土地利用判读。遥感数据来源于美国地质勘探局（United States Geological Survey，USGS）网站，1992年、2002年Landsat 7影像和2014年Landsat 8影像，成像时间分别为1992年10月20日、2002年10年8日、2014年12月20日。整体云量在1%以内。

数据的预处理包括辐射定标、大气校正、几何裁剪，本研究通过将下载的Landsat 8影像直接导入ENVI 5.0软件进行辐射定标、大气校正、几何裁剪，Landsat 7影像则根据Landsat 8影像进行几何校正、几何裁剪。经过预处理后得到分辨率为30米的多波段影像。

2.2　土地利用类型划分

本研究对土地利用的分类参照中国土地资源分类体系，并结合武夷山的实际情况，将土地利用划分为7个类型：耕地、林地、茶园、草地、建设用地、水域和未利用地。研究使用ENVI 5.0软件对遥感影像进行监督分类，以获得研究区域的土地利用图。监督分类包括影像的波段融合、兴趣区描绘和最大似然法的监督分类 3 个步骤。研究对 Landsat 7 影像选择 453 波段进行融合，对 Landsat 8 影像选择 574 波段进行融合，形成假彩色图像。研究结合传统目视解译相结合的方法对影像进行分类，获取 3 个时段研究区的土地利用图。

3 结果与分析

3.1 1992—2014 年武夷山市建设用地的扩张分析

从面积数量的变化来看，武夷山市近 22 年的建设用地面积总体呈现上升趋势。武夷山市的地区总产值及第一、二、三产产值在近 22 年也是稳定上升趋势（图 3）。由此可见，建设用地的面积增长与武夷山的经济发展水平呈正相关关系。比较武夷山市各乡镇的近 22 年的建设用地面积变化（表 2，图 4），兴田镇的建设用地面积增加幅度最大，其次为武夷街道（度假区所在地）和星村镇。1992 年至 2002 年，崇安街道（中心城区）、武夷街道和兴田镇建设用地面积都增加了 3%。2002 年至 2014 年，兴田镇建设用地大幅度增长，已超过崇安街道和武夷街道的占比。

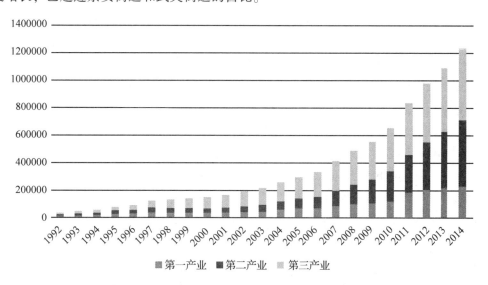

图 3 武夷山市 1992—2014 年的地区生产总值（现价）变化分析图

表 2 1992—2014 年武夷山市建设用地面积变化分析一览表

乡镇、街道名称	1992 年建设用地面积		2002 年建设用地面积		2014 年建设用地面积	
	面积（m²）	比例（%）	面积（m²）	比例（%）	面积（m²）	比例（%）
合计	36697274	100	40911416	100	64960625	100
武夷街道（含景区）	8008895	18	8468359	21	11695711	18
兴田镇	3569553	8	4412863	11	12753257	20
崇安街道（中心城区）	4427164	10	5244336	13	6794406	10
星村镇	4518877	10	5056089	12	7893419	12
洋庄乡	3915454	9	4733228	12	5218704	8
吴屯乡	4084336	9	3405008	8	4973738	8
岚谷乡	2942430	7	2844911	7	4040119	6
上梅乡	1954225	4	2196110	5	3541000	5
新丰街道	1467837	3	2296787	6	3901947	6
五夫镇	1808503	4	2253725	6	4148324	6

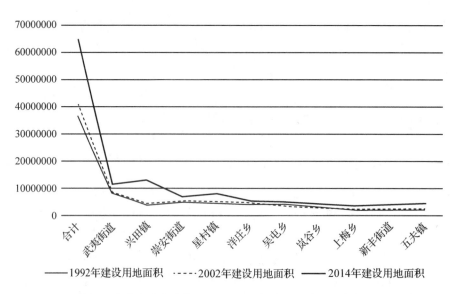

图4 武夷山市各乡镇1992—2014年建设用地面积变化图

从空间格局的变化来看，武夷山市的建设用地的空间格局从分散变为集聚。1992年，武夷山市的建设用地较为分散，沿道路放射呈点状分布。至2014年，武夷山市建设用地更加集聚，增加的建设用地面积主要集中于武夷山市中心（位于崇安街道）、武夷山度假区（位于武夷街道）、兴田镇和星村镇。

武夷山市建设用地的扩展与产业发展息息相关。改革开放以后至1992年，武夷山从传统农业县逐步向旅游城市转变。1992年，武夷山国家旅游度假区设立，规划总面积为12平方千米。1997年，武夷山市的第三产业的产值首次超过第一产业成为武夷山的主导产业。随着武夷山旅游业的发展，武夷山市城乡建设用地也围绕武夷山度假区和主要交通干道拓展。

武夷山市建设用地的扩展也基本与城市规划保持一致。2003年，《武夷山市城市总体规划（2000 - 2020年）》审批通过，武夷山市域城镇体系规划描绘了武夷山城市空间发展结构：以中心城市为龙头，以星村、兴田为开发据点，沿铁路与省道（101线、205线、江星线）为梯度推进，形成X型的空间结构。2012年，《武夷新区城市总体规划（2010—2030年）》审批通过，兴田镇被划入北部城区，成为武夷新区的重点建设区域。随着武夷山城市和武夷新区的城乡发展，武夷山建设用地在空间上已经基本形成X型空间格局（图5）。兴田镇是武夷山市未来的重点发展和人口聚集区，兴田镇的高速发展将对武夷山试点区与南部的生态联系构成威胁。

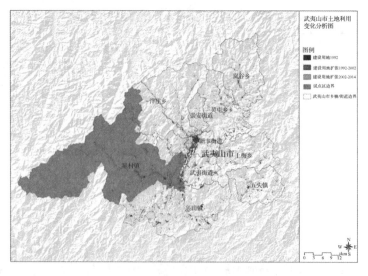

图5 武夷山市土地利用变化分析图

3.2 1992—2014 年九曲溪东南支流流域的土地利用变化分析

九曲溪东南支流流域的土地利用以林地为主,约占80%。近22年,九曲溪东南支流流域范围内的林地、茶园和建设用地面积持续增加,水域和耕地在逐步减少(表3,图6)。其中,林地增长幅度较大,耕地减少面积最多。整体看1992—2014年土地利用类型的面积变化转移矩阵(表4—表6),九曲溪东南支流流域近22年的土地利用转换较为频繁,以转变为林地、茶园为主。土地利用类型变化频繁的区域主要位于海拔较低的沟谷地带,尤其是林地与耕地的交错地带。

表3 1992—2014 年九曲溪东南支流流域土地利用面积变化统计表

土地利用类型	1992 年		2014 年	
	面积(m²)	比例(%)	面积(m²)	比例(%)
林地	48623400	73	51606900	78
茶园	9504000	14	10545600	16
耕地	4523400	7	400500	1
建设用地	1664100	3	2390500	4
未利用地	1309500	2	1083200	2
水域	696600	1	294300	0
合计	66321000	100	66321000	100

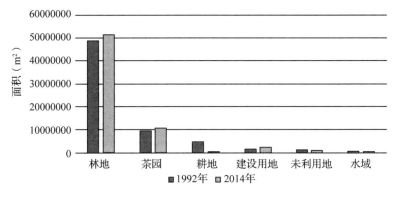

图6 1992—2014 年九曲溪东南支流流域土地利用面积变化统计图

表4 1992—2014 年九曲溪东南支流流域土地利用面积变化率的转移矩阵

类型		2014 年					
		茶园	水域	建设用地	林地	未利用地	耕地
1992 年	茶园	0.29	0.00	0.02	0.55	0.11	0.02
	水域	0.16	0.02	0.08	0.68	0.05	0.01
	建设用地	0.22	0.02	0.14	0.52	0.08	0.02
	林地	0.05	0.00	0.01	0.86	0.07	0.00
	未利用地	0.11	0.01	0.02	0.75	0.11	0.01
	耕地	0.39	0.01	0.04	0.46	0.10	0.02

表5 1992—2002年九曲溪东南支流流域土地利用面积变化率的转移矩阵

类型		2002年					
		茶园	耕地	建设用地	林地	水域	未利用地
1992年	茶园	0.27	0.16	0.01	0.56	0.00	0.00
	耕地	0.23	0.25	0.00	0.52	0.00	0.00
	建设用地	0.30	0.10	0.39	0.20	0.00	0.01
	林地	0.05	0.02	0.00	0.93	0.00	0.01
	水域	0.20	0.07	0.02	0.70	0.02	0.00
	未利用地	0.12	0.03	0.40	0.85	0.00	0.00

表6 2002—2014年九曲溪东南支流流域土地利用面积变化率的转移矩阵

类型		2014年				
		茶园	耕地	建设用地	林地	未利用地
2002年	茶园	0.40	0.03	0.08	0.35	0.14
	耕地	0.66	0.03	0.04	0.18	0.08
	建设用地	0.19	0.01	0.32	0.34	0.14
	林地	0.04	0.00	0.01	0.87	0.07
	未利用地	0.52	0.00	0.05	0.31	0.12

　　九曲溪东南支流流域的土地利用变化趋势与武夷山市星村镇茶业蓬勃发展呈正相关关系。1992—2002年，九曲溪土地利用类型转变以转化为林地为主。未利用地、茶园和耕地向林地的转移比率居前三位，分别占各自的70%、56%和52%[①]。2002—2014年，九曲溪土地利用类型转变以转化为茶园为主。耕地、建设用地和未利用地向茶园的转移比率居前三位，分别占各自的66%、52%和19%。研究发现有部分林地转变为茶园，可见存在毁林种茶的情况。

　　由于本研究对茶56ED的识别具有一定的误差，对林地树冠覆盖下的茶园的忽略以及成林的茶树等无法识别，实际调查发现，九曲溪东南支流流域的岸边茶园蔓延至山顶，茶山对九曲溪流域生态保护和水土保持已构成一定威胁。

4 结论与讨论

　　本文以武夷山市、九曲溪东南支流流域所在村域为分析范围，分析22年以来的武夷山市建设用地的变化和九曲溪东南支流流域的土地利用变化。研究发现武夷山试点区的东北侧外围已经被建设用地侵占，丹霞地貌受到不同程度的侵蚀。武夷山市的建设用地在空间上已经基本形成X型的空间格局，兴田镇的高速发展将对武夷山试点区与东南部的生态联系构成威胁。九曲溪东南支流流域范围内的林地、茶园和建设用地面积持续增加，茶山对九曲溪流域生态保护和水土保持已构成一定威胁。

　　武夷山市是与武夷山试点区紧密联系的周边社区之一。如果对武夷山市城乡建设与扩张不加限制，土地利用扩张可能威胁至武夷山试点区。尤其是毗邻武夷山试点区的村庄，未纳入武夷山试点区范围，若茶山面积继续扩张、农药化肥不减可能会影响九曲溪流域的水质与水生态环境。建议武夷山试点区管理机构应积极推动与周边县市建立联合保护机制和协调发展机制。首先，在原有武夷山自然保护区

---

　　① 由于对水域的识别不准确性，本研究不将水域面积变化纳入比较分析。

联合保护委员会的基础上，对联合保护委员会的成员组成、联合保护的内容以及保障机制进行优化与完善。其次，应完善试点区的周边社区的规划参与机制。鼓励周边县市、村镇参与试点区总体规划的编制，认识试点区的核心价值并对其面临的来自周边社区的威胁以及处理措施达成共识。最后，应争取试点区周边县市空间规划的参与与审批权限。试点区管理机构已获得区内社区建设的前置审批权。武夷山试点区管理机构应与周边限制积极沟通，参与周边社区的城乡总体规划、村镇体系规划和美丽乡村规划等，提出共同保护与发展的要求与建议。

参考文献

范边，马克明. 全球陆地保护地与城市距离变化分析[J]. 生物多样性，2015，23(6)：802－814.

何苇航，耿丹丹，王瑶，等. 武夷山市土地利用变化遥感监测分析[J]. 测绘科学，2017，42(11)：47－55.

刘文敬，白洁，马静，等. 我国自然保护区集体林现状与问题分析[J]. 世界林业研究，2011，24(3)：73－77.

唐小平，栾晓峰. 构建以国家公园为主体的自然保护地体系[J]. 林业资源管理，2017(06)：1－8.

武夷山市统计局. 新中国成立 60 年武夷山市经济社会发展成就展示[EB/OL]. [2010－09－15]. http://www.wys.gov.cn/html/2010－09－15/280275.html

徐满，郑景明，张青，等. 庐山自然保护区及其周边土地利用变化分析[J]. 东北林业大学学报，2012(8)：12.

徐网谷，高军，夏欣，等. 中国自然保护区社区居民分布现状及其影响[J]. 生态与农村环境学报，2016，01：19－23.

徐网谷，秦卫华，刘晓曼，等. 中国国家级自然保护区人类活动分布现状[J]. 生态与农村环境学报，2015，31(6)：802－807.

杨鸿培，文芒才，赵建伟. 曼稿自然保护区社区土地利用方式对资源保护的影响. 林业调查规划，2012，06：100－102，108.

杨倩芸. 云龙天池国家级自然保护区周边社区土地利用变化特征及对保护的影响分析[D]. 昆明：云南大学，2015.

杨锐，申小莉，马克平. 关于贯彻落实"建立以国家公园为主体的自然保护地体系"的六项建议[J]. 生物多样性，2019，27(02)：137－139.

Frédéric A, Hugh D E, Hans J S, et al. Determination of deforestation rates of the world's humid tropical forests[J]. Science, 2002, 5583(297)：999－1002.

Yang J, Yang J, Luo X, Huang C. Impacts by expansion of human settlements on nature reserves in China[J]. Journal of Environmental Management. 2019(248)：109－233.

Alessandra F, Luigi M, Luigi B. Changes In land－use/land－cover patterns in Italy and their implications for biodiversity conservation[J]. Landscape Ecology, 2007, 22(4)：617－631.

森林康养景观对人体健康影响的研究进展

王 芳[1]① 周 卫[1] 兰思仁[1]

（1. 福建农林大学，福建福州 350002）

摘 要：首先笔者通过总结当前森林康养景观对人体健康影响有效性研究，肯定了森林康养景观对人体健康的益处。而后就森林康养对人体健康影响的作用机理进行了总结分析，主要从森林释放植物杀菌素、森林环境中负离子含量较高、噪音量相较于无林区较低、生理与心理感受较好，以及森林小气候环境优于无林区五方面进行，较为明确地阐述了森林环境中各个要素对森林康养功能的影响。其次，对森林康养景观在人体健康影响方面的实践探究进行总结。最后，根据上述研究总结，对森林康养景观在人体健康方面的未来发展进行展望，以期为后续的更有利于人体健康的森林康养景观建设提供参考。

关键词：森林康养景观；人体健康；作用机理

1 引 言

随着经济和社会的快速发展，人们对健康的重视程度日益增加，同时随着党的十八大生态文明建设不断落实，政府及各级领导部门对森林资源的保护和利用程度也与日俱增，其中森林康养作为林业、旅游行业和健康服务行业相结合的综合性学科，基于森林资源的合理利用，开展疾病防御与健康养生已经成为当前国际社会促进与维持身体健康所需研究的热点问题。

国外的森林康养起步较早，第一个森林浴基地创立于 20 世纪 40 年代的德国，业界将其称之为森林康养的雏形，20 世纪 80 年代的日本也意识到较长时间处于森林环境中对身心健康的有利性，在政府的宣传带动下很快将森林浴活动归入健康生活方式的麾下，日本在 2006 年正式提出森林疗养这一概念，将森林疗养作为一种医疗手段进行人类身心健康的调理改善。

国内目前对森林康养的概念尚未形成明确统一的概念，我国学者通过参考国外森林康养的相关概念并在其基础上进行符合我国国情的拓展和深化，，将森林康养分为狭义与广义两大类。狭义森林康养主要以邓三龙、吴兴杰等学者提出的以森林资源为基础，以健康理论为指引，结合现代及传统医学开展的有利人类身心健康的一系列活动，重点强调森林资源的主体地位；广义森林康养理论以邓朝望、吴后建等学者提出的一切依托森林资源和其生态资源展开的有利于人类健康的活动及过程，重点强调森林资源在森林康养中的重要地位。由此可见，广义的森林康养从依托对象和活动内容方面对狭义森林康养进行扩展与提升，本文主要从广义森林康养角度进行研究阐述。

---

① 作者简介 王芳，女，博士研究生在读。研究方向为森林康养景观设计与森林旅游研究。电话：18259083868。邮箱：547126278@qq.com。

2 森林康养对人体健康有效性与作用机理研究

2.1 森林康养对人体健康有效性研究

总结森林康养对人体健康影响的诸多研究中发现，森林环境具有调节人类负面情绪、缓解精神压力，减轻注意力与视觉疲劳等作用，且在森林环境中人体的血压、心率、皮肤传导性和肌肉紧张度等基础值较低，人体在此环境中处于放松的状态。美丽的森林景观在一定程度上具有激发人类运动意愿的作用，进而促进人体新陈代谢，一定程度上预防并缓解肥胖、高血压、糖尿病等慢性疾病。国外学者通过对自然杀伤(natural killer，NK)细胞进行研究后发现人类定期的森林浴活动可提高机体免疫能力。我国学者王茜等通过检测小鼠森林浴后机体生理指标与行为变化，间接验证了森林浴对人体健康的促进作用。

当前森林康养对人体健康有效性研究上主要存在三种类型：一是以中老年慢性疾病患者为研究对象，通过研究对象在森林的短暂游憩观赏，测定人体生理指标与疾病相关指标的数值并通过对比探究森林环境对慢性疾病辅助治疗功效和应用前景；二是以在校大学生、研究生等年轻群体为研究对象，通过研究对象在森林的短暂游憩观赏，测定人体在森林浴前后心率、心率变异性、交感神经活性等指标变化，再利用情绪状态量表(POMS) 问卷调查、数据分析对森林环境缓解年轻人压力和改善情绪作用进行探究；三是以职业、性别划分的特定人群，例如，以男性飞行员、年轻女性为研究对象，探究森林环境对其身心健康的影响。

由于目前我国在森林康养有效性研究尚处起步阶段，研究体系尚未完全建立，相应的实验探究存在的问题仍较为明显，如数据样本量小、可靠性存疑、不同类型森林对人体健康有效性的分类研究较少等。

2.2 森林康养对人体健康作用机理研究

人类进化历程中绝大多数时间都是在森林中度过的，人类对森林具有与生俱来的亲近感，森林可作为人类活动的庇护场所，满足人类生理和心理多层面的需求。西方学者 Cheakin 对森林中的植物进行研究发现其各部位的油腺组织可分泌一种芳香性挥发物质，此类物质有利于人体身心健康。Bardord 通过对进行森林疗养后的人体机能指标对比检测后可得森林浴和温泉浴具有同样的康养疗效。

置身于森林中，人们主要以五官与身体感受来获取外界环境的信息，森林环境便由此对人类心理与生理起到康养作用。森林康养的功效是森林环境中的植物多种作用综合形成的，主要以释放植物杀菌素、降低噪音、增加空气负离子、绿色效应、营造森林小气候等途径对人体健康产生影响作用，促进人类的身心健康。

2.2.1 森林释放植物杀菌素

森林环境中乔灌木的树叶、树茎、树皮、果实以及森林环境中的草丛、蘑菇、凋零物和苔藓等植物和微生物均可释放出有香味的挥发性物质和无味的非挥发性物质，这些物质均称为植物杀菌素(芬多精)。从森林环境角度而言，杀菌素既可以驱虫、抗菌、抑制其他植物生长，作为植物自我防御屏障，又可以起到净化森林空气。从人体健康角度而言，杀菌素从可有效杀死人体内病菌，起到消炎、利尿、加快呼吸器官纤毛运动的作用。有研究表明，森林绿化区每立方米空气含菌量仅占一般城市的1/7 左右，由此可得森林环境中的空气每立方米含菌量明显较低，植物具有良好的杀菌作用。

2.2.2 森林空气中含有较高负离子

负离子是空气中一种带负电荷的气体离子，又被称为空气负氧离子。20 世纪初期，西方学者阿沙马斯等率先验证了负离子能够杀菌降尘、清洁空气，对人体的健康大有裨益的生物学意义。约瑟夫·

B·戴维基在其著作中提到，空气负离子对风湿病、感冒发烧、哮喘、痛风、癌症、支气管炎、肺结核、心脏病等多种慢性病均可起到不同程度的缓解作用。日本学者研究表明，当人类处于含负离子较高的环境中时，脑波中的Q波会大幅增加，人类会感到轻松愉悦。基于以上负离子对环境和人体的益处，又将负离子称为"空气维生素"和"长寿素"。

依据国内外大量研究可知，森林环境的空气负氧离子含量明显高于无林地环境，其原因主要有以下三点，一是在森林环境中，植物通过光合作用和蒸腾作用，分别产生大量的氧气和水汽，两者结合相互作用后极易离化出自由电子，其离化出的自由电子最易被氧气捕获，进而合成大量负氧离子。二是由于森林环境中植物的滞尘效果好，每立方米空气中浮尘含量较低，负离子损耗较小。三是由于森林环境中的植物分泌的各种植物杀菌素对空气离化起到促进作用，可形成较多的负离子。

2.2.3 森林能够降低噪音

森林低噪音环境为森林康养提供了适宜生态环境和良好自然条件。20世纪60年代初期，国外学者Empleto证实了森林具有降低噪声的作用。森林环境中的植物通过吸收、反射和散射等作用可减少1/4左右的噪声，降噪能力与林带宽度成正比，其中宽度为30米左右的林带可减少6~8分贝噪音，宽度为40米左右的林带可减低10~15分贝噪音，更为宽阔的林带可减少26~34分贝噪音。国内对森林降噪作用影响因素的研究也较多，主要集中在对不同植被绿地组合形式森林降噪能力的大小以及森林环境中乔木层高度、郁闭度及冠层位置、宽度等因素对森林降噪能力影响的研究上。

2.2.4 森林绿色心理效应

森林绿色心理效应是基于"绿视率"这一概念提出的，"绿视率"理论主要阐述了当人类视野范围内的绿色面积占比达到1/4左右时，人的身心感受舒适度达到最大值。森林中的绿色植物吸收紫外线，有效削弱了紫外线对眼睛的刺激，给人以宁静愉悦的感受，同时森林中的大片绿色有效刺激了人体的神经系统，尤其是大脑皮层，缓解改善人的紧张情绪。由医学专家实验可得，如果人体长期置于茂密的森林地带，身心可以得到良好的放松，具体表现为身体温度会降低1℃~2℃，心脏搏动次数减少4~8次，呼吸平静均匀，可以起到缓解人的紧张情绪的作用。由此可知，长期精神紧张、身体处于亚健康状态的人们，可以通过森林康养的手段调理身体、舒缓情绪。

2.2.5 森林能够调节小气候

小气候（Microcliamte）又叫作微气候，在大地理气候的背景下，由于底层表面属性存在的差异所导致的局部区域气候的不同。其中，森林作为一种特殊的底层表面属性可形成森林小气候（Forest Microcliamte），其具体是指森林环境中温度、湿度、光照、风速等气象因素的综合作用所形成的特殊小气候，影响小气候的主要因素由植物、地形、水体、光照强度、构筑物、下垫面等。在森林环境中植物存化光照和收集降水被植被吸收利用进行二次分配，使得林内温度与湿度比林外环境得到明显。基于上述原因，一般情况下森林环境相比于林外环境具有冬暖夏凉、冬干夏湿、风速低、噪音小、空气中细菌含量少、负离子含量高等特点，人身处于森林环境中身体和心理均可以得到良好的调节与舒缓。

3 森林康养对人体健康影响层面的探索实践

由于森林康养基地对人体健康的影响较为显著，国内外相关的林业、健康及旅游部门纷纷行动起来，加强森林康养对人体健康影响层面的实践探索，各国政府、相关机构及企业联合积极推进森林康养基地建设，在亚洲地区，2004年日本政府首次提出森林疗法基地的概念，而后几年成立了"森林疗法协会"，建立了大量森林浴基地并进行了一系列森林浴科普与宣传工作。紧跟日本森林康养发展的脚步，韩国于 2005 年出台了森林修养的相关法律法规，之后的数年中不断完善更新，并将森林修养作为社会福利纳入到韩国人民社会保障制度中。欧美国家相较于日韩开展得更早，发展得更为完善，已经形成具有体系规模的法律规范、社会福利体系及商业开发模式。

相较于国外，当前我国森林康养发展仍处于起步阶段，其中北京、广东、浙江、四川、湖南和湖北等省份率先进行了森林康养的实践探索。其中北京市组织开展了诸多森林康养的实践活动，如开展森林疗养师培训活动，译制出版国外森林康养的经典著作以及组织大里昂的森林疗养师培训活动。广东省早在 2011 年进行石门国家森林公园规划时设计了供居民休闲疗养的森林浴场，如今已竣工服务于当地居民。四川省在森林康养推行之初便开始了森林康养示范基地的建设，且中国首届森林康养年会便是在四川举办的。黑龙江省伊春市也已完成了森林避暑康养度假基地建设，为当地的人民创造使其身心愉悦的放松游憩区。早在 2016 年国家林业和草原局率先开展了全国森林体验基地和全国森林养生基地试点建设，覆盖 13 个(市、区)，共建 18 个试点。根据当前我国积极开展的森林康养基地建设的政策和实践探索可知，利用优质的森林资源促进人体身心健康的观点已得到了全国人民的认同，各地相关主管部门结合当地实情积极参与实践应用，进一步促进森林康养景观的繁荣发展。

4 展　望

通过总结国内外森林康养对人体健康影响的研究以及森林康养的具体实践探索发现，当前国外医学、林学、风景园林和旅游等领域相关学者均开展了森林环境与人类健康方面的研究，并取得了显著进展。反观我国，森林康养需求量逐年攀升但森林康养与生态旅游的开发相对滞后。由此我国在森林康养层面仍存在较大的进步空间，在此笔者对我国未来在森林康养景观建设与健康层面的发展提出了展望。首先，应重视森林环境对人类生理和心理效应的研究，特别是针对人类生理和心理效应的定量评估、森林康养与生态旅游模式实践探究以及对森林环境中康养服务体系建立、相应的森林健康促进技术等的研究。其次，就森林康养自身的学科特性而言，对于森林康养研究方法应加强林学、风景园林学、心理学、医学等多学科之间的耦合联动，将定性分析与定量测定、野外探究与室内实验结合起来，在条件允许的情况下将材料学、自动化控制、分子生物学等领域的先进研究手段和技术引入到森林康养的研究中，加快推动森林康养行业进一步繁荣发展。

参考文献

陈佳瀛. 城市森林小气候效应的研究[D]. 上海：华东师范大学，2006.

陈力川，汪思亮，余苏云，等. NK 细胞在肿瘤免疫治疗中的研究进展[J]. 肿瘤，2017，37(1)：101 – 106.

陈雅芬. 空气负离子浓度与气象要素的关系研究[D]. 南昌：南昌大学，2008.

陈振兴，王喜平，叶渭贤. 绿篱的减噪效果分析[J]. 广东林业科技，2003，19(2)：41 – 43.

但新球. 森林公园的疗养保健功能及在规划中的应用[J]. 中南林业调查规划，1994(1)：54 – 57.

邓三龙. 森林康养的理论研究与实践[J]. 世界林业研究，2016，29(6)：1 – 6.

李梓辉. 森林对人体的医疗保健功能[J]. 经济林研究，2002，20(3)：69 – 70.

梁英辉，穆丹，戚继忠. 城市绿地空气负离子的研究进展[J]. 安徽农学通报，2009，15(16)：66 – 67.

施燕娥，王雅芳，陆旭蕾. 城市绿化降噪初探[J]. 兵团教育学院学报，2004，14(1)：40 – 41.

万凯，丁晨红，邓义才，等. 蔬菜水果中赤霉素残留量 HPLC 检测方法的研究[J]. 热带农业科学，2014，34(8)：91 – 95.

王茜，王成，董建文. 福建柏树林环境对小鼠自发行为的影响[J]. 生态学杂志，2015，34(9)：2521 – 2529.

王茜，王成，王艳英．毛竹林森林浴对小白鼠自发行为的影响[J]．林业科学，2015，51（5）：78－86．

吴后建，但新球，刘世好．森林康养：概念内涵、产品类型和发展路径[J]．生态学志，2018，37（7）：2159－2165．

吴兴杰．森林康养新业态的商业模式[J]．商业文化，2015（31）：9－25．

杨赉丽，城市园林绿地规划[M]．北京：中国林业出版社，2011：147．

杨利萍，孙浩捷，黄力平，等．森林康养研究概况[J]．林业调查规划，2018，43（02）：161－166，203．

郑思俊，夏檑，张庆费．城市绿地群落降噪效应研究[J]．上海建设科技，2006（4）：33－34．

Tokin B P, Kamiyama K. Mysterious power of plant(in Japanese) [M]. Tokyo: Kohdansya, 1986.

Zhang H, Yang X, Dong A, et al. Residue analysis of forchlorfenuron in fruit and vegetable by RP－HPLC[C]. Bioinformatics and Biomedical Engi－neering(iCBBE), 2010, 4: 1－4.

Mortia E, Fukudas, Naganoj, et al. Psychological effects offorest environments on healthy adults: Shinrin－yoku (forest－airbathing, walking) as a possible method of stress reduction[J]. Public Health, 2007, 121(1): 54－63.

Hartigt, Evansgw, Jamnerld, et al. Tracking restorationin natural and urban field settings [J]. Journal of EnvironmentalPsychology, 2003, 23(2): 109－123.

Maogx, Caoyb, Lanxg, et al. Therapeutic effect of forest bathing on human hypertension in the elderly [J]. Journal of Cardiology, 2012, 60(6): 495－502.

Ohtsuk Y, Yabunakan, Takayamas. Shinrin－yoku(forest－air bathing and walking) effectively decreases blood glucoselevels in diabetic patients[J]. International Journal of Biometeorology, 1998, 41(3): 125－127.

Karjalainene, Sarjalat, Raito H. Promoting humanhealth through forests: overview and major challenges [J]. Environmental Health and Preventive Medicine, 2010, 15 (1): 1－8.

Jung W H, Woo J M, Ryu J S. Effect of a forest therapyprogram and the forest environment on female workers' stress[J]. Urban Forestry & Urban Greening, 2015, 14(2): 274－281.

Laumannk, Grling T, Stormark K M. Selective attentionand heart rate responses to natural and urban environments[J]. Journal of Environmental Psychology, 2003, 23(2): 125－134.

Lachowycz K, Jones A P. Greenspace and obesity: a systematic review of the evidence[J]. Obesity Reviews, 2011, 12(5): 183－189.

Bardord. The effect of exposure to negative air ions on the recovery of physiological responses after moderate en－duranceexercise [J]. Int. J. Biometeorol, 2002, 4(3): 132－136.

Cheakin. Physical effects of negative airions in a wetsauna[J]. Int. J. Biometeorol, 2000, 40(2): 107－112.

Environmental preference and restoration: (how) are they related[J]. Journal of Environmental Psychology, 2003, 23 (2): 135－146.

Lanier L L. NK cell recognition[J]. Annual Review of Immunology, 2005, 23: 225－274.

Li Q. Effect of forest bathing trips on human immune function[J]. Environmental Health and Preventive Medicine, 2010, 15 (1): 9－17.

Embleton T F W. Sound propagation in homogeneousdeciduous and evergreen woods[J]. Journal of the A－coustical Society of America, 1963, 35(8): 1119－1125.

基于新型自然保护地体系的森林公园管理机制研究

陈　星[①]　罗金华[②]　林　静

（三明学院国家公园研究中心　经济与管理学院，福建三明　365004）

摘　要： 根据我国建立以国家公园为主体、自然保护区为基础、各类自然公园为补充的自然保护地分类系统的指导意见，梳理森林公园地位和功能的演进，分析了森林公园管理原有机制下存在的问题，主要表现为森林公园的公益性与开发运营的经济性相冲突、管理机构的兼任性与经营管理的专业性相冲突、森林资源的保护性与产品开发的盲目性相冲突，并以公益性与经营性并重、统一管理与共享参与并行、保护优先与规划开发并重的理念为指导，从建设资金、管理机构、社区参与、人才队伍、规划开发、产品创新等方面讨论了新型自然保护地体系下优化森林公园管理机制的若干构想。

关键词： 自然保护地体系；森林公园；管理机制

自1983年我国第一个国家森林公园——张家界国家森林公园建立以来，森林公园和森林旅游业发展迅速，逐步形成了由森林公园、林业自然保护区、湿地公园、珍稀植物园、野生动物园、沙区景观旅游区等类型构成的森林旅游景区体系，森林旅游在满足国民精神文化生活、促进区域经济增长、传播生态文明等方面的潜力日益凸显，已成为重要的朝阳产业、富民产业、生态产业。根据国家林业和草原局《2018年全国林业和草原发展统计公报》，2018年以国家公园为主体的自然保护地体系建设取得了积极进展，10个国家公园试点工作扎实推进，已建国家级自然保护区474处、自然公园2537处，其中国家森林公园897处，以森林旅游为主体的林业旅游与休闲服务业产值13044亿元，增速15.38%，接待旅游人数36.6亿人次。但由于我国森林公园管理体制、空间布局、分类体系等方面的问题，导致公园管理存在机构交叉重叠、职权不明、公园规划建设缓慢、森林旅游产品单一等现象，与旅游业快速发展的业态及人们对森林旅游的新需求不相适应。因此，森林旅游发展及森林公园管理机制等问题一直是学术界关注的焦点。如兰思仁等回顾了中国森林公园和森林旅游三十年发展历程，总结了中国森林公园和森林旅游发展的五条基本经验。李吉龙从森林资源的视角探讨了自然保护区、森林公园、风景名胜区等多头管理体制下国家公园体制构建对森林公园发展的作用。王啸宇则分析了森林公园资金投入结构，讨论森林公园建设资金短缺问题，提出加大财政投入力度、积极引导社会资本投入等平衡森林公园投入结构建议。高科从森林公园的公益性角度，探讨了美国国家公园制度化建设对我国森林公园建设的借鉴意义。孙东兴等从资源属性多元性视角讨论了森林公园的规划策略。初宝顺对辽宁省森林公园管理的立法可行性进行了研究。亓圣秋就我国森林公园进行部门整合、人才培养、环境整治等管理优化创新展开研究。温星明探讨了林业经济转型发展情况下国有林场改制后的森林公园建设。2019年6月26日中共中央办公厅、国务院办公厅印发《关于建立以国家公园为主体的自然保护地体系

基金项目　国家社科基金项目"中国自然遗产保护的国家公园管理模式研究"（17BJY161）。

① 作者简介　陈星，女，福建顺昌人，讲师，主要研究方向为森林旅游。

② 通讯作者　罗金华，男，福建沙县人，教授，博士，主要研究方向为自然遗产与森林旅游、国家公园管理。

的指导意见》(以下简称《意见》)，提出要构建科学合理的自然保护地体系，按照保护区域的自然属性、生态价值和管理目标进行调整和归类，逐步形成以国家公园为主体、自然保护区为基础、各类自然公园为补充的自然保护地分类系统，并建立自然生态系统保护的新体制新机制新模式。随之，依照原来分类体系所建立的各级森林公园必然面临管理机构、经营形式、性质地位等变化，因此，探讨森林公园管理机制创新问题，对于解决我国森林公园原有存在问题，适应新型自然保护地体系建设，提高森林公园的建设和管理水平均具有积极的现实意义。

1 森林公园管理机制的现存问题分析

长期以来，我国的自然保护地工作由于顶层设计不完善、空间布局不合理、分类体系不科学等问题，存在机构交叉重叠、多头管理等"九龙治水"现象，森林公园管理也因此存在诸如产权责任不清、管理机制不畅、分类布局不科学、管理效率低下等问题，与快速发展的森林旅游市场不相适应，归纳起来表现在三个方面的冲突。

1.1 森林公园的公益性与开发运营的经济性相冲突

作为自然公园类属的森林公园通常达不到国家公园的标准，但是由于具备丰富的森林资源、一定的人文景观、丰富的物种资源和良好的生态环境，对当地的水土保持、水源涵养等具有重要作用。而这些资源并非某个部门所有而是所有人民共同所有的宝贵财产，因此森林公园作为提高人民生活幸福感、满足生态服务需求的公益性日益突出，森林公园管理机构多属于事业单位。目前，森林公园大多取消了门票收入，特别是位于城郊的森林公园如福州国家森林公园、三明仙人谷国家森林公园、沙县罗岩山省级森林公园等，均对市民免费开放，没有门票收入。然而森林公园多处于经济和交通均较不发达的地区，其开发建设具有投资规模大、建设周期长、投资回收期长等特点，且森林公园建成后，森林环境的养护与公园项目的运营都需要大量的后续资金支持。虽然森林公园的经济价值和社会价值较高，森林资源资产增值也显著，但无法交换、无法变现。在森林公园建设主要依赖国家财政投入的情况下，如各级财政资金和管理机构自筹资金无法保障，公园运营的经济效益不足，往往导致森林公园基础设施建设滞后，森林资源维护投入乏力，制约着森林公园的发展。如表1所示，三明仙人谷国家森林公园建设投入共1.6亿，主要来自于财政差额拨款，森林公园的经济效益不明显，主要考虑社会效益和生态效益。因此，公园运营特征不明显，后续投入受限，产品开发滞后，无法充分满足市民回归自然的要求，公益性也就大打折扣。

表1　示例森林公园现行管理机制运行状态

示例要素	福建三明仙人谷国家森林公园	沙县天湖省级森林公园	沙县罗岩山省级森林公园
管理机构	景区管理科	营林科	公园管理科
隶属关系	三明市林业局	沙县官庄国有林场	沙县水南国有林场
机构性质	事业单位	事业单位	事业单位
人员编制	5	2	3
内设科室	游客服务中心	无下设科室	无下设科室
资金来源	差额拨款	林场自筹、上级拨款及地方政府投入	林场自筹、上级拨款及地方政府投入
门票收费	否	否	否
建设投入	1.6亿人民币	无明确投入	无明确投入
主要产品	观光型森林旅游、城市休闲步道	生态保育，森林观光为主	生态保育，森林观光为主
经济效益	尚不明显，主要是社会效益和生态效益	尚不明显，主要是社会效益和生态效益	尚不明显，主要是社会效益和生态效益

1.2 管理机构的兼任性与经营管理的专业性相冲突

林业资源主要由国有林场、国有苗圃所管理，森林公园多是作为林业经济转型的重要突破口而兴建的，因此森林公园的主要管理机构为当地林业部门或国有林场。《森林公园管理办法》第四条明确规定："在国有林业局、国有林场、国有苗圃、集体林场等单位经营范围内建立森林公园的，应当依法设立经营管理机构；但在国有林场、国有苗圃经营范围内建立森林公园的，国有林场、国有苗圃经营管理机构也是森林公园的经营管理机构，仍属事业单位。"所以，森林公园管理办公室与林场实行"一套人马、两块牌子"的管理模式，统一领导，负责管理森林公园的开发、建设、经营等职责。除了国家级森林公园在科室设置、人员配备方面较为完整，省级和市县级森林公园的科室设置多以林场生产与管理为中心，增设的森林公园管理科，编制仅 2~3 人。表 1 所示可以看出，森林公园并没有完全摆脱原来国有林场的从业性质特点，内设机构不完整，管理职能不全。森林公园科室配置不全，管理人员数量明显不足，从业人员大部分是原有林场生产人员，管理人员多以森林养护为主的专业人才。而森林公园的经营与管理需要跨专业的综合性人才，除了善于森林养护，还需要精于开发森林产品、开拓客源市场、管理项目、处理突发事故等工作。目前，森林公园普遍缺乏旅游管理专业人才、市场开发人才、科技人才等高级专业人才，缺乏森林旅游专业型、实用型、技能型人才的内部培养和外部引进机制。管理机构非独立和非专业，以及综合性人才的缺乏，导致森林公园运营管理不专业，森林旅游营销滞后，产品开发单一，森林公园形象塑造不足，最终森林公园的经济效益大多不理想，林业转型发展成效不明显，使得森林公园管理机构对发展森林旅游、搞活森林旅游经济的积极性不高，阻碍了森林公园的健康发展。

1.3 森林资源的保护性与产品开发的盲目性相冲突

森林公园的首要功能在于生态环境和生物资源的保护。《意见》指出："牢固树立尊重自然、顺应自然、保护自然的生态文明理念……把应该保护的地方都保护起来，做到应保尽保"；同时鼓励"创新自然保护地建设发展机制""创新自然资源使用制度"。但是现行的森林公园管理制度使得资源无法得到有效的整合与开发利用，主要表现为公园建设中保护与开发的理念冲突，保护标准判断不一，不是开发过度就是保护过于保守，矛盾难以协调，森林旅游产品开发存在一定的盲目性或低水平重复。一是受管理机制的制约，森林公园的有关规划未得到充分的实施，再好的蓝图都成为摆设。二是管理机构只重视森林公园的基础设施和服务设施建设，从规划到建设只关注森林公园的游步道、景观小品、游客中心、停车场等，较少考虑基础设施和服务设施建设对森林公园的森林植被、地形地貌、水体资源等所造成的破坏。三是森林公园的产品开发侧重对自然和森林景观的利用，缺乏对人文景观的开发和创意性设计，造成森林旅游产品单一，文化景观与自然景观不够协调。表 2 所示案例的产品和效益中可见，森林资源并未得到充分利用，森林旅游产品开发低水平，吸引力不强，产品科学内涵不强，文化价值不高。

上述三种情况不仅仅存在与所列举的案例公园中，而是普遍存在于我国大多森林公园中，也仅仅是采用管理机构的内设科室、人员编制、建设资金、产品开发和效益等若干要素对森林公园管理机制问题做一浅层次的分析。

2 自然公园类属的森林公园的地位与功能

在《意见》发布之前我国森林公园管理主要依据林业部于 1993 年发布、2016 年修改的《中华人民共和国森林公园管理办法》和 2011 年发布的《国家级森林公园管理办法》(以下简称《办法》)。前者明确了全国范围内森林公园的主要地位、功能、主管部门、管理机构、等级划分和经营管理规则。后者则对国家级森林公园的设立审批、管理机构、总规制评审、功能和经营规范等进行了详细规定。

根据《意见》的精神，自然保护地是由各级政府依法划定或确认，对重要的自然生态系统、自然遗迹、自然景观及其所承载的自然资源、生态功能和文化价值实施长期保护的陆域或海域[10]。《意见》明确在对现有自然保护地进行整合优化归并的过程中，遵照生态价值和保护强度高低强弱顺序，依次为国家公园、自然保护区、自然公园。其中自然公园是指保护重要的自然生态系统、自然遗迹和自然景观，具有生态、观赏、文化和科学价值，可持续利用的区域包括森林公园、地质公园、海洋公园、湿地公园等各类自然公园[10]，设置的目的是确保森林、海洋、湿地、水域、冰川、草原、生物等珍贵自然资源，以及所承载的景观、地质地貌和文化多样性得到有效保护。森林公园作为自然公园的一个组成部分还是开展森林旅游业的基础。

对比两个《办法》和《意见》中关于森林公园的界定，可以看出新型自然保护地体系中的森林公园是自然公园中的一种类型，指的是《办法》中提及的由林业部管理，国有林业局、国有林场、国有苗圃、集体林场等单位主导经营的原省级和市县级森林公园和部分未达到国家公园标准的国家级森林公园。

《意见》主要目的之一在于理顺管理关系，整治多头管理、权属不清的现象，因此整合优化后要做到一个保护地只有一套机构，只保留一块牌子。因此，作为自然公园类属的森林公园的地位与功能也随之发生变化（表2）。通过对比可知，未来自然保护体系管理机制必是管理机构明确、管理权属清晰，不再存在森林公园又可能是风景名胜区、自然保护区等多块牌子多重权属的情况，也不再存在国家级、省级、市县级的分类体系，而是就高不就低，达到国家公园标准的为国家公园，达到自然保护区标准的为自然保护区，其余为自然公园。森林公园是新型自然保护地体系中自然公园类属的一种，其主要功能是确保森林生态资源、地质地貌、文化景观等得到有效保护，在此基础上开发能够满足人民群众生态需求的服务产品，实现森林资源与环境的可持续发展。可见，作为自然公园类属的森林公园，不再一味强调《办法》中所规定的具备一定的森林、自然和人文景观，开展游览休闲科研项目的经营功能，更加强调森林公园的自然保护地位与功能，这使森林公园的可持续发展满足人民生态需求的重要意义更加凸显。

表2 《意见》发布前后森林公园地位与功能比照表

项目	《意见》发布前《办法》所述	《意见》所述
定义	森林公园指森林景观优美，自然景观和人文景物集中，具有一定规模，可供人们游览、休息或进行科学、文化、教育活动的场所	自然公园是指保护重要的自然生态系统、自然遗迹和自然景观，具有生态、观赏、文化和科学价值，可持续利用的区域。包括森林公园、地质公园、海洋公园、湿地公园等各类自然公园
类型（名称）	国家级森林公园、省级森林公园、市县级森林公园	自然公园
管理机构	县级以上林业局、国有林场、国有苗圃经营管理机构、住建局、旅游局等	统一管理，分级行使自然保护地管理职责
地位	与A级旅游区、自然保护区、地质公园、风景名胜区等并行，权属存在交叉	国家公园为主体，自然保护区为基础，自然公园为补充（补充地位）
功能	生态保护 游览休息 科研、文化教育	1. 保护自然生态及其资源 2. 提供优质生态产品包括游憩产品 3. 维持人与自然可持续发展

3 自然公园类属的森林公园管理机制优化构想

十九大报告明确提出："推进国家治理体系和治理能力现代化"，即通过法制化、规范化、程序化的方式进行国家治理，通过深化机构改革，优化职能配置，提高现代化治理的能力。建立以国家公园为主体的自然保护地体系是国家治理体系和治理能力现代化的重要组成，旨在通过理顺管理关系，明确管理权属和职能配置，推动各类自然保护地科学设置，建立自然生态系统保护的新体制新机制新模式，从而建设健康、稳定、高效的自然生态系统，为维护国家生态安全和实现经济社会可持续发展筑牢基石，为建设富强民主文明和谐美丽的社会主义现代化强国奠定生态根基。因此，自然保护治理体系的建立具有重要的战略意义。本文试从三个视角构想森林公园管理机制优化(图1)。

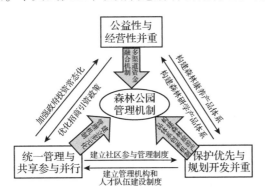

图1 森林公园管理机制优化构想图

3.1 公益性与经营性并重：建立多渠道资金融合机制

按照《意见》的要求，保障森林公园的公益性不变，但是鼓励多渠道多方式经营。森林公园强调在保护的前提下进行森林旅游开发，将生态价值转换为社会价值和经济价值。但森林公园的基础设施和服务设施的投入需要大量的资本，单纯依赖中央财政和地方财政投入、林场自筹是远远不够的，因此应该建立多元化、多层次、多渠道投融资体系，通过政府资金扶持、政策引导、自筹资金、招商引资等多形式吸引资金，拓宽森林公园旅游发展融资渠道。

3.1.1 加强政府投资常态化

政府投资常态化是保证森林公园公益性和生态效益、经济效益、社会效益三统一的必要条件。森林公园发展的前提是对生态环境的保护，而且建成后大部分的森林公园是免费向公众开放的，具有公益性。因此政府应加强对森林公园的建设投入，包括政府公共财政预算、国债、专项资金等，这些资金主要用于森林公园生态公益林补偿、森林旅游资源和环境监测保护、科普宣教设施建设、森林生态旅游景点建设、林相改造、公路交通、林区道路与游步道等基础设施建设。同时森林公园管理部门应加大对森林公园的建设投入，对于一些目前无力建设、又具有较高开发价值的景区景点，可以在遵守总体规划规定的开发建设方向和强度的前提下，公开拍卖特许经营权，以筹集资金用于项目开发，盘活国有资产。

3.1.2 优化招商引资政策

在确保森林公园风景资源和用地统一规划、统一管理的前提下，活化招商引资工作。一是建立生态补偿制度，对森林公园的自然资源进行科学的评估，允许各产权主体共建保护地、共享资源收益，全面推行自然资源的有偿使用制度。二是推进所有权、管理权、经营权分离改革，鼓励当地居民参与特许经营。通过特许经营的模式加大招商引资力度，吸引当地社会资金、民间资本等多元资金进入公园的经营产品和盈利性服务设施建设，如住宿、餐饮、游乐、主题活动等。通过设立特许经营门槛引入合格的经营主体，保护和开发利用森林旅游资源。三是给予投资主体政策优惠，如对重要企业实施税收减免税、优惠税等政策，降低所得税税率，鼓励和吸纳当地民间资本进入森林旅游。从而，通过明确的资源确权、多元化的经营模式缓解森林公园发展资金匮乏问题，不再单一依赖国家财政投入和林场自筹资金。

3.2 统一管理与共享参与并行：建立多元化管理机制

梳理自然保护地类型，明确森林公园的主体地位和主管单位，做到分类合并调整后，森林公园只有一个统一的管理机构、一块牌子，破解多头交叉管理困局，解决职能不明、权属不清等历史问题。

3.2.1 建立管理机构和人才队伍建设制度

按照"优化、协同、高效"的原则，明确以地方林业部门为主体的管理机构，具体负责森林公园的开发、建设、经营等各类管理工作，制定森林公园的机构设置、职责配置、人员编制管理办法，明确各有关部门的责任和义务，做到责、权、利相结合。直接管理机构还需要与相关主管部门、当地政府协同承担生态保护、自然资源管理、公共服务、市场监管等职责。根据"统一管理、分项经营、梯级开发、利益共享"的原则，在合理保护森林资源的前提下，不断创新管理方式，实现专业化经营与管理，引入现代企业管理办法，实现森林公园社会效益、生态效益与经济效益协同发展。

多渠道引进资源保护管理、生态监测、生态旅游管理、旅游市场营销、导游讲解等专门人才，建设高素质专业化的森林公园经营管理团队。利用互联网通信技术和云平台技术，推进森林旅游"互联网＋"旅游人才的培养。定期对管理人员和技术人员进行生态环境意识教育、森林公园管理政策和技术的培训，提高管理机构人员的管理水平和专业素养。有计划地对森林旅游景区高级管理人员和导游人员的进行分类培训；提高森林旅游导游的环境保护素质，发挥导游人员在环境教育中的特殊带动作用。鼓励林业专业技术人员从事森林旅游管理、产品开发和导游讲解等相关工作。建立人才激励机制，对有突出贡献者实行精神和物质奖励，充分调动管理人员和技术人员的工作积极性和主动性。

3.2.2 建立社区参与管理制度

森林公园一般地处较为偏僻、经济较为落后的地区，森林公园建设有利于带动周边社区发展，常常作为旅游扶贫的一种重要方式。因此，在乡村振兴的国家战略背景下，积极吸纳当地社区居民参与森林公园建设、经营与管理，是实现森林公园与农村社区协同发展的有效路径。一是可以鼓励与引导社区居民发展旅游食宿服务、有机农作物体验、家禽家畜养殖体验、旅游手工艺品加工体验等第三产业，从传统的农耕林垦中解放出来，促进森林生态旅游与乡村休闲旅游有机结合。二是鼓励当地居民从公园居民向公园管理者的角色转变，按照森林公园的生态保护和经营需求，设立相关岗位并优先吸纳当地居民任职，参与森林公园管理过程。三是建立志愿者服务体系，作为森林公园日常管理和宣教活动的有益补充，形成自然保护人人参与、人人尽责的氛围。

3.3 保护优先与规划开发并重：构建森林旅游产品体系创新机制

围绕自然保护的目标，建立先进的网络监测系统，加强对森林公园的生态系统、环境质量、水土保持、大气状况的监测与管理。在保护森林公园生态环境、确保森林资源安全的生态效益前提下，科学推进森林资源的经营与林业经济转型发展。根据市场的新需求，立足于森林公园的本底资源和客源市场，设计和开发以森林研学和森林康养为主体的森林休闲、森林度假、环境教育等多类型的旅游产品和活动项目，并在创新理念的引导下，建立主题突出、产品多元的森林旅游产品体系，开展生态教育、自然体验、生态旅游等活动，避免森林公园主题千篇一律、产品单一的现象。

3.3.1 构建森林康养产品体系

按照我国《林业产业发展"十三五"规划》，培育新兴森林康养市场，鼓励消费者参与森林游憩、度假、疗养、保健、教育等林业旅游、休闲康养活动。因此，要加快构建森林康养旅游产品体系，促进森林公园产品升级，实现林业与旅游业、卫生医疗、老龄保健、休闲娱乐等相关产业的融合发展，促进林业经济的转型发展。森林康养产品不仅面向老龄群体，更要涵括中青年群体。一方面要因地制宜地利用森林优越的自然环境、清新的空气条件、宁静的空间环境，打造集食物、住宿、运动等为一体、放松身心的森林康养产品。另一方面要在医疗资源丰富、交通便利的地区打造森林康复专项产品，构建面向大众和特殊群体的多层次复合型森林康养旅游产品体系。

3.3.2 构建森林研学产品体系

儿童和青少年一直是家庭关注的焦点，孩子的教育是父母迫切考虑的问题。家庭式出游和外出式研学已经成为专项旅游。森林中优美的环境、丰富的物种、多变的景观是孩子体验自然、享受自然、近距离接触自然的最佳研学基地和研学营地。为此，要依托森林资源环境与条件，开展森林研学基地建设、森林研学系列课程开发、森林研学导师培养、森林研学系列项目建设，构建立体的森林研学旅游产品体系，满足学校开展青少年环境教育等主题活动的需要。

4 结 语

我国森林公园发展三十余年来取得了一系列丰硕成果，但也存在着投入资金不足、管理权属交叉、资源重叠分布、管理水平较低等一系列不利于我国森林公园发展的制度性问题。本文以为，随着《意见》的出台，我国将加快建立以国家公园为主体、自然保护区为基础、各类自然公园为补充的自然保护地分类系统，在新的自然保护系统分类下森林公园的自然保护功能以及在自然保护体系中的地位并不是弱化，而是得到了进一步的强化，也为解决森林公园发展长期存在的制度性问题提供了重要契机。可以预见，在生态文明建设的推动下，以公益性与经营性并重、统一管理与共享参与并行、保护优先与规划开发并重的具体理念为指导，在建设资金、管理机构、社区参与、人才队伍、规划开发、产品创新等诸方面不断优化森林公园管理机制，必将实现森林公园的可持续健康发展，充分承担生态效益、经济效益、社会效益三统一的自然保护新使命。

参考文献

初宝顺. 辽宁省森林公园管理立法有关情况的探讨[J]. 辽宁林业科技，2017(4)：59 – 60.

高科. 公益性、制度化与科学管理：美国国家公园管理的历史经验[J]. 旅游学刊，2015(5)：3 – 5.

国家林业局. 中华人民共和国森林公园管理办法[EB/OL]. https：//baike. baidu. com.

兰思仁，戴永务，沈必胜. 中国森林公园和森林旅游的三十年[J]. 林业经济问题，2014(4)：97 – 106.

兰思仁. 改革开放为森林公园建设和森林旅游发展提供强劲动力类别.《中国绿色时报》2018 年 11 月 29 日. http：// www. greentimes. com/greentimepaper/html/2018 – 11/29/content_ 3327718. htm(2018/11/29)

李吉龙. 基于森林管理视角的中国国家公园探索[D]. 北京：中国林业科学研究院，2015.

亓圣秋. 我国森林公园发展中的问题及措施[J]. 资源环境科学，2018(9)：50 – 52.

孙东兴，邵飞，于林青，等. 基于资源属性多元性的森林公园规划策略研究[J]. 山东林业科技，2017(2)：126 – 128.

王啸宇. 中国森林公园资金投入结构分析[D]. 长沙：中南林业科技大学，2015.

温星明. 国有林改革后森林公园建设发展思路研究[J]. 林业科技情报，2018(2)：80 – 82.

中共中央办公厅，国务院办公厅. 关于建立以国家公园为主体的自然保护地体系的指导意见[EB/OL]. http：// www. xinhuanet. com/politics/2019 – 06/26/c_ 1124675392. htm？baike(2019/6/26)

农民合作社视域下森林旅游精准扶贫组织化与利益联结机制优化探讨

——以河北省围场县为例

官长春① 罗金华① 李 想①

（三明学院经济与管理学院，福建三明 365004）

摘 要： 基于农民合作社视角，应用案例研究、比较研究与文献研究等方法，剖析河北省围场县森林旅游扶贫的得与失。研究表明该县森林旅游扶贫存在组织化不足与利益联结机制不合理等问题。为此，从理念重塑、优化治理、教育培训、聚才引智等方面讨论了森林旅游扶贫的组织强化问题，并以农民合作社持续健康发展助力精准脱贫为目标，从统筹龙头企业、村集体、合作社、"第三方"服务平台以及农民利益联结与盈余分配等方面，探讨了森林旅游扶贫的利益联结机制优化，提出了相应的遵循原则和优化策略。

关键词： 农民合作社；森林旅游；精准扶贫；组织强化；利益联结机制优化

1 引 言

森林旅游精准扶贫是森林资源富集的贫困地区打赢脱贫攻坚战的重要途径。保护生态环境和发展经济、改善民生从根本上讲是有机统一、相辅相成的。习近平总书记强调："要践行绿水青山就是金山银山的理念，推动国土绿化高质量发展"。2019 年 2 月，美国航天局根据卫星数据进行的一项研究成果表明，全球从 2000 年到 2017 年新增的绿化面积中，约四分之一来自中国，贡献比例居首。在中国的贡献中 42% 来自植树造林。位于河北省最北部的围场满族蒙古族自治县（下文简称围场县）因铸就了"牢记使命、艰苦创业、科学求实、绿色发展"的塞罕坝精神而享誉世界，三代塞罕坝林场人建设了百万亩人工林海。2000 年以来，全县累计完成造林 359.7 万亩，相当于建立起了 3 个塞罕坝。林地面积达到 784.2 万亩，森林覆盖率达到 58.8%。然而，作为河北省国土面积和林地面积最大的县级行政区域的围场县却是国家级深度贫困县，总人口为 54.2 万人，2015 年建档立卡贫困户 50499 户，贫困人口数 166612 人，贫困发生率高达 30.74%。周彬认为"自然环境的制约、经济基础薄弱、经济结构的不合理、经济关系的封闭性以及经济发展的缓慢性是围场县贫困的主要原因"。

如何让贫困群众尽快脱贫？围场县依托丰富的林地资源，深入实施以森林旅游为龙头生态扶贫系列工程，创新推广"一林生四金"生态脱贫模式，把绿水青山转化为群众脱贫致富的好靠山。特别值得一提的是，2017 年 8 月，习近平总书记对河北塞罕坝林场建设者感人事迹作出重要指示后，围场县森林旅游迎来了快速发展的有利契机，取得了旅游人次和旅游总收入双位数高速增长的有利局面，森林旅游精准扶贫取得了明显的成效。然而，受制于贫困人口文化素养比较低、劳动技能相对匮乏、服务

---

① 作者简介 官长春，男，硕士，讲师，主要研究方向为旅游公共管理、旅游扶贫、红色旅游等。
罗金华，男，博士，教授，主要研究方向为自然遗产与森林旅游、国家公园管理。
李想，男，在读博士，讲师，主要研究方向为生态旅游与区域发展、区域规划和遗产活化。

理念较为落后，经营管理能力普遍较弱、消费需求转型升级、市场行情多变等多重主客观因素的影响，导致围场县森林旅游扶贫的组织化程度不高，利益联结机制不紧密且盈余分配不甚合理，这极大制约了森林旅游精准扶贫健康可持续发展。

2 关键名词的基本内涵

2.1 森林旅游精准扶贫

森林旅游精准扶贫依托于森林旅游产业发展这一平台载体，属于"造血式"扶贫的范畴。森林旅游，是人们以森林、湿地、荒漠和野生动植物资源及其外部物质环境为依托，所开展的游览观光、休闲度假、健身养生、文化教育等旅游活动的统称。国家林业和草原局副局长刘东生（2017）认为森林旅游的实质就是要充分发挥森林的多种功能，让人们更便捷地享受到林区清新的空气、迷人的风光、幽静的环境和优质的生态食品，从而实现愉悦心情、陶冶情操、增长知识、促进健康等目的。"2018 年全国森林旅游和康养接待游客超 16 亿人次，同比增长超过 15%，创造社会综合产值接近 1.5 万亿元。"近年来，随着森林旅游需求的日趋多样化，森林康养、冰雪旅游、沙漠旅游以及生态露营、山地运动、丛林穿越、研学旅游等一大批森林旅游新业态新产品得到了快速发展。由此，森林旅游产业链不断延伸，相应的价值链持续上升，这为森林资源丰富的贫困地区开辟了一条有效的脱贫致富路径。从有关地方的实践情况来看，森林旅游精准扶贫的主要举措包括开办经营林家乐(含民宿)、发展林下种植养殖业、售卖土特产与旅游纪念品、在涉旅企业务工、设置生态护林员等公益岗位。从收入属性来分析，包括林权流转承租租金、折价入股股金分红、一般劳务收入、公益岗位工资收入、二次甚至三次收入分配(针对特困人员的倾斜分配)、退耕还林还草补助等专项收入等。

2.2 农民合作社

中办国办印发《关于促进小农户和现代农业发展有机衔接的意见》指出"我国人多地少，各地农业资源禀赋条件差异很大，很多丘陵山区地块零散，不是短时间内能全面实行规模化经营，也不是所有地方都能实现集中连片规模经营。当前和今后很长一个时期，小农户家庭经营将是我国农业的主要经营方式"。那么分散的小农户生产如何对接瞬息万变的大市场需求呢？贫困群众的情况尤为严重，他们中的大多数不具备现代农业生产技术与管理能力，所生产的农产品质量很难达到高质量的门槛。与此同时，贫困群众大多市场意识弱、抗风险能力不足，无法有效抵御市场价格大起大落所带来的冲击。另外，让农业龙头企业直接对接千家万户的小农户生产管理也是一件费时费力且成本高昂的事情。合作社是现代农业和小农户对接的好方式，地方政府应该积极"支持农民专业合作社，发挥好它们'一头连农户、一头连龙头'的桥梁纽带作用，紧密利益联结，激活市场，激活主体，充分释放发展活力"。郭锦指出"合作社是村级服务组织、经济组织、政治组织①'三合一'的创新"。习近平总书记强调"要突出抓好农民合作社和家庭农场两类农业经营主体发展，赋予双层经营体制新的内涵，不断提高农业经营效率"。由此可见，大力发展壮大农民合作组织已经成为农村产业振兴、构建现代农业经营体系的重要抓手。

2019 年 4 月 19 日，农业农村部发布的最新数据显示，依法登记的农民合作社已达 218.6 万家，辐射带动全国近一半的农户。农民合作社的产业发展方向，由种养业向农产品加工、休闲农业等产业延伸。乡村旅游合作社属于农民合作社的范畴，是乡村旅游从粗放型发展阶段蜕变为集约化经营时代的产物，包括乡村旅游合作社在内的农民合作社的发展壮大，离不开地方政府的有力支持。据 2019 年 7 月 13 日央视新闻联播报道，今年我国开始实施农民合作社规范提升行动和家庭农场培育计划，中央财政将安排 100 亿元资金，重点支持发展农产品初加工、创建特色品牌等。四川在全省范围内大力推进乡村旅游合作社的普及，使四川乡村旅游进一步增强了就业引导能力、提高了组织化程度、完善了利益联结机制。需要强调的是，今天的合作社与以前的人民公社是两码事。区别在哪里？中国人民大学经济学院教授刘守英指出这一次的"合"，以全面的权利界定以及自愿为基础，最重要的是充分考虑了利益联结。人民公社时代生产搞不上去，关键在于大集体窝工现象严重，社员出工不出力。这一历史教训给当代农民合作社可持续发展的启示在于必须实行有效的激励机制，实行多劳多得、优劳多得的劳务报酬制度，社员的工资奖金福利应该与劳动贡献、劳动成效挂钩应呈现出正相关关系。

3　河北围场县森林旅游精准扶贫实践剖析

3.1　河北围场县森林旅游精准扶贫简介

围场县是全国唯一一个满族蒙古族自治县，位于河北省承德市北部，地处内蒙古高原和冀北山地的过渡带，为阴山山脉、大兴安岭山脉的尾部与燕山山脉的结合部，地势西北高东南低。全县总人口 54.2 万人，其中以满族、蒙古族为主的少数民族（除满、蒙古之外，另有回、苗、朝鲜等少数民族 33 个）人口 32.2 万，占全县总人口的 59.4%，民族民俗风情浓郁，是承德市人口最多的县，贫困人口也比较多（表 1）。围场县总面积 9219.72 平方千米，接近全国总面积的千分之一，是河北省面积最大的县，其中耕地面积 167 万亩，林地面积达到 784.2 万亩，森林覆盖率达到 58.8%，是河北省林地面积最大的县。围场县的野生动物和野生植物资源较为丰富，全县野生动物有 5 纲 24 目 50 余科 150 余种。其中，国家一级重点保护野生动物 5 种：金钱豹、梅花鹿、大鸨（地甫）、黑鹳、白头鹤。全县野生植物有 70 科 206 属 602 种。其中，国家三级重点保护野生植物 6 种：樟子松、水曲柳、黄檗（黄柏）、胡桃楸、刺五加、蒙古黄芪。围场县丰富的野生动植物资源为其开展森林旅游提供了得天独厚的条件。

表 1　2015—2018 年围场县贫困户与贫困人口统计表

年份	贫困户数	贫困人口数
2015	50499	166612
2016	38977	86652
2017	31758	69797
2018	20364	43285

资料来源：围场县扶贫与农业开发办公室。

围场县的森林旅游形态包括森林、湿地、湖泊、草原（含森林向草原过渡的地带）以及野生动植物资源等，市场口碑较好的森林旅游景区、景点主要包括塞罕坝国家森林公园、御道口草原森林风景区、机械林场、太阳湖风景区、小滦河国家湿地公园与红松洼国家级自然保护区等，目前拥有 2 个国家级森林公园、3 个国家级自然保护区、2 个国家 4A 级景区、1 个国家级湿地公园。正在加快建设塞罕坝森林小镇，其中以塞罕坝国家森林公园最负盛名。塞罕坝系蒙汉合璧语，意为"美丽的高岭"，在清朝属皇家猎苑木兰围场的重要组成部分，后因开围放垦、匪患火灾，到新中国成立时，塞罕坝已退化成茫茫荒原。57 年来，三代林场人坚持植树造林，建成了约 110 万亩世界上面积最大的人工林海，塞罕坝的森林覆盖率已超过 80% 以上。据中国林业科学院评估，塞罕坝的森林生态系统每年可涵养水源、净化水质 1.37 亿立方米，固碳 74.7 万吨，释放氧气 54.5 万吨；空气负氧离子是城市的 8 至 10 倍，每年提供超过 120 亿元的生态服务价值。2017 年 8 月，习近平总书记对河北塞罕坝林场建设者感人事迹作出重要指示，高度肯定"牢记使命、艰苦创业、绿色发展"的塞罕坝精神，认为塞罕坝林场半个多世纪以来坚持植树造成是"是推进生态文明建设的一个生动范例"。2017年12月，塞罕坝荣获联合国环保最高奖项"地球卫士奖"，成为全球环境治理的"中国榜样"，时任中宣部部长刘奇葆(2017)指出"塞罕坝林场建设实践是习近平总书记关于加强生态文明建设的重要战略思想的生动体现"。自20世纪80年代起，塞罕坝开始探索生态旅游之路，通过不断的经营管理，入园游客已由当初每年1万余人次发展到现在的每年60余万人次，实现直接经济效益4.6亿元，年均纳税700余万元。靠山吃山，周边村民也长久受益。林场为社会提供就业岗位2.5万个，其中森林旅游(赛罕坝森林旅游发展历程如表2所示)的发展，更带动了周边地区的农家乐、休闲游等产业发展，每年可实现社会总收入6亿多元。这有力拉动了周边乡村农家游和县域经济的发展，发挥了旅游扶贫、旅游富民的作用。

表2 塞罕坝森林旅游发展历程

年份	主要事件
1983	林场转入营林为主的新阶段，把森林旅游作为二次创业的支柱产业
1993	原国家林业部批准建立了塞罕坝国家森林公园，公园总经营面积140万亩，其中森林景观110万亩，草原景观20万亩，森林覆盖率80%
1996	以集中连片的森林和世界最大人工林的壮观之美为主体，以全域中的草原、河流、湖泊、天象等自然景观以及精神宣教、自然研学、生态康养、避暑休闲等为卖点，公园把森林旅游作为商品，将景观资源价格化
1999	森林旅游开发公司成立，公园旅游迈入市场化发展阶段，积极推动塞罕坝的生态优势转化为经济优势
2017	坚持"在开发中保护，在保护中开发"的理念，围绕"生态、皇家、民俗"品牌，为方便游客驻足和分解客流，先后打造了七星湖、塞罕塔、二龙泉、亮兵台、五彩斑斓等景点

3.2 河北围场县森林旅游精准扶贫的"得"

3.2.1 借势宣传以提升品牌知名度

提升品牌知名度，延长产业链并提升价值链，做大做强森林旅游产业，精准扶贫才能有可靠的载体与平台。围场县先是借势习近平总书记2017年8月对河北塞罕坝林场建设者感人事迹作出重要指示这一"宣传IP"，邀请人民日报、新华社、光明日报、经济日报、中央电视台(新闻联播头条播出)等多家中央媒体同时对塞罕坝务林人艰苦创业的感人事迹进行集中报道，在很短的时间内，中国大陆大多数人都知道河北有个"赛罕坝"。同年12月，围场县又抓住塞罕坝荣获联合国环保最高奖项"地球卫士奖"的重大利好，组织发动新一轮宣传攻势，成功吸引了我国港澳台地区以及部分关注沙漠与荒漠化治理的国家关注世界最大人工林海河北"塞罕坝"。随后，政府、协会、学会以生态保护、森林培育、绿色发展为主题的会议陆续在围场县召开，进一步提升围场县森林旅游的知名度。2019年7月25日，在河北承德塞罕坝国家森林公园，100名澳门青少年代表"新时代同心行"学习参访团②全体成员种植了100棵松树，命名为"澳门同心林"，意为澳门青少年植根祖国、同心同德，学习并弘扬"艰苦创业"的精神[8]。伴随品牌知名度提升而来的是源源不断的到访游客，这为围场县开展森林旅游精准扶贫打下了良好的基础。

3.2.2 积极扶持贫困户发展林家乐等涉旅项目

围场县政府对贫困户发展林家乐(含民宿)项目的每户给予6000元专项扶贫资金支持，并享受降低贷款门槛、降低公证费用、取消保险费、取消担保服务费、免除贫困户贷款抵押，实行三户联保的"两降低、两取消、一免除"特惠政策，争取"政银企户保"5万元低息贷款。森林旅游渐成时尚，来自北京的林地自行车骑行发烧友单江娜，每年都会带着"硬叉车"来到围场莫里莫村体验骑行，住在贫困户陈淑芝开办的林家乐，类似这样的游客不在少数。陈淑芝指出"每年'五一'过后，来旅游的人就渐渐多起来了。特别是暑期，人最多，一天能收入1000多元"，这为她的林家乐带来了更大的发展机会。据初步测算，贫困户发展农家客栈户年均可增收2万元以上。另外，当地政府对贫困户从事旅游摊位销售的，每户给予 3000 元专项资金支持。

3.2.3 引导贫困户发展林下生态种植养殖业

伴随着国民经济持续健康发展而来的是居民的收入不断攀升，对吃的要求日益"苛刻"，希望能够购买到"绿色、天然、安全"的食材。特别是来自大中城市的中高收入客源群体，在结束围场县森林体验之旅后往往会顺带采购一些具有当地特色的林下生态农产品。罗杰森（Rogersen，2012）认为"在发展中国家，农业生产与旅游扶贫之间的关系是多方面的、复杂的和多变的，以农业生产作为发展基础的旅游对本地的经济和吸纳贫困人口就业有很大的促进作用"[9]。为此，围场县政府积极扶持以合作社、家庭农场等为主的新型农业经营主体，大力发展林下生态种植养殖业。例如，距离塞罕坝景区 3 千米左右的大唤起乡博兴畜禽养殖专业合作社，承包了 400 多亩山林，建立放养基地，引进狍子、鹿、黄羊、野兔放养。目前，已经销售鹿茸 100 余千克，鹿、狍 90 多只，实现纯收入 100 余万元，有 10 多户贫困户因此实现了稳定脱贫。目前，围场县已种植林下药材 6000 亩，林下蔬菜 3000 余亩，养殖柴鸡 3 万余只，林下种菌 110 万袋，实现产值 0.7 亿元。在笔者看来，游客购买高品质林下生态农产品的数量及金额是衡量一个地区森林旅游扶贫发展好坏的一个重要标志。

3.2.4 为贫困人口设置生态护林员工作岗位

森林旅游精准扶贫是以数量充足、类型多样的野生动植物资源为基本的旅游吸引物。2019 年上半年，我国连续发生四川凉山木里县森林火灾与山西沁源森林火灾事故，造成了重大的人员与财产损失。围场县现有林地面积 784.2 万亩，森林覆盖率 58.8%，由于山多、林子大、防火季节长，森林养护任务很重，需要很多护林员。为贯彻落实林业系统精准扶贫的要求，围场县的生态护林员都是从贫困人口中遴选的，2016 年以来，共聘用 3281 名，每名生态护林员年收入可达 7700 多元。护林员在巡护林子时捡拾具有市场需求且能卖上价钱的蕨菜、榛蘑和白蘑等纯天然农产品，也能获得一定的收入。另外，围场县积极引导贫困户参与生态项目建设，组织有劳动能力的贫困户参与生态工程整地、栽植等劳务，增加贫困户的工资性收入。

围场县除了推行上述这四种主要的森林旅游精准扶贫举措之外，还鼓励有劳动能力的贫困户到旅游节点和森林旅游型景区务工，人均月工资可达 3500 元以上。对于没有劳动能力的贫困户，围场县扶持龙头企业和产业大户实施规模化经营，引导贫困户以林地、土地入股，促进贫困户增收。

3.3 河北围场县森林旅游精准扶贫的"失"

2017 年以来，伴随着围场县森林旅游品牌知名度的提升，其所发挥的精准扶贫效应日益明显，集中表现为贫困户参与人数、各类收入及增长率都呈现出较快增长的态势。但与巩固脱贫攻坚成果以及乡村振兴的要求相比，还是存在着不小的差距。主要表现在：（1）森林旅游新业态发展成效不明显。围场县现有的森林旅游项目主要是观光游览，森林康养、森林研学以及森林特色小镇还处在建设之中，目前没有叫得响的体验项目。（2）贫困户参与扶贫项目的组织化程度不够。围场县虽然有畜禽养殖专业合作社、涉林果行业协会与万家客栈企业管理有限公司，但数量偏少，规模不大，内部治理机构不够完善，因此带动贫困户脱贫的能力相对有限，贫困户单打独斗的局面没有得到根性改观。（3）利益联结机制松散且盈余分配机制有待完善。涉旅合作社数量稀少，未能在龙头企业与贫困户之间架起有效的"纽带、桥梁"作用。由于各个利益相关者之间的利益联系较为松散，几乎没有架设相应的利益联结机制，还是延用传统的小农户思维提供森林旅游相关服务与产品。

4 森林旅游精准扶贫的组织强化路径

4.1 重塑农民经营管理理念

围场县为了营造优良的管理体系，正在积极推动"网络＋旅游"融合发展，打造乡村旅游网络智能化服务平台。然而，一些地方尽管林业脱贫潜力很大，但现实仍很"骨感"，这是由小农生产经营的显著特点"分散进行、自给自足、有限经验"所决定的。中国人民大学金灿荣教授（2017）认为"人类的进步基本上是靠组织能力来衡量的，组织能力越强，发达程度就越高"。因此，要提升林（农）家乐经营户的效益离不开有效对接大市场，实现这一目标，首先是扩大经营规模、提升林农的组织化程度。由致富能手牵头组建的乡村旅游合作社下连农户上接龙头企业，在推进森林旅游精准扶贫组织化的过程中扮演着独特的作用，"像吸铁石一样把乡亲们紧紧凝聚在一起"。贫困户成为社员之后，通过持续不断地接受先进服务意识与经营理念的熏陶，学习服务技能与管理方法，逐步了解并掌握现代市场经济的基本规律。

4.2 持续深化合作社治理机制

围场县扣花营村成立了旅游合作社，推行标准化管理，组织乡村旅游培训，带动贫困农户走旅游品牌化发展道路；而作为深度贫困地区的云南省怒江傈僳族自治州的森林覆盖率高达 75.31%，比围场县高出 16.51%，但是森林旅游精准扶贫的效果却不如围场县，这主要是受制于"怒江产业基础薄弱，普遍小、散、弱，产业扶贫组织化程度低，抗风险能力弱，合作社等新型主体普遍质量不高，带动能力有限"的不利影响。因此，完善合作社内部治理机制、提升合作社管理效能就成为脱贫攻坚任务繁重的地方政府的重要议事日程。参照现代管理学决策、执行与监督三权分设这一基本原则，考虑到农民合作社的独特性，深化合作社治理机制可以从社员入社退社机制、财务管理机制、风险承担与利益分配机制、纠纷调解机制与监督（监事）机制等方面着手。在治理方式的选择上，除了继续贯彻依法管理原则之外，还应该充分发挥乡村自治与德治的辅助作用。另外，当地政府应鼓励老教师、老干部、乡村企业家等德才兼备的新乡贤在合作社矛盾纠纷调解中的先导作用。

4.3 探索高效管用的教育培训体系

大多数有劳动能力的贫困户受地处偏远、文化水平低下、思想观念保守、劳动技能欠缺、市场竞争意识不足等不利因素的影响，从事森林旅游等现代服务业的能力普遍偏弱，因此当地政府探索高效管用的教育培训体系就显得非常重要。结合贫困地区乡村旅游扶贫参训学员的学习习惯和接受能力，主办方改变了以往课堂教学为主的方式，少讲"高大上"的理论，不搞"大水漫灌"，突出案例教学和现场教学，带领学员"走出去""现场看""实地学"，通过现场观看乡村旅游的成功模式，实地考察交流乡村旅游的发展路径，让学员真正明白旅游扶贫"干什么"和"怎么干"。要多探索一些像海南"电视夜校"节目、新时代农民讲习所等接地气的培训方法。围场县在推进森林旅游扶贫的过程中，适时组织开展了网络技能培训，通过课堂网络技能培训和网络视频等培训形式，共培训乡村旅游农户 300 多人次，切实提升了农户的网络实际操作水平和旅游服务质量。这一做法对森林资源富集的其他贫困地区有了较大的借鉴价值，因为现代旅游服务业的繁荣发展离不开互联网的加持。

4.4 推行适用的聚才引智方略

人才是关键，也是贫困地区发展旅游最大的短板。贫困地区的农村人多地少、农业产业附加值低，加上恰巧赶上我国城镇化发展大潮，不少地方政府鼓励农民进城，导致农村"空心化"现象日益严重。笔者多次深入闽西北农村调查，发现绝大多数的农村以老弱病残幼为主，很少能见到青壮年劳动力，产业弱化与本土能人外流形成恶性循环关系，这种情况非常不利于森林旅游产业可持续发展。但也有例外，比如，在塞罕坝精神的感召下，一些受过高等教育的林四代回到塞罕坝林场工作，为塞罕坝森林旅游产业转型升级、高质量发展注入了鲜活的动力。森林资源丰富的贫困地区应该坚持适用的聚才引智方略，以吸引本土能人回归为主，以引进外来人才为辅。打出"政策、待遇、感情"相结合的组合拳，吸引创业有成的本土能人回到家乡兴业创业，教育引导本地籍大学生回村就业创业。对于外地籍人才，应保持"不求所有、但求所用"的原则，采用柔性引才办法，为森林旅游发展提供智力支持。

5 森林旅游精准扶贫的利益联结机制优化

从利益相关者理论来分析，旅游扶贫村建设是一项涉及面广的系统工程，需要做到"五位一体"——村民、旅游开发商、乡村旅游合作社(或协会)、村委、政府在乡村旅游开发经营与管理中融为一体。云南普者黑景区发生部分民众阻止景区正常运营、三明市建宁县高峰村村民妨碍水上漂流项目经营等事件说明在推进森林旅游精准扶贫的过程中必须优化各利益主体的利益联结机制，并使其处于动态平衡之中。围场县政府采用"政府＋社区(社区企业或集体自治组织)＋居民"为主导的利益分配机制以及"政府＋投资商＋社区(社区管理者)＋居民"的利益分配模式。这两种模式相对来说对贫困户还是比较有利的。但在具体的利益分配过程中，由于各利益主体方的组织化程度不同以及势能不一样，获利最多的是企业，其次是地方政府，最后才是当地的贫困人口。因此，有必要优化森林旅游精准扶贫的利益联结机制。

5.1 利益联结机制优化应遵循的原则

森林旅游精准扶贫利益联结机制首先应以法治为前提，其次是遵循乡村治理中有关德治与自治的要求，最后要遵循如下几个方面的具体原则：(1)自愿加入与示范引领相结合原则。合作社与人民公社的主要区别在于产权清晰与自愿入社，所以贫困户自愿加入合作社应该成为基本原则。对于一些贫困户在合作社成立初期由于担心合作社"搞不成"，若把仅有的一点生产资源入股合作社，家庭的基本生活没有保障的情况，可以通过深入挖掘早期入社贫困户脱贫致富的真实案例，树立榜样，起到示范带动作用，这比单纯做思想工作的效果要好得多。(2)技能提升与外部赋能相结合原则。据媒体公开报道，有的龙头企业只给贫困户分红，但不让贫困户参与企业的生产经营，这种扶贫方式显然不符合"精准"二字的要求。贫困户实现可持续自我发展，关键在于通过组织有效的培训，使其掌握必要的劳动技能。但有鉴于深度贫困地区不少贫困户识字不多，掌握市场所需技能速度慢、效果差的情况，因此需要包括志愿组织在内的扶贫主体采取超常规的帮扶举措。(3)企业带动与公益扶助相结合原则。施埃文斯强调"通过与大型主流旅游企业合作，而不是小型旅游企业，在减少贫困方面更具建设性"。森林旅游精准扶贫要取得预期成效，关键在于景区、住宿、餐饮、娱乐以及关联企业的竞争力越来越强。考虑到贫困地区发展森林旅游产业需要一个较长的过程，而精准扶贫则有较为紧迫的时间要求，因此给有劳动力的贫困户设置诸如护林员、公厕保洁员、安保员等公益性岗位是有必要的。(4)要素贡献与博爱关怀相结合原则。"为了充分发挥乡村民宿在新时代的旅游扶贫效应，有必要处理好要素分配与博爱关怀这一对关系"。按要素贡献参与企业利润分配是市场经济的基本规律，但不少贫困户因病致贫，甚至部分丧失劳动能力，也就是说贫困家庭支出刚需多，劳动收入却比较有限，如果完全按照要素贡献参与分配的话，贫困户的生活水平很难达到当地的平均值，因此应该对贫困户的家庭收入采取必要的倾斜政策。

5.2 利益联结机制优化的具体策略

5.2.1 综合施策降低各种风险

从调研反馈的情况来看，贫困户参与森林旅游精准扶贫项目的风险承受能力普遍较低，因此当地政府必要采取各种措施手段，以降低可能存在的各种风险系数，以免打击贫困户自力更生的积极性。(1)购买人身意外保险。有鉴于护林员长期在森林这种野外工作的特殊性，围场县林业和草原局多方筹集资金为建档立卡贫困人口生态护林员购买人身意外险，这种有益做法值得其他地方学习。(2)购买农业保险。伴随森林旅游产业蓬勃发展而来的是林下生态种植养殖业得到迅速发展，部分贫困户也参与其中。规模化种植养殖之后，动植物本身存在疫病风险加上受恶劣天气的不利影响，一旦损害发生，贫困户前几年的盈余可能会赔得血本无归，因此当地政府除了严格执行购买国家农业部门规定的既定险种之外，针对当地特色的小众农产品，也要探索合适的农业保险购买模式。(3)协助贫困户做好市场行情研判。贫困户要不要开办林(农)家乐或民宿？今年种什么养什么？品种如何搭配？解决市场行情研判是实现森林旅游精准扶贫的前提条件。贫困户由于文化水平有限，使用互联网的能力有限，这就需要政府有关职能部门、各有关行业协会、农民合作社以及大企业通力合作，聘请行业资深专家，定期研判市场行情变化趋势并及时引导贫困户做好有关经营决策事宜。

5.2.2　经营盈余分配要合理

"天下熙熙，皆为利来；天下壤壤，皆为利往。"做好经营盈余分配工作关系到龙头企业、村集体、合作社、"第三方"服务平台以及农民能否形成利益紧密联结机制的直接影响因素。由于利益矛盾长期无法得到妥善解决，一些地方发生过村民非理性干扰招商引资企业(龙头企业)正常经营的情况，这会破坏当地的营商环境。"第三方"服务平台往往具有信息技术、公信力、销售渠道等方面的优势，合作社与"第三方"服务平台合作，有利于尽快建立品牌与扩宽销售渠道，这二者之间的权利义务关系也要处理好。经营盈余分配着重在于合作社、村集体与村民(含贫困户)三者之间，分配比例该如何确定才算合理？各地的实践情况有所不同(表3)，但照顾村民特别是贫困户的收入应该成为首要原则。笔者以为，盈余分配比例的确定要以合作社长远可持续发展为主，按照"协商一致、照顾当前、考虑长远、预防风险"基本原则进行具体操作。

表3　以合作社以纽带的利益相关方经营盈余分配方法

合作社名称	盈余分配办法
武汉杜堂村旅游专业合作社	吸引资金建共享农庄，63%的收益给村民分红，公司占34%，剩下的3%归村集体；村民每年保底分红10%，上不封顶
贵州安顺塘约村	土地收益由合作社、村集体、村民按照3:3:4的比例分成
四川省大英县高山村、登荣村	合同不光细化了"企业供技术、保收购，农户供产品、保质量"等权责，还明确了农户、企业、村集体6:3:1的分红比例，企业和贫困户成了共赢搭档

5.2.3　构建合适的利益争端解决机制

由于受到贫困户的利益观念不同、对合作社贡献程度的衡量标准不一、对已经实行一段时间的利益分配方案是否合理的影响，贫困户与龙头企业、贫困户与合作社、贫困与村集体、合作社与龙头企业之间难免会存在一些利润矛盾。比如，村集体成员的资格认定一事，对于自然资源或历史文化资源丰富的贫困村，在上级政府及有关部门的大力支持下，往往会把这些"公共资源"按人头进行量化折股，这时候可能会产生成员资格认定难的问题：嫁出去的女儿(户口尚未迁走)能不能算？在城市买房且户口已经迁走的男村民算不算？这种情况下既要按法规政策去认定"疑难村民"的集体经济成员资格，也要考虑各地的实际情况，出台合适的解决办法。如果村民还有异议，可以向乡镇政府或县级有关职能部门如实反馈，有关部门应该秉着合法合理合情原则，公正处理这些难题。也就是说，在合作社发展的过程中，有必要构建"先调后诉、调诉结合、诉罢事息、和谐安宁"的利益争端解决机制，特别要发挥本地"法律明白人"、新乡贤、老干部在利益调解方面的作用。

6 小 结

　　森林旅游精准扶贫是森林资源丰富的贫困地区推进产业扶贫的一种有效举措。本文基于农民合作社的视角，选择河北围场县这一典型案例进行深入剖析，指出其在借势宣传营销、扶持林（农）家乐等涉旅项目发展、鼓励贫困户从事林下生态种植养殖、选聘贫困户做生态护林员等方面取得积极成效。与此同时，分析发现围场县虽然在森林旅游扶贫组织化与利益联结机制方面有所探索，但成效不够明显，需要进一步深化。遂此，建议从重塑农民经营管理理念、优化合作社治理机制、构建高效管用的教育培训体系以及推行适用的聚才引智方略等方面提升森林旅游精准扶贫组织化程度。另外，着重探讨森林旅游精准扶贫利益联结机制优化问题，由于各地的具体情况有所不同，因此提出要遵循自愿加入与示范引领相结合、技能提升与外部赋能相结合、企业带动与公益扶助相结合与要素贡献、与博爱关怀等利益联结基本原则；另外，还给出了综合施策降低各种风险、经营盈余分配要合理以及构建合适的利益争端解决机制等利益联结机制优化的具体策略。

注 释

　　① 由于一些地方政府鼓励村级党组织或是党员致富能手带头领办专业性合作组织，实行村党支部委员与合作社理事会两套牌子、一套人马的做法，由村党支部书记担任合作社理事长，村党支部委员会其他成员根据需要担任合作社理事会、监事会有关职务。加上村级治理组织往往"政经不分家"的通常做法，因此，合作社在某种程度上具有政治功能。

　　② 为庆祝中华人民共和国成立 70 周年和澳门回归祖国 20 周年，澳门特区政府、澳门中联办、澳门各界青年组织活动筹备委员会联合主办了澳门青少年"双庆"系列活动。其中 500 名澳门优秀青少年组成"新时代同心行"学习参访团，其中 100 人赴河北省开展国情学习之旅。

参考文献

白骈. 决胜全面小康四川旅游扶贫真抓实干[N]. 中国旅游报，2018 – 08 – 15.

顾仲阳，王浩. 怒江脱贫主打"生态牌"[N]. 人民日报，2018 – 05 – 13(09).

官长春，江金荣，黄海棠. 乡村振兴背景下乡村民宿精准扶贫研究[J]. 山东农业工程学院学报，2018(9)：90 – 97.

吕文. 聚焦深度贫困聚力志智双扶[N]. 中国旅游报，2017 – 12 – 11(02).

毛磊. 国情学习之旅丰富多彩[N]. 人民日报，2019 – 08 – 04(06).

万秀斌，汪志球，黄娴，等. 从包产到户，到合股联营，分合皆为改革——农村改革的安顺实践[N]. 人民日报，2019 – 01 – 11(07).

吴春燕. 承德市围场县旅游精准扶贫研究[D]. 秦皇岛：燕山大学，2017：34 – 35.

晓眷. 完善产业链让农民种上放心田[N]. 人民日报，2019 – 05 – 10(16).

邢丽涛. 互助合作办旅游乡村脱贫闯新路——陕西留坝县发展乡村旅游纪实[N]. 中国旅游报，2019 – 01 – 07(08).

徐飞雄，安文. 以"六个精准"高效建设旅游扶贫村[N]. 中国旅游报，2018 – 01 – 30(03).

张玫. 2018 年全国森林旅游和康养接待游客超 16 亿人次[N]. 中国旅游报，2019 – 01 – 17(02).

中办 国办印发《关于促进小农户和现代农业发展有机衔接的意见》[N]. 人民日报，2019 – 02 – 22.

周彬. 围场脱贫发展战略研究[D]. 天津：河北工业大学，2013：30 – 31.

Rogerson C M. Tourism – agriculture linkages in rural South Africa：Evidence from the accommodation sector[J]. Journal of Sustainable Tourism，2012，20(3)：757 – 772.

Scheyvens R. Tourism and Poverty[M]. Routledge，2011：46 – 48.

基于乡村生态产品市场化的乡村振兴路径探索

——以福建尤溪联合梯田核心区连云村乡村振兴探索为例

曾祥添① 孔 泽① 龚 琳①

（三明学院经济与管理学院，福建三明　365004）

摘　要：乡村振兴是以农村经济发展为基础，包括农村文化、治理、民生、生态在内的乡村发展水平的整体性提升，是乡村的全面振兴。但由于我国地域辽阔，乡村众多，差异化巨大，在实际乡村振兴战略过程中，每个乡村的实现路径不一样。福建尤溪连云村属于生态基底好的乡村，以此为例，探索"生态资源产品化和生态产品资产化"的乡村振兴路径。在分析该村的基本条件基础上，提出了通过生态产品市场化实现连云村乡村振兴的五条路径，即创新生态产品发展方式、推行生态产品＋龙头企业发展方式、发展生态康养旅游产业、打造农耕生态文明教育产业、创新生态产品市场化机制。

关键词：乡村振兴；生态产品市场化；实现路径

党的十九大报告指出"我国社会主要矛盾已经转化为人民日益增长的美好生活需要和不平衡不充分的发展之间的矛盾。"这种不平衡不充分主要表现在"城乡发展的不平衡""区域间农村发展的不平衡"等。十九大报告同时提出实施"乡村振兴战略"，这是新时代做好"三农"工作的总抓手，是解决不平衡、不充分发展的有效方法。但由于我国乡村众多，发展不平衡，如何利用乡村固定资源探索乡村振兴之路，方法各异。其中生态产品市场化是生态资源较好的乡村可以探索的乡村振兴路径之一。本文从生态产品市场化与乡村振兴的关系入手，以福建尤溪县联合梯田核心区连云村乡村振兴为例，探索通过生态产品市场化实现乡村振兴的路径。

1 生态产品市场化与乡村振兴

1.1 生态产品市场化

1.1.1 生态产品

《国务院关于印发全国主体功能区规划的通知》（国发〔2010〕46号文件），将生态产品定义为维系生态安全、保障生态调节功能、提供良好的人居环境的自然要素，包括清新的空气、清洁的水源、茂盛的森林、宜人的气候等。生态产品同农产品、工业品和服务产品一样，都是人类生存发展所必需的。人类需求既包括对农产品、工业品和服务产品的需求，也包括对清新空气、清洁水源、宜人气候等生态产品的需求；从需求角度，这些自然要素在某种意义上也具有产品的性质。

1.1.2 生态产品分类

生态产品从含义上可以分为两类，一类为无形的产品，其主要功能在于能够为人类维持良好健康

---

① 作者简介　曾祥添，男，福建尤溪人，副教授，主要研究方向为区域经济、旅游管理、企业管理等。

孔泽，男，山东曲阜人，讲师，主要研究方向为乡村旅游规划、旅游营销与策划、民宿开发管理、旅游景区品牌创评辅导等。

龚琳，女，福建沙县人，讲师，主要研究方向为国家公园体制。

的生存环境，能够保障自然生态系统的调节作用，维持整个生命系统的稳定；另一类为有形的产品，有形产品则可视为对生态产品范围的拓展，指的是通过清洁生产、循环利用、降耗减排等途径，减少生态资源消耗而生产出来的有机食品、绿色农产品、生态工业品等物质产品。

1.1.3　生态产品市场化

目前，水权、林权、排污权、碳汇交易的成功运作使得生态产品外部性得到解决，公共生态产品转为商品有了可靠的途径。生态产品是可以分区域的，甚至可以细化到每一个乡村，并且，生态产品存在实实在在的载体，并不是完全不能感知、不能测量的，这些特性为生态资本运营及市场的形成给予了可行性。将生态所包含的生态资源转换为生态产品，将生态产品发展为生态资产，再将生态资产转化为生态资本，最后生态资本反哺于生态资源。依靠生态资本的运作显示其经济性，通过不间断的生产来提供生态产品，从而完成对环境资源的科学合理利用，促进乡村生态产业的发展。

1.2　乡村振兴战略

2018 年中央一号文件《中共中央国务院关于实施乡村振兴战略的意见》提出，按照产业兴旺、生态宜居、乡风文明、治理有效、生活富裕的总要求，对统筹推进农村经济建设、政治建设、文化建设、社会建设、生态文明建设和党的建设做出全面部署。

乡村振兴是我国未来 30 年最重要的政治任务和发展战略，乡村振兴既是一场攻坚战，更是一场持久战。实施乡村振兴战略，就是要解决我国城乡发展不平衡不充分问题。乡村振兴是以农村经济发展为基础，包括农村文化、治理、民生、生态在内的乡村发展水平的整体性提升，是乡村的全面振兴。

1.3　生态产品市场化与乡村振兴的关系

生态产品市场就是要把生态资源转化成生态产品，通过市场实现生态价值，从而促进当地生态产业发展。在乡村振兴中，产业兴旺是首要任务，没有乡村产业的发展，就不可能有乡村振兴的实现。对于生态资源条件好的乡村，把生态资源转换成生态产品，通过生态产品市场化推动乡村生态产业发展，实现产业兴旺，从面促进生态宜居、助推乡风文明和有效治理，实现生活富裕乡村振兴目标。另一方面，国家乡村振兴一系列惠及"三农"的政策，将促进乡村产业发展和乡村振兴的实现。

2　连云村乡村振兴发展条件分析

2.1　连云村基本概况

连云村是福建省尤溪县联合镇——"全球重要农业文化遗产"联合梯田核心区的一个行政村，位于福建省尤溪县西北部，与南平塔前镇毗邻，全村平均海拨高度 760 米，属亚热带海洋性季风气候，地貌以山地、丘陵为主，号称"八山一水一分田"。连云村是革命老区基点村，下分辖四个自然村，11 个村民小组，1446 人。土地总面积 9700 亩，其中：耕地面积 1081 亩，林木面积 3869 亩，毛竹林面积 4300 亩，银杏面积 450 亩，全村农民人均纯收入 2800 元。

2.2　连云村乡村振兴基础条件分析

2.2.1　区位交通较便利

连云村在联合镇的西北部，离镇区约 4 千米，有福银、厦沙、莆炎高速和向莆铁路"三高一铁"过境的交通优势，距沙县机场仅半个多小时车程，是闽中重要交通枢纽。便利的交通，对生态产品市场化的各种产品销售、休闲等具有一定的优势。

2.2.2　生态资源组合度高

连云村有高山梯田耕地、森林、人力、水资源、湿地、大气等生态资源。村所在地的多年平均降雨量在 1600 毫米左右，降雨天数约 220 天，最长连续降雨天数 17～19 天，无雨 16～20 天。历年平均蒸发量 1313.4 毫米。原生态系统比较完整，生态系统生物多样性十分丰富，经过数十代梯田农耕发展，最终形成了"森林 – 竹林 – 村庄 – 梯田 – 梯田村庄复合 – 河流"的山地农业生态系统。许多优秀的传统农耕技艺均以活态形式代代传承，如稻田养螺、稻田养鱼、稻田养鸭、作物轮作、套种、灯火除虫等，是了解中古农耕文明的重要窗口。保留至今的洋白糯、冷水珠、尤溪术、尤溪红、红米仔、矮脚白、白头莲、五白冬、石榴红等 72 种传统水稻品种，以及山麻鸭、番鸭、半番鸭等本土家畜品种，都是独特的遗传资源。梯田生态系统生物多样性十分丰富，有植物 672 种，动物 166 种，常见微生物 27 种。连云村梯田因其独特的自然环境因子，地形相对封闭，可有效防止品种混杂退化，保持良种种性。这些优良的生态系统，非常适合开发生态产品，并通过市场化，推动生态产业的发展。

2.2.3 农耕文化品牌影响力大

连云村所在的联合梯田是全球重要农业文化遗产，拥有 1300 多年历史的尤溪县联合梯田是中国东南部面积最大、唯一由东南沿海汉民族创造的梯田农耕系统。生态保护与水土保持理念是尤溪县联合梯田自始至终秉持的理念，是尤溪县联合梯田可以传承至今的保证。传统的耕作方式确保了食品安全，为目前的食品无公害问题打开了一个窗口。它所蕴含的生态农业、循环农业和低碳农业的思想和理念，既代表了传统农耕文明的主流思想，也代表了当代先进农业的前进方向。特别是近年的旅游开发，形成了一定的市场影响力。

2.2.4 乡村治理成效明显

1948 年 6 月 14 日夜间，在连云村水尾大庵召开 108 人贫农团大会，在当地灵活地开展各项革命斗争活动。连云村是革命老区基点村，生态保护较好，生态系统较完整；民风淳朴，乡风文明，符合乡村振兴的"生态宜居、乡风文明、治理有效"的要求。

2.2.5 区域农业龙头企业带动优势强

在联合梯田内，有一家农业龙头企业尤溪久泰现代农业发展有限公司。该公司创办于 2015 年 7 月，注册资本 2000 万元，公司位于尤溪县联合镇岭头村、惠州村，占地面积 10300 亩。尤溪久泰公司运用现代科学技术和生产管理方法，对水果进行规模化、集约化、市场化和农场化生产，以构建水果产业、生产、经营三大体系为重点，全力打造成为发展先进、创新活跃、富有活力现代农业企业。久泰公司主要从事农业生产、收购、储运、销售，对连云村生态产品市场化和乡村振兴带动明显。

2.3 连云村乡村振兴 SWOT 分析

从表 1 可以看出，在连云村乡村振兴过程中，应该选择"SO"战略，即发挥生态优势、品牌影响力和农业龙头企业优势，紧紧抓住新时代解决社会主要矛盾的需要，充分利用国家推进生态文明和乡村振兴战略的机遇，把生态资源产品化，把生态产品市场化，大力发展连云村的生态产业，积极推进乡村振兴。

表 1　边云村乡村振兴 SWOT 综合分析

	优势 S	劣势 W
内部	1. 农耕文化品牌优势 2. 生态资源优势 3. 农业龙头企业优势	1. 区位交通不便的负面影响 2. 梯田生态脆弱，开发有难度 3. 劳动力短缺，影响产业发展
	机遇 O	威胁 T
外部	1. 生态保护带来的机遇 2. 生态产品市场化带来机遇 3. 乡村振兴战略带来机遇	1. 开发可能破坏生态资源 2. 生态产品市场推广存在风险 3. 生态产品资本化带来风险

3 基于乡村生态产品市场化的乡村振兴路径探索

3.1 连云村乡村振兴路径分析

"产业兴旺"是乡村振兴的经济基础，是乡村振兴的重中之中；"生态宜居"是乡村振兴的环境基础；"乡风文明"是乡村振兴的文化基础；"治理有效"是乡村振兴的社会基础；"生活富裕"是乡村振兴的民生目标。没有产业兴旺，后面四个目标的实现就失去了根本。因此，在探索乡村振兴实现路径过程中，首先要把发展乡村产业作为首要任务。乡村振兴"二十字"方针相互关联。要把实现百姓"生活富裕"的目标，就是要把"治理有效"与"乡风文明"建设有机结合，通过"治理有效"促进"乡风文明"建设，通过"乡风文明"建设提高"德治"水平，实现"三治合一"治理格局；要把"产业兴旺"与"生态宜居"有机结合，使"生态宜居"既成为"生活富裕"的重要特征，又成为"产业兴旺"的重要标志。

3.2 通过生态产品市场化实现连云村乡村振兴

3.2.1 创新生态产品发展方式

由于联合梯田连云村山地地形原因，导致对外交流较少，形成独立的生态圈，保存和延续下许多优质粮种。在连云村建立绿色有机农林产品基地，在基地内种植72个传统水稻品种，如典型种植石榴红、尤溪红、冷水珠、胡早、矮脚白、尤溪术等品种，可加快尤溪县水稻种质资源库建设。积极打造闽中特色珍稀稻种基地，发挥千年良种生态品牌优势。打造"生态资源—生态产品—生态资产—生态资本—生态资源"生态产品市场化循环发展模式，通过循环发展，做大生态产业，推动乡村产业兴旺（图1）。

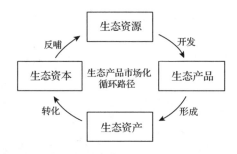

图1 生态产品市场化循环图

3.2.2 推行"连云村生态产品" + 龙头企业发展方式

连云村可以依托于久泰现代农业有限公司，形成生态产品 + 龙头模式，依托久泰先进技术对联合镇的生态产品进行深加工，并通过其冷链物流和销售平台，对连云村的生态产品进行运输、推广和销售；并可以探索新型合作模式，如共建合作社或股份公司，以土地或人力等形式入股，共建生态产品深加工体系，引导有形生态产品集约高效利用，探索"连云村生态产品" + 龙头企业发展方式，通过龙头企业的优势，促进连云村生态产品品牌的形成（图2）。

3.2.3 大力发展生态康养旅游产业

连云村区域内，最高海拔近900米，最低260米，垂直落差近700米，上下温度差近5℃，使其生物多样性更加丰富，有利于生态康养旅游的开发。其中可积极利用全球重要农业文化遗产特有的景观及文化属性，如海拔1311米开遍映山红的金鸡山、广袤葱茏的竹林、作为省级湿地公园向上申报的瑞洋等秀丽景色，以及距今800多年的南宋古迹伏虎岩景区，以南、尤、沙革命斗争遗址和烈士纪念碑等组成的红色旅游线路等，加大开发以生态康养为主题，辅以摄影观光游、乡村风光游、休闲度假游、红色旅游等旅游业态，打造生态产品，并努力促进市场化。

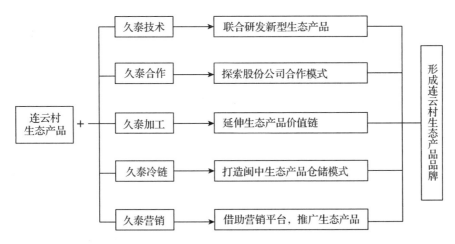

图 2　连云村"生态产品市场化 + 龙头企业"模式图

（1）资产转化为资金

通过规划引领及企业引进，引导村民积极参与，将景区划分为五大功能区：旅游商务购物区；生态农业体验区；生态康养体验区；连云梯田农耕文化综合体验区。通过休闲度假山庄、康体养生、富氧山泉、农耕文化研学、摄影美术基地等多态体验，争创国家 4A 级景区，实现旅游生态产品的市场转化。

（2）资金反哺乡村生态

利用收益资金，加强景区生态环境治理保护，达到"山常绿、水长流、空气更清新"的效果，实现发展与保护的良性循环。

（3）特色品牌

联合梯田拥有"中国五大魅力梯田""发现海西之美十佳景点"的美誉，"福建省摄影创作基地"的称号。利用这些荣誉及品牌进行宣传和吸引旅游客流到连云村休闲旅游。

3.2.4　打造农耕生态文明教育产业

依托于联合梯田悠久的农耕历史，积极挖掘和提升梯田民俗文化、农耕文化、红色文化等特色文化的内涵，在连云村讲好"联合梯田故事"。设立农耕生态文明教育基地，吸引学生来此地学习和回味传统耕作方式，通过亲身经历了解农业民俗文化，培养学生吃苦耐劳等红军革命精神。重点办好每年的开耕节、熬"九粥""丰收节"等民俗活动，展示和弘扬丹溪河畔"耕读传家"文化传统。努力把连云村打造成"闽中农耕生态文明教育基地"，推动乡村生态产业的发展。

3.2.5　创新生态产品市场化机制，推动生态产业发展

（1）建立价值核算评估应用机制

一是科学核算生态产品价值。完善连云村生态产品目录清单，科学评估各类生态产品的潜在价值量。在连云村开展生态产品价值核算评估试点，完善指标体系、技术规范和核算流程。

二是健全绿色发展财政奖补机制。制定生态产品政府采购目录，在连云村率先探索政府采购生态产品试点，探索建立根据生态产品质量和价值确定财政转移支付额度、横向生态补偿额度的体制机制。

（2）建立生态产品市场交易体系

一是健全自然资源资产产权制度。建立自然资源资产全面调查、动态监测、统一评价制度，重点界定森林、梯田、水域等自然资源资产的产权主体及权利。开展生态保护修复的产权激励机制试点。支持开展集体合作社改革，健全集体耕地经营权流转、集体林租赁等机制。

二是健全生态产品市场交易机制。探索建设生态产品交易平台，一方面发展以生态产品载体或生产者（包括山水林田湖草等）为生态产品价值计量的交易市场；另一方面借助先进测量技术将污染物排放许可数量引入市场，并根据市场供求确定单位数量交易价格的污染排放交易二级市场，如碳排放

交易。

三是建立生态信用制度体系。建立企业和自然人的生态信用档案、正负面清单和信用评价机制，将破坏生态环境、超过资源环境承载能力开发等行为纳入失信范围。探索建立生态信用行为与金融信贷、行政审批、医疗保险、社会救助等挂钩的联动奖惩机制。

四是建立新型交易机制。转变观念，生态资源的交易不仅存在于政府间生态补偿机制或碳排放的交易买卖关系，生态资源产品化后，个人与社会资产对于生态产品也可进行交易，对于有形的生态产品，个人与社会资源，可以进行入股与投资；对于无形的生态产品，个人和社会资源也可以进行承包运营，通过打造生态旅游产品等形式，转化为生态资金或资产。其中取得的收益又可反馈于生态的保护与修复工作。

（3）建立生态产品市场化研究中心

建立千年良种研究中心。连云村保留有千年历史的良种，在当前转基因盛行的时期，这些良种实属难得。要建立以农业科研院所为主体，联合当地政府和农户，同时，利用尤溪久泰现代农业发展有限公司的技术优势，进行千年良种保护性的开发与提升研究，在做好现有物种传承的基础上，提升生态农业产品的品质和产量，推动连云村生态产业的发展。

4 结 语

对于生态基底好的乡村，可以通过"生态资源—生态产品—生态资产—生态资本—生态资源"的路径，实现生态产品市场化来发展生态产业，生态产业发展好，就能实现乡村振兴的产业兴旺，进行助推生态宜居、乡风文明、治理有理，实现生活富裕的乡村振兴目标。

参考文献

国务院关于印发全国主体功能区规划的通知（国发〔2010〕46 号文件）〔EB/OL〕. https：//doc. xuehai. net/ bf2f434b4148afe9ee699bead. html.

邵帅. 探索构建生态产品市场化供给模式〔J〕. 中国社会科学报，2019. 10.

习近平. 决胜全面建成小康社会夺取新时代中国特色社会主义伟大胜利——在中国共产党第十九次全国代表大会上的报告（2017 年 10 月 18 日）〔N〕. 人民日报，2017 - 10 - 28（1）.

近二十年我国森林公园研究的可视化分析

周 卫① 王 芳 聂晓嘉 兰思仁②

（福建农林大学园林学院，福建福州 350002）

摘 要：以 1999—2018 年 CNKI 数据库中文期刊为数据基础，利用 Citespace 软件对我国森林公园研究的发文作者、发文机构和核心关键词等进行可视化分析。研究结果表明：我国森林公园的研究发文量总体呈波动增长的趋势与并我国相关部门相关政策的颁发有着密切的因果关系；已形成一定的研究规模，但大部分的作者都保持着相互独立的状态，合作方式多为固定"师门"合作，跨团队跨院校交流较少；研究主要集中在森林公园开发与管理、林下经济与森林旅游、自然资源保护与评价、景观资源开发与评价、森林公园生态服务 5 个重点领域。近年来，森林生态资源开发的自然教育和森林体验为主的森林康养成为森林公园研究的前沿领域。

关键词：森林公园；可视化；研究综述

1 引 言

经过 20 多年的快速发展，森林公园作为一类森林旅游景区日渐成为我国旅游热点，其具有强大的生态功能和丰富的景观资源，已成为学术界持续研究和关注的热点领域。进入 21 世纪以来，森林公园建设逐渐走向成熟，森林公园管理不断加强，森林旅游景区数量剧增，社会影响显著提升。在这一背景下，相关学者从不同视角对森林公园研究进行了讨论与总结，大多建立在对大量文献的定性梳理基础上，在文献选择与分类标准、热点跟踪与方向把控等方面存在较大的主观性，缺乏对森林公园研究热点与关注焦点变化的准确把握。基于此，本文借助可视化分析软件 Citespace 对国内森林公园研究成果开展阶段性的归纳与总结，识别森林公园研究的知识图谱，有助于从整体上把握其研究态势，为后续创新性研究奠定基础。

2 数据来源

本文的文献数据主要来自于中国学术期刊全文数据库（即中国知网，以下简称 CNKI）数据采集 2019 年 7 月 11 日，时间范围均设定为 1999—2018 年。在 CNKI 数据库中，以"森林公园"为主题进行检索，文献类型限定为期刊，来源类别限定为 SCI 来源期刊，EI 来源期刊，全国中文核心期刊和 CSSCI 期刊，共得到 2202 篇文献，除去相关性较低文献及会议报道、期刊通知和访谈类别文章，得到

① 作者简介 周卫（1995—），男，广东广州人，硕士研究生，研究方向为国家森林公园历史与理论风景园林规划设计方面。电话：15815817223。邮箱：916633905@ qq. com。

② 通讯作者 兰思仁，男，教授，博士生导师，研究方向为森林旅游、风景园林等。邮箱：lsr9636@163. com。

有效文献 1852 篇。

2.1 研究方法

目前，Citespace 软件是学术界绘制知识图谱的最常用的工具。该软件是在科学计量学、数据挖掘技术和信息可视化背景下由美国德雷克塞尔大学信息科学与技术学院华人学者陈超美教授基于 Java 语言开发的可视化软件。其主要功能是通过关键词共现、机构分布、作者合作、文献耦合等可视化功能展现该领域学科前沿的演进趋势和热点动向，是一种新的文献综述定量分析方法。

本文以 CNKI 下载的数据为基础，使用 Citespace 5.0 R7 版本，通过发文作者、机构、关键词可视化分析，展示近二十年森林公园研究领域的研究现状、研究热点和研究趋势。

3 结果与分析

3.1 森林公园文献的概况

3.1.1 发文时间分析

通过研究发文数量变化在一定程度上能体现研究的发展历程，本文检索的文献是从 1999 年开始。图 1 根据 CNKI 检索结果的历年发文量绘制，从图中可以看出我国森林公园的研究发文量总体呈波动增长的趋势并与我国相关部门相关政策的颁发有着密切的因果关系，经历了初步发展时期—快速发展时期—稳定发展时期 3 个发展阶段。

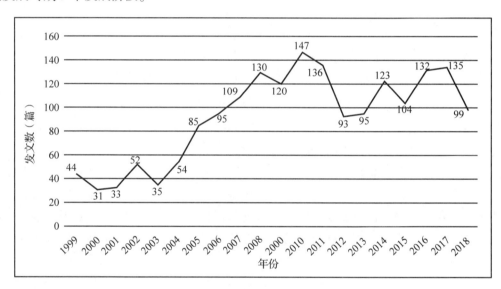

图 1 森林公署研究文献时间分布

1999—2003 年是初步发展时期，期间共发表论文 195 篇，占总发文量的 10.55%。我国森林公园的研究始于 1980 年，然而直到 1982 年张家界国家森林公园的建立，才结束了中国没有森林公园的历史。此后，很长一段时间里，全国森林公园发展速度缓慢，截至 1990 年总共才批建 16 个国家森林公园。1992 年，原林业部下发《关于加快森林公园建设的决定》的通知，要求凡是森林环境优美、生物资源丰富、自然景观和人文景观比较集中的国营林场都应当建立森林公园，发展森林旅游；次年，中国林学会森林公园与森林旅游分会成立，中国森林公园的建设步伐明显加快，逐渐形成了国家森林公园、省级森林公园和市级森林公园等三级体系。2004—2010 年是快速发展时期，期间年发文量只增不减共发表论文 740 篇，占 39.96%。发文量在 2004 年开始不断攀升，这是由于 2003 年中共中央、国务院发布了《关于加快林业发展的决定》，提出生态需求已成为社会对林业的第一需求。随着我国经济持续增长，居民消费结构升级；城市化水平大幅度提高；旅游交通大幅度改善等外部宏观条件的改善，中国的森林公园、自然保护区建设和森林旅游事业迎来最佳的发展机遇期。在该阶段，森林公园数量快速增长，分布范围不断扩大。截至 2010 年底，我国各级森林公园超过 2500 处。2011 年至今国内森林旅游研究进入较为平稳时期，论文发表量维持在较高水平间小幅度波动，森林公园研究日趋成熟。

3.1.2 发文作者和机构统计分析

对文献作者与文献数量关系的分析可以反应出该领域的核心作者群及其合作关系。本文利用 Citespace 软件，将 1852 篇有效文献数据转换后导入，将网络节点确定为作者（Author）和机构（Institution），得到国内森林旅游研究的主要科研力量及机构分布情况。对核心作者进行统计分析，发现排名第一的作者共发文 23 篇，根据普莱斯定律，核心作者的认证公式为 $M = 0.749(N_{max})^{0.5}$，式中，N_{max} 为发文最多的作者，M 为核心作者的最低文献数。经计算可得出 $m \approx 4$[2]，因此发文量不少于 4 篇的作者为核心作者，共计 28 位。如表 1 所示。

从中可以发现，兰思仁近二十年的发文数量最多达到 23 篇，远高于其他作者的发文量。曾发表过《中国森林公园和森林旅游的三十年》《福州国家森林公园人工群落结构与物种多样性》《福建省森林景观类型及地理分布概述》等文章，并撰写了《国家森林公园理论与实践》一书，对于我国森林公园与森林旅游的发展有较多深入研究。

表 1　我国森林公园研究的核心作者

作者	发文量（篇）	作者	发文量（篇）	作者	发文量（篇）
兰思仁	23	李少宁	8	朱里莹	6
李明阳	12	潘剑彬	8	王屏	5
钟林生	12	傅伟聪	8	王勇	5
陈波	12	洪昕晨	7	晏海	5
董建文	11	朱佳佳	7	吴楚材	5
黄秀娟	10	汪殿蓓	7	田春园	5
石强	10	修新田	6	唐建兵	5
董丽	9	陈梓茹	6	丁振民	5
王成	9	余本锋	6	/	/
鲁绍伟	8	朱志鹏	6	/	/

通过作者合作网络的分析，可以得到以兰思仁为关键节点和以董建文为关键节点的两大核心网络，同时以黄秀娟，李明阳，钟林生等为中心节点的新兴网络组团在不断壮大，形成了两大核心，多个组团的格局。同时尚有许多作者单独分布，说明团队合作力不足。在已有的合作网络中，成员多来自同一个单位，图 2 是我国森林公园研究合著最大的子网络，其中兰思仁、黄启堂、洪昕晨、池梦薇、刘群阅等均来自福建农林大学。仅有少量网络属于跨单位，这表明森林公园研究多为固定"师门"合作，跨团队交流较少。

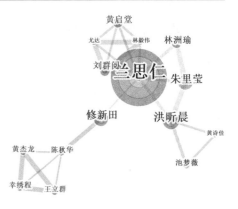

图 2　森林公园论文作者合著最大子网络

近二十年森林公园论文发文前十的机构统计如表 2 所示，福建农林大学是发文量最大的机构，这与福建省十分重视森林公园与森林旅游创新发展有关。在 2007 年福建省林业厅正式推出了"森林人家"特色的旅游品牌，三年后，福建农林大学成立了"森林景观和森林公园研究所"，加强这一领域的研究和推广工作。第二是中南林业科技大学，总发文 23 篇，该院吴楚材教授等长期从事森林旅游、旅游规划设计的研究，为推动中国森林旅游和森林公园发展做出了许多开创性的贡献。从研究机构合作情况来看，大部分机构均处于独立状态，仅有少数机构间存在合作发文，如福建农林大学园林学院和北京林业大学园林学院、中国科学院地理科学与资源研究所等展开的合作。森林公园研究多为团队内部合作，缺少跨院校，跨区域合作。

表2　森林公园研究机构前十名排序表

机构	出现次数
福建农林大学园林学院	28
中南林业科技大学	23
中国科学院地理科学与资源研究所	22
北京林业大学园林学院	21
北京林业大学经济管理学院	18
国家林业局调查规划设计院	18
南京林业大学风景园林学院	15
西北农林科技大学林学院	15
国家林业局林产工业规划设计院	15
福建农林大学管理学院	14

3.2　森林公园研究的热点与重点领域

关键词是对文章内容的主要方向和核心观点的高度概括和凝练，是作者思想的简洁表达。为了更直观的呈现历史文化街区领域的研究热点、研究趋势和知识结构，本文对历史文化街区研究领域内相关文献的关键词共现频率和突现词进行可视化分析。将文献数据导入 CitespaceV 软件中，数据库时间节点为1999—2018年，以1年作为时间切片，网络节点确定为关键词（Keyword），选取每个时间切片中高被引的前50个关键词，生成森林公园研究热点知识图谱（图3）。从图中可以看出，国内出现频次较高的关键词是"森林旅游""旅游资源""物种多样性""群落结构""空气负离子""对策""评价""可持续发展"等。结合基础文献阅读，不难看出，国内对于森林公园的研究主要集中在森林公园开发与管理、林下经济与森林旅游、自然资源保护与评价、景观资源开发与评价、森林公园生态服务5个重点领域。

3.2.1　森林公园管理与开发

森林公园研究在我国起步较晚，理论支撑不足，在森林公园开发过程中缺乏相应的管理保护措施，开发具有随意性、掠夺性，严重影响森林公园景观资源与自然资源。针对以上问题，刘海英提出了推进法制建设、强化行业监管，规范规划管理、加强顶层设计，重视资源保护、有序开发利用，加大稳定投资、增强森林活力，完善科技支撑、保障人才建设等建议。陈玲玲等在辨析森林旅游资源内涵的基础上，基于我国森林旅游资源的主要开发载体，即森林公园、林业自然保护区以及湿地公园等的开发历程与空间分布现状进行了深入总结和探讨。

3.2.2　林下经济与森林旅游

林下经济与森林旅游研究早期采用旅行费用法（TCM）对森林公园的游憩价值进行了测评，随着国内森林公园稳定发展，研究逐渐扩展到环境承载力，生态旅游可持续发展等。研究方向主要集中在旅游资源、游客满意度和偏好分析等。丁振民等以福州国家森林公园为例，检验 CVM 评价森林景区游憩价值的理论效度，为 CVM 评估中国森林景区游憩价值的适用性提供有效证据与调研方案。

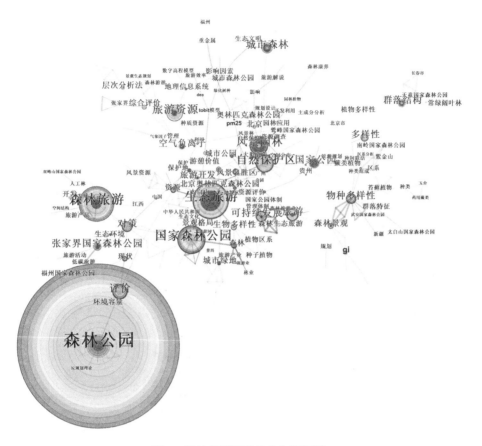

图3   森林公园研究热点知识图谱

3.2.3   自然资源保护与评价

森林公园开发与开展森林旅游对森林公园植被、动物及其生境等自然资源方面的影响是多方面的，目前学者的研究主要针对旅游开发对森林公园自然生态环境的影响。董雪云等对帽儿山国家森林公园植物种类进行实地调查，并进行了区系特征的对比分析，为评估帽儿山国家森林公园植物保护状况提供依据。毕帅帅等以白云山国家森林公园小黄山温带落叶阔叶林为研究对象，分析了群落的物种组成、胸径结构和主要物种的空间分布格局。

3.2.4   景观资源开发与评价

森林资源包括自然资源和景观资源，森林公园具有得天独厚的森林生态景观资源优势。艾婧文等以福建三明金丝湾森林公园为对象，设置样地，以林分结构指标和景观因子为基础，耦合美景度对样地进行综合评价。王娜等运用心理物理学景观评价原理(Scenic Beauty Estimation，SBE)和多元线性回归方程，对城郊森林公园的森林林内景观的美学质量进行了研究。

3.2.5   森林公园生态服务

随着健康理念不断深入，依靠森林丰富的自然资源与景观资源多样化，包括自然教育和旅游解说、空气负离子等研究逐渐增多，尤其是近年来，发展森林旅游康养产业，森林康养成为森林旅游新业态。

3.3   森林公园研究领域的前言分析

对国内近20年来关键词用 Citespace 进行统计并对得到的视图显示类型为 Timezone，得到图4，并对选区频次较高的关键词按时间进行排序得到表3。

图4　森林公园研究前沿知识图谱

表3　国内森林公园相关文献的关键词分布

频次	年份	关键词	频次	年份	关键词	频次	年份	关键词
2	2018	林权制度改革	2	2015	旅游服务	2	2009	旅游影响
2	2018	森林生态学	2	2015	空间格局	45	2008	风景园林
2	2018	建设现状	2	2015	生态位重叠	20	2008	空气负离子
8	2017	影响因素	6	2014	国家公园体制	9	2008	地理信息系统
4	2017	森林康养	5	2014	低碳旅游	32	2007	城市森林
4	2017	自然保护地	2	2014	生态敏感区	8	2006	植物区系
4	2017	空间分布	2	2014	植物群落	12	2006	风景名胜区
2	2017	多样性指数	2	2014	开发潜力	11	2006	景观格局
2	2017	百度指数	2	2014	服务质量	23	2005	群落结构
2	2017	经济价值	11	2013	城市公园	9	2005	环境容量
2	2017	社会效益	7	2013	生态文明	24	2004	对策
6	2016	PM$_{2.5}$	4	2013	保护	9	2004	现状
5	2016	旅游解说	28	2012	国家公园	7	2004	资源评价
4	2016	旅游效率	2	2012	旅游规划	9	2003	森林生态旅游
4	2016	tobit 模型	6	2011	苔藓植物	36	2002	评价
3	2016	dea	4	2011	生态位宽度	25	2001	物种多样性
3	2016	气象因子	2	2011	价值评价	2	2001	生态建设
2	2016	生态系统服务	14	2010	城市绿地	95	2000	森林旅游
2	2016	生态补偿	8	2010	城市森林公园	2	2000	经济效益
3	2015	时间轨迹分析	8	2010	植物多样性	397	1999	森林公园
3	2015	森林人家	7	2010	贵州	90	1999	生态旅游
8	2015	保护地	14	2009	gi	44	1999	旅游资源
2	2015	生态保护	8	2009	群落特征	28	1999	可持续发展
2	2015	负氧离子	4	2009	森林游憩	15	1999	森林景观

从表中数据可以得出，国内森林公园的高频关键词集中在 1999—2003 年这个时间段，具有代表性的关键词有"森林公园""森林旅游""生态旅游""可持续发展""旅游资源"等表明国内近 20 年来森林公园可持续发展与森林旅游一直是森林公园研究领域的重点。研究对象主要集中在福建，湖南，广东等森林资源丰富的区域，其中福建形成森林人家新型森林旅游形式。之后的 2004 – 2010 年 7 年间，出现频率较高的具有代表性的关键词有"现状""对策""景观格局""群落结构""风景园林""空气负离子""植物多样性""城市绿地"等，与上一个年段相此时间段森林公园研究更多地渗透到其他领域的研究当中，多了一些对现状的思考与对策的探究。在 2011 年至今，"影响因素""森林游憩区""生态安全""生态服务功能""旅游解说""供给侧改革""森林人家""条件价值法（CVM）""比较分析""森林康养""百度指数""集体林权制度改革"和"城郊森林公园"等成为主要关键词。研究涉及森林旅游生态安全及生态服务功能与森林公园效益分析及森林旅游新模式研究。值得注意的是，近年来，森林生态资源开发的自然教育和森林体验为主的森林康养成为森林公园研究的前沿领域。

4 结论与讨论

从发文实践来看，我国森林公园的研究发文量总体呈波动增长的趋势与并我国相关部门相关政策的颁发有着密切的因果关系，经历了初步发展时期—快速发展时期—稳定发展时期 3 个发展阶段。

从作者机构分析来看，已形成以兰思仁为关键节点和以董建文为关键节点的两大核心网络，构成两大核心，多个组团的格局。大部分的作者都保持着相互独立的状态，合作方式多为固定"师门"合作，跨团队、跨院校交流较少。

从关键词共现图谱和高频关键词汇总来看，研究主要集中在森林公园开发与管理、林下经济与森林旅游、自然资源保护与评价、景观资源开发与评价、森林公园生态服务等 5 个重点领域。近年来，森林生态资源开发的自然教育和森林体验为主的森林康养成为森林公园研究的前沿领域。

总体来看，国内森林公园研究正处于稳定发展阶段，拥有核心科研力量，较为稳定的研究主题与较为明确的前沿趋势，研究领域覆盖面较广，研究方法与主题多元化。同时，我们应该看到，森林公园旅游研究的一些领域还有待我们进一步深入。在后续研究中，要进一步增强研究领域学科交叉，对国家公园体制建设、森林公园景观资产评估和对不同类型森林公园的旅游开发和经营管理研究等基础性问题进行深入化的探索，增强研究分支的开拓，构建更广泛、更系统的森林公园研究体系。

参考文献

艾婧文，刘健，余坤勇，等．耦合美景度的生态风景林目标树法优化经营[J]．林业资源管理，2017，(06)：94 – 102.

毕帅帅，胡金涛，樊鹏振，等．白云山国家森林公园植物群落特征及主要乔木空间分布格局[J]．河南农业大学学报，2018，52(02)：287 – 293.

陈玲玲，屈作新．我国森林旅游资源开发现状及可持续发展策略[J]．江苏农业科学，2016，44(01)：483 – 486.

陈梓茹，杨小可，傅伟聪，等．龙岩国家森林公园冬季负离子浓度变化特征[J]．江西农业大学学报，2016，38(06)：1119 – 1126.

丁振民，黄秀娟，朱佳佳．CVM 评价森林景区游憩价值的理论效度——以福州国家森林公园为例[J]．林业科学，2018，54(08)：133 – 141.

董雪云，王洪峰，张静文．帽儿山国家森林公园 30 年前后植物区系比较研究[J]．西北植物学报，2017，37(11)：2290 – 2299.

胡淑萍，李卫忠，余燕玲，等．基于 TCM 的太白山森林公园游憩效益评估[J]．西北林学院学报，2005，(02)：171

—174.

黄秀娟，朱佳佳，杨闽芳．环境保护对森林资源利用效率的影响研究[J]．林业资源管理，2017，（06）：113－119.

黄元豪，陈秋华，修新田，等．森林型风景区旅游环境承载力研究——以天台山国家森林公园九鹏溪风景区为例[J]．生态经济，2018，34（07）：201－207.

兰思仁，戴永务，沈必胜．中国森林公园和森林旅游的三十年[J]．林业经济问题，2014，34（02）：97－106.

兰思仁．福建省森林景观类型及地理分布概述[J]．林业资源管理，2002，（01）：55－59.

兰思仁．福州国家森林公园人工群落结构与物种多样性[J]．福建林学院学报，2002，（01）：38－41.

兰思仁．国家森林公园理论与实践[M]．北京：中国林业出版社．

刘海英．浙江省森林公园建设管理现状与发展对策[J]．浙江林业科技，2017，37（04）：89－94.

刘群阅，陈烨，张薇，等．游憩者环境偏好、恢复性评价与健康效益评估关系研究——以福州国家森林公园为例[J]．资源科学，2018，40（02）：381－391.

王慧，陈秋华，修新田，等．基于BP神经网络的森林旅游景区环境承载力预警系统构建研究——以太岳山国家森林公园石膏山景区为例[J]．林业经济，2018，40（03）：58－64.

王娜，钟永德，黎森．基于SBE法的城郊森林公园森林林内景观美学质量评价[J]．西北林学院学报，2017，32（01）：308－314.

赵敏燕，董锁成，高宁，等．大都市森林公园环境解说机会谱系构建研究——以北京市为例[J]．城市发展研究，2018，25（08）：10－14＋22.

朱莉华，侯一蕾，温亚利．基于DEA－模糊综合评价的游客满意度研究——以秦岭地区生态旅游景区为例[J]．宁夏社会科学，2018，（03）：236－242.

宗淑萍．基于普赖斯定律和综合指数法的核心著者测评——以《中国科技期刊研究》为例[J]．中国科技期刊研究，2016，27（12）：1310－1314.

智慧林业背景下森林公园导视系统的交互设计

朱晓玥[1]① 张华荣[1] 黄启堂[1,2] 兰思仁[1,2]②

（1. 福建农林大学园林学院，福建福州 350002；

2. 国家林业与草原局森林公园工程技术研究中心，福建福州 350002）

摘 要：研究基于智慧林业发展的大背景下，通过分析体验方和服务方对森林公园传统导视系统的用户体验，总结传统形式存在的不足之处，引入以用户为中心的交互设计理念，将物联网技术、网络媒介等运用于森林公园的导视系统设计中。着重关注在森林公园特定环境之下导视系统的优化，以问题需求为导向，在传统导视系统的基础上建立以用户体验为中心的智能化交互导视模式，使得用户、环境、信息相互之间产生连接，为游客、管理者、科研工作者等提供更加便捷、全面的导视信息。

关键词：森林公园；导视系统；交互设计；智能化

随着城市化的快速发展以及城市生活节奏的不断加快，衍生了许多环境及身心健康问题，人们对于回归自然、返璞归真的愿望日益强烈，近年来森林旅游成为兴起的一种旅游新业态，已逐渐受到广大群众的青睐。2018 年全国森林旅游游客量突破 16 亿人次，占国内旅游人数的 1/3，创造出近 1.5 万亿元的社会综合产值。人与森林之间的关系也渐渐被现代科学证明与求实，森林是良好的健身锻炼和慢行疗养的场所，森林环境具有调节人类生理、心理状况的保健功能。森林公园作为自然景观和人文景物的集中地，为人们提供游览、休息和进行科学、文化、教育活动的场所，也满足人们与自然和谐相处的需求。中国于 20 世纪 70 年代末期开始大力发展森林旅游，并建立森林公园，其承载的功能和服务也随着人们日益增长的美好生活需求不断发生着变化。随着森林公园到访用户的不断增加以及空间涵盖范围较大使得森林公园的综合服务面临重大的考验，尤其是导视系统作为森林公园重要的基础服务设施和人们游览过程中必不可少的内容，在人与自然的交流中发挥着重要作用，它的引导性直接影响用户在游览过程中的体验。虽然目前已经完成基础性的建设，但大多偏向于单向静态的信息输出，无法使用户获得最佳的导视体验，需要根据用户需求进行更加科学化、人性化的优化设计。智慧林业作为林业发展的新模式，充分利用新一代信息技术如云计算、物联网、移动互联网、大数据等，通过感知化、物联化、智能化的手段，达到林业立体感知、管理协同高效、生态价值凸显、服务内外一体的作用，这也为森林公园导视系统的优化设计提供了新的视角。

1 森林公园导视系统的概述

1.1 森林公园导视系统的建设现状

导视系统是指在特定的环境中，为了解决用户寻找方向和路径的问题，通过标识、色彩、符号和

---

① 作者简介 朱晓玥，女，博士研究生，研究方向为风景园林规划设计。邮箱：496036175@qq.com。

② 通讯作者 兰思仁，男，教授，博士生导师，研究方向为森林旅游、风景园林等。邮箱：lsr9636@163.com。

文字，形成的一整套导引系统。近年来对于导视系统的研究主要集中于城市室内外的公共空间，如城市公园、陈列馆、商业中心、地铁站内空间等，对于移动终端导视系统的运用和研究也越来越多，而针对空间尺度较大、自然生态属性突出的森林公园的导视系统的研究则相对少。大数据分析、新媒体、手机 APP、智能化服务等已经逐渐普及，用户的行为习惯和需求、信息的传递方式也随之变化。目前森林公园的景观规划中对于导视系统的规划设计及建设，多数仍为平面导视系统，局限于实体导向牌、标识牌等静态平面化模式。人们对于森林公园信息的获取途径十分单一，信息容量固定且十分有限，缺乏以人为本的空间导向意识，已经无法满足用户新的体验需求，不能够有效地将森林公园中自然及人文资源的多重价值传递给用户，导视系统的用户体验还有待进一步优化。

1.2 森林公园传统导视系统用户体验分析

在传统的导视系统模式下，前来森林公园观光游览的用户，通常是在抵达园区入口后寻找游客服务中心，咨询森林公园的景点、线路及相关服务等信息，随后根据园区的实体导视系统如标识牌、指示牌等进行游览，最后寻找到园区出口后返程。整个游览过程对于大多数用户来说是比较吃力且费时的，将会出现不同的心理情绪，给用户带来不友好的游览体验：①由于森林公园的空间尺度大，景点众多，无法在短时间内全面了解园区特色并结合兴趣点规划合理的游览线路；②无法随时随地准确地预知游览时间、游览距离；标识牌信息容量有限，指示牌指向不明，易出现方向感混乱的局面，需要不停地查找地图导航；无法提供中途休憩点、住宿点等的推荐；无法进行研究数据的共享；③往往因路途遥远、身体疲乏或时间紧迫而急切地想结束旅程；④繁琐混乱的游览导视模式降低了用户体验感（图 1）。对于森林公园的管理者及相关规划设计人员，他们通常通过实地观察及部分游客线下口头反馈等方式进行服务和设计提升，所获取的信息不够全面。

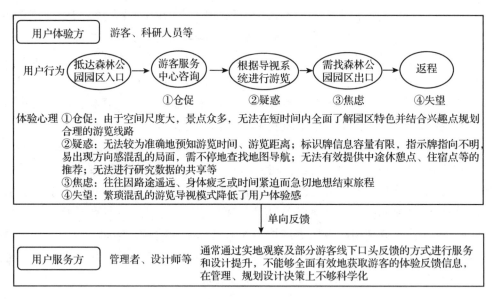

图 1 传统导视模式下用户体验分析

1.3 现阶段森林公园导视系统的主要问题

根据对用户行为体验的分析，发现现阶段森林公园导视系统存在以下 4 个问题：（1）缺乏系统性。在实体导视牌中未必能获得详尽的介绍，导致用户体验方无法获得全面系统的导视信息，信息过于碎片化，很难自主规划合理的游览线路；用户服务方不能够全面有效地获取游客的体验反馈信息及园区的实际情况，在管理、规划设计、决策上不够科学化。（2）缺乏连续性。森林公园空间尺度大，导视牌仅仅在固定的位置出现，并且易受人为及环境的破坏，有些地方甚至缺乏相应的导视设施或指示方向不明使得信息中断，影响用户的游览效率。(3)时空局限性。相关的导视信息局限由于特定的时空当中，用户无法随时随地获取想要的信息。(4)缺乏交互性。固定式的导视牌对于信息的传达为单向输出方式，用户无法进行互动反馈。

2 森林公园导视系统中交互模式的导入

2.1 导视系统交互模式概述

森林公园的导视系统对用户的路线规划和引导起着重要的作用，由于特殊的自然地理位置和空间尺度较大的园区环境，使得其导视系统的用户需求更为特殊和多样化。交互设计强调研究特定环境和系统中的用户行为情景，坚持以用户的互动体验过程为实现方式，强调挖掘用户需求，并且以实现用户需求为最终目的。交互式导视系统更加关注设计中的情感价值，在设计研究过程中建立人与环境的情感延续，是价值链上升的主要战略。随着以用户体验为核心的物联网技术的发展以及传感器、大数据分析等新技术媒介发展和普及，森林公园的导视系统迎来了交互设计智能化升级的发展新趋势，使信息获取途径不再局限于特定的时空，这是对传统导视信息的形式延伸和拓展。导视系统交互设计的智能化升级是将传统的线下服务模式转变为线上线下共同进行、相互配合的O2O服务反馈模式(图2)，该模式的关键在于将森林公园的数据信息更加便捷地服务于大众，形成游览、消费、科研、教育、管理等于一体的综合导视服务系统，为用户提创造全新的游览体验。在导视系统融入了新媒体后不仅可以为游客带来更多的便利，同时也为景区本身的运营提供了巨大的改善。系统立足于多元化的用户需求，建立用户互动体验的信息反馈模式，推动用户与用户、用户与环境的信息互动，有效地实现信息整合和传递及智能化分析和管理，服务用户端根据获得的交互数据进行措施响应，交互式的导视系统也成为整体体验服务过程的重要纽带，也能在一定程度上增加森林公园的宣传力度和影响力。

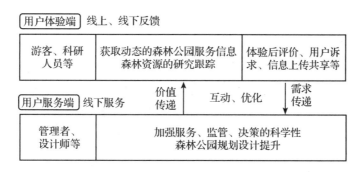

图2　智能化O2O服务反馈模式

2.2 导视系统交互模式特点

2.2.1 体验的交互性

用户在传统的导视系统交互过程中，往往只有文字和图片，相较之下智能化的交互导视系统优化了的用户交互体验，拉近了用户与环境的距离。观者不再仅仅是信息的被动接受者，管理者、设计师与观者之间开始互动、沟通和交流，观者的体验被充分重视。可以在短时间内将所需要的信息通过声音媒介、影音媒介、文字媒介、图片媒介等不同形式传达给用户，用户还可以在系统上反馈信息，产生高效的互动性，达到体验用户方与服务用户方交互、线上与线下交互、用户与设备交互、虚实交互、人与环境交互、感官交互等，更加智能化和人性化。

2.2.2 信息的即时性

即时性强调信息获取的时效，智能化的交互模式使得信息获取的渠道不再局限于固定的导视牌，不受任何时间和空间的限制，不同的用户能够快速、有效地获取所需要的信息，如实时的地理位置、园区活动推荐、天气状况、监测数据等，并且系统可以随时更新信息，极大地优化了游览效率和服务效果。

2.2.3 传播的多维性

传统的导视系统传达信息的形式比较单一枯燥，主要为简单的视觉刺激形式，而交互式导视系统下的信息表现形式更加多样化，可以通过多维度的视觉、听觉、触觉等感官的融合获得多重体验，让用户从被动接受者转化为主动参与者，增加体验过程的愉悦度和乐趣，此外，还可以传播不同时间和空间维度的信息。

2.2.4 操作的便捷性

智能化的导视系统具有全面系统的资料信息，数据库式的资料库将信息进行收集、分析和整合，使用户的各类需求能够实时获取和反馈，信息的流通更加迅速，便捷的无纸化触控操作不再需要额外的实体地图、宣传手册，这也大大节约了园区的材料开支，简单明了的操作界面使用户能够快速地查找到所需的信息。

3 森林公园导视系统交互设计优化

交互设计中用户的体验感尤为重要，结合对森林公园传统导视系统的用户体验分析得出的问题及需求对系统进行优化。根据用户体验过程的服务、森林资源的监控和管理等，融入"触屏时代"的新生活方式，建立用户体验为核心的交互式导视系统，将智能化模式运用到森林公园导视系统中。针对用户体验方和用户服务方，配合传统的导视信息形式，建立景点信息及路线规划、智能购票－餐饮－住宿服务、实时园区导航、科研信息共享、评价反馈、管理监测等为一体的线上导视系统，为用户创造更全面的综合服务体系(图3)。

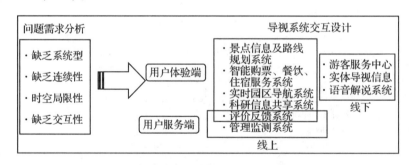

图3 问题需求导向的导视系统优化

3.1 用户体验方优化设计分析

通过导视系统的优化设计，使用户体验方在游前、游中、游后都能拥有更加友好的互动体验。用户通过下载森林公园手机 APP 或微信小程序等移动交互媒介辅助实体导视信息、语音解说等快速地了解森林公园景点介绍、天气情况、景区活动等信息，通过线上点击或景点二维码扫描获得语音或影像讲解服务，有条件的场所还可以借助 AR 技术、VR 技术、全息投影技术等，使游客能身临其境地感受森林公园的历史文化特色，打破传统导视模式信息获取和呈现的局限性，增加游览体验的趣味性和参与性。用户可以在界面上进行引导性操作，系统可以为用户提供个性化的游览线路定制服务，满足游客的不同体验需求，如自然景观游览路线、人文景观游览路线、自然教育路线、科研探索路线、生态养生路线等，同时用户可以在平台上分享自己的游览攻略。为用户提供一站式的购票－餐饮－住宿服务，在线上完成服务项目的预定，有效地节省了游客排队购票的时间、缓解了工作人员的服务压力。为解决传统导视系统导向不明、森林公园园区尺度大、通讯信号覆盖不全等问题，引入先进的无线通讯技术建立无线通讯专网甚至可以研发支持用户离线访问的系统，用户通过定位系统、全景技术进行实时导航，获取地理方位、到达游览目的地的距离等即时信息，还可以通过 AR 技术在现实场景中加入虚拟的导视信息进行路线指引。科研工作人员可以在系统上查询相关研究信息，也鼓励研究者将自己在园区的研究成果在平台上上传分享，建立科研数据库，解决研究者资料获取困难的问题。游览者根据游览体验在系统的评价反馈模块提出园区存在的问题、建议、意见，使反馈信息更加全面、高效，辅助森林公园的优化建设，园区管理者及规划设计人员等可以对反馈的信息进行整理、探讨，然后对园区的建设和管理不断进行优化。

3.2 用户服务方优化设计分析

用户服务方根据系统中管理监测系统可以对园区进行实时监测，并建立园区的监测大数据库。管理监测系统运用物联网技术、传感器技术等为园区资源的合理利用、森林旅游的合理适度开发及园区有效的管理建设提供有利保障，如森林中林地、野生动植物、水文水质等资源监测，为林业资源的调查、管理、保护提供帮助；对森林火灾、病虫害、气候变化等进行监测，减少自然灾害对森林公园带来的损失；对游客人流动态数据、热门景点、游客安全进行分析、统计和监测，为日后园区景点规划及游客服务提供优化依据。

4 结　语

实体形式与智能化形式相结合的森林公园导视系统是一种不断循环优化的模式，充当着人与环境和谐交互的桥梁，让线上交互系统与线下服务产生关联性，改善传统导视系统的弊端，是数字信息化时代发展的必然趋势。森林公园导视系统的交互设计更加注重人性化，满足人们日益增长的物质和精神需求，为用户提供"沉浸式"的友好互动体验，构建良性的、相互配合的导视服务体系，也为森林公园的发展注入了新的生命力，推动森林公园导视系统的升级。这种模式不仅有利地推动和提升森林公园游览效率和服务效果，还通过数据的不断挖掘和收集让森林大数据发挥更大的作用，从而促进森林公园的发展和森林资源的保护利用。

参考文献

曹鑫. 北京地铁导视系统设计中的交互设计思考[J]. 包装工程，2014，35(06)：37 – 40.

大卫·吉布森. 公共场所的信息设计[M]. 王晨晖，周洁，译. 沈阳：辽宁科学技术出版社，2010

方兴，田颖慧. 现代地铁导视系统的交互数字化研究[J]. 包装工程，2019，40(04)：88 – 92.

大卫·吉布森. 导视手册[M]. 沈阳：辽宁科学技术出版社，2010.

刘子建，陈怡醒. 基于虚拟现实技术的商业综合体智能导视系统应用研究[J]. 艺术科技，2017，30(05)：83.

秦龙. 基于体验视角的森林公园交互式导视设计[J]. 华南师范大学学报(社会科学版)，2018(04)：184 – 188，192.

徐进波，李思静. 交互式导视系统在美术馆中的应用与表达[J]. 艺术与设计(理论)，2019(Z1)：42 – 44.

薛静，王青，付雪停，等. 森林与健康[J]. 国外医学地理分册，2004，25(3)：109 – 112.

张朴. 城市形象设计在新媒体语境下的变化研究[J]. 包装工程，2015，36(06)：8 – 11.

张潇文. APP 平台下的区域导向系统设计研究[D]. 中国矿业大学，2015.

张扬南. 智慧林业：现代林业发展的新方向[J]. 南京林业大学学报(人文社会科学版)，2013，13(4)：77 – 81.

张月，张小开. 新媒介语境下的城市公共空间导视系统设计[J]. 包装工程，2019，40(02)：94 – 98.

张月，张小开. 新媒介语境下的城市公共空间导视系统设计[J]. 包装工程，2019，40(02)：94-98.

张月. 浅析新媒体引导下的城市公园导视系统设计[J]. 艺术科技，2016，29(06)：283.

张志永，叶兵，杨军，等. 城市森林保健功能研究进展[J]. 世界林业研究，2014，27(06)：27-33.

中国网. 2018年我国森林旅游游客量突破16亿人次[EB/OL]. (2019-01-08). http：//travel. china. com. cn/txt/2019 -01/08/content_ 74350926. htm

森林人家意涵解析

阙晨曦[1][①]　池梦薇[1]　兰思仁[1][②]

（1. 福建农林大学园林学院，福建福州　350002）

摘　要："森林人家"这一品牌建设已经过13年的发展，在保护自然资源、促进农民创收、加快新农村建设、带动区域经济发展等方面发挥了至关重要的作用。随着时代及社会需求的变化，"森林人家"的概念和内涵也在变化和不断丰富。本文对森林人家的概念和内涵进行了新的释意，对森林人家的发展历程进行梳理，对森林人家的建设意义和建设内容进行阐述，对森林人家的建设提供指导意义。

关键词：森林旅游、生态旅游、绿色经济

自然景观多样、生态环境优美、保健功能独特等，是森林吸引广大游客的巨大优势所在。因而森林旅游开始成为生态旅游的首要形式，具有的独特魅力与广阔的发展前景，这是其他类型旅游资源无法相比的。在1992年的中国森林公园建设和森林旅游学术交流会后，我国开始了对森林旅游进行系统的研究，森林人家也在森林旅游发展中逐步创建品牌。森林人家是具有森林生态特色的旅游形式，是森林公园的重要组成部分。2006年12月，自福建省林业厅和旅游局首创推出了"森林人家"这一概念以来，"森林人家"这一品牌建设已经过13年的发展，并在保护自然资源、促进农民创收、加快新农村建设、带动区域经济发展等方面发挥了至关重要的作用。随着时代及社会需求的变化，"森林人家"的概念和内涵也在变化和不断丰富。

1 森林人家的概念与内涵

大多数学者如林道茂、兰思仁指出，"森林人家"是以良好的森林环境为背景体，以有较高游憩价值的景观、景点为依托，以林农和大户为经营主题，充分利用森林生态资源和乡土特色产品，融森林文化与民俗风情为一体，为游客提供吃、住、游、娱、购等旅游服务要素的生态友好型品牌旅游产品。

曾行汇认为，"森林人家"是以有游憩价值的景观、景点为依托，以林农和大户为经营主体，充分利用林区动植物资源和乡土特色产品，融森林文化与民俗风情为一体的，为城市游客提供价廉物美的吃、住、游、娱、购等旅游要素服务的生态友好型旅游产品。

吴景认为，"森林人家"是为以舒适、温馨森林旅游接待为中心，以森林区域包括森林公园、自然保护区、国有林场、国有苗圃、乡村林场或具有良好生态环境的景区为依托，以林农为经营主体，充分利用森林生态资源和乡土特色的森林旅游产品。

刘枭等指出森林人家源于农家乐，是利用当地森林生态资源和自然景观环境而开发出的新型生态

---

①　作者简介　阙晨曦，女，讲师，研究方向为风景园林规划与设计、风景园林历史与理论。邮箱：chenxi_que@126.com。
②　通讯作者　兰思仁，男，教授，博士生导师，研究方向为风景园林规划设计。邮箱：：lsr9636@163.com。

旅游方式和特色乡村旅游模式。

国家林业局与草原局 2013 年颁布的《森林人家等级划分与评定（LY/T 2086—2013）》林业行业标准中定义，"森林人家"是以良好的森林环境与游憩景观为依托，能够为游客提供有森林特色的吃、住、娱等服务的场所。

福建省林业厅 2007 年颁布，"森林人家"是以良好的森林资源环境为背景，以有游憩价值的景观、景点为依托，充分利用林区动植物资源和乡土特色产品，融森林文化与民俗风情为一体的，为城市游客提供价廉物美的吃、住、游、娱、购等旅游要素服务的生态友好型旅游产品。

浙江省林业厅认为，"森林人家"是以良好的森林生态环境为基础，以林特业生产基地为依托，融森林文化与民俗风情为一体，以大户、家庭林场、工商业主等为经营主体，为城市游客提供吃、住、游、购等服务要素的生态友好型观光休闲经营体。以良好的森林生态环境和森林村庄、古村落、自然生态村落等为依托，以林特业生产基地为基础，结合具有地方特色的历史经典产业，以农户、家庭林场、工商业主等为经营主体，建设融森林文化与民俗风情为一体，提供吃、住、游、购等服务要素的生态友好型观光休闲森林人家集聚区。

安徽省林业厅认为，"森林人家"就是"森林旅游人家"，是以良好的森林环境为背景，以具有较高游憩价值的森林景观为依托，充分利用森林生态资源和乡土特色产品，融森林文化与民俗风情为一体，为游客提供吃、住、游、购、娱等服务的健康休闲型旅游产品，是乡村旅游的重要组成部分，具有巨大的市场潜力和广阔的发展前景。

广西省林业厅自 2012 年起在全区范围内开展"森林人家"旅游品牌建设试点工作，认为"森林人家"是利用森林景观资源，打造的新型乡村生态旅游品牌产品。

湖南省林业厅在 2018 年《森林人家建设规范行业标准》中指出，"森林人家"是指经营者以良好的森林环境与游憩景观为依托，融森林文化、民俗风情和乡土特色产品为一体，为旅游者提供具有林区特色餐饮、住宿以及林事体验、休闲娱乐、观光度假等服务的小规模经营实体。

以上各定义者所着眼的角度和层次不同，对"森林人家"赋予了不同的定义，但是在 4 个方面还是达成了共识，即：

（1）以森林资源为主要吸引物，包括与森林环境相联系的民俗风情；

（2）为游客提供吃、住、游、娱、购等旅游服务；

（3）森林旅游接待必须依托森林区或者旅游景区；

（4）提倡永续利用，重视经济、生态、社会三大效益综合。

因此，将"森林人家"的概念可以定义为：以良好的生态环境为前提，以较高游憩价值的森林景观为依托，为游客提供食、宿、行、游、娱、购等服务的旅游综合体。

作为一种旅游发展模式，该品牌在经营主体、依托环境、运营模式、运营效果、文化内涵等方面与现有旅游模式存在较大差别。它强调森林公园内林农的经营主体地位，注重良好的生态环境，提倡健康的生态旅游形式，融入了森林文化与乡风民俗，能很好地引导游客用生态保护的旅游态度走进自然、亲近自然，与大自然交流，从而实现城乡互动、人与自然和谐发展的目的。作为乡村旅游的重要组成部分，森林人家是符合资源特色的全新品牌，也是乡村振兴战略中的一个重要手段，具有广阔的前景和很强的生命力。

2 我国森林人家的发展历程

2.1 初步发展阶段

2006—2009 年是森林人家的初步发展阶段。基于福建深化林权制度改革的需要、福建发展森林旅游新平台的需要和经济社会发展的市场需求的时代和社会背景下，2006 年 12 月福建省林业厅和旅游局首创推出了"森林人家"这一旅游产品概念。在借鉴了四川省等地农家乐旅游的成功经验，省林业厅和旅游局结合福建省森林旅游资源的优势，提出建设和发展"森林人家"健康休闲游。2007 年 4 月 30日，福建省森林人家休闲健康游启动仪式在福州旗山国家森林公园顺利举行；同年制定了《森林人家基本条件》《森林人家等级划分与评定》地方标准，将进一步规范全省森林人家管理，提高旅游服务质量，促进森林人家健康持续发展。2008 年，安徽省林业厅和安徽省旅游局开展"森林旅游人家"创建和命名工作，并实行期限认证、动态管理。2009 年，湖南省林业厅起草了湖南省地方标准《森林人家建设规范》。

2.2 快速发展阶段

2012 年开始，福建省林业厅正式将"森林人家"这一标识授权给国家林业局，在全国范围内推广使用，至此森林人家进入了快速发展阶段。国家林业局于 2013 年 3 月 15 日发布，2013 年 7 月 1 日实施了森林人家等级划分及评定标准（LY/T 2086—2013）。该标准从根本制度上规定了森林人家所应该具备的基本条件、规格和要求，这一标准的制定为不同地区森林人家品牌的创立提供了一个参考依据，并且将森林人家产业正式化和制度化，为相关部门的管理，相关从业人员的运行提供了科学化和可行化。

2018 年中央一号文件提出："实施休闲农业和乡村旅游精品工程，建设一批设施完备、功能多样的休闲观光园区、森林人家、康养基地、乡村民宿、特色小镇。"这也为森林人家的推广和发展增加了很多生机。2018 年 3 月，国务院办公厅下发了《关于促进全域旅游发展的指导意见》（国办发〔2018〕15号），要求各地积极发展"森林人家""森林小镇"。这标志着森林人家创建工作已经上升到了国家战略层面，森林人家的创建也已不再仅仅是林业部门的工作职责，而是各级地方政府实施乡村振兴战略的主要抓手。

截至 2016 年底，全国现有黑龙江、浙江、安徽、福建、江西、湖南、广西、重庆、四川、贵州 10省（区、市）开展了森林人家建设，总数达 4973 户，从业人员 4.6 万人（数据来源：国家林业和草原局森林公园管理办公室）。同时，河北、山西、山东、云南、陕西、新疆等省份将发展"森林人家"列入了工作计划。浙江、安徽、福建、广西、重庆等在资金及政策方面出台了扶持政策（表1）。

表 1　2017 年全国森林人家统计（截止统计 2017 年 1 月）

省/直辖市/自治区	启动年份	数量（个）	授牌数量（个）	示范数量（个）	从业人员（人）	效益情况
福建	2006	562	562	133	2000	2016 年接待人数 1395 万人次，总收入 7 亿多元，增长 8%
安徽	2008	593	593	0	4000	年经营收入 2 亿元
湖南	2009	1302	0	0	1500	10～100 万元/年不等
广西	2012	35	0	0	500	暂未统计
江西	2012	216	0	0	2500	暂未统计

（续）

省/直辖市/自治区	启动年份	数量（个）	授牌数量（个）	示范数量（个）	从业人员（人）	效益情况
重庆	2013	1574	1574	0	25000	年接待游客900万人次
四川	2014	494	0	0	7400	暂未统计
黑龙江	2014	76	0	0	800	760万元
浙江	2015	118	0	0	2000	人均增收4400元
贵州	2015	3	0	0	50	年均收入80万元
合计		4973	2729	133	45750	

3 森林人家建设的新时代内涵

近几年，随着森林人家的发展，一些问题也日益凸显。主要表现在：（1）缺乏政策、资金扶持；（2）建设水平低，难以形成规模；（3）发展水平参差不齐，示范带动作用不明显；（4）产品单一，社会对森林人家的体验和认识还只能停留在农家乐层面；（5）宣传力度不够，社会认知度较低；（6）面临资源要素成本上升、建设用地不足等困难；（7）从业人员素质较低，专业性不强，经营理念落后，服务水平较低。

同时，森林人家的发展面临的新机遇，迫切需要森林人家进行转型和升级发展。

3.1 森林人家成为生态文明建设的重要抓手

党的十九大报告指出，建设美丽中国，为人民创造良好生产生活环境，为全球生态安全作出贡献，并强调："必须树立和践行绿水青山就是金山银山的理念。"绿水青山可以源源不断地带来金山银山，绿水青山本身就是金山银山，我们种的常青树就是摇钱树，生态优势变成经济优势。

2018年中央一号文件提出："实施休闲农业和乡村旅游精品工程，建设一批设施完备、功能多样的休闲观光园区、森林人家、康养基地、乡村民宿、特色小镇。"森林人家的提出走出了一条森林资源保护与利用并举，生态、社会、经济三大效益并存的林业可持续发展之路，把绿水青山护得更美，把金山银山做得更大，努力扩大生态和自然资源优势。通过发展生态产业、促进林农增收、有利资源保护，探索出一条森林资源多功能利用的路子，有利促进了森林资源保护工作。是实现绿水青山就是金山银山的重要举措是生态文明建设的重要需求。

森林人家坚持以森林文化为主要基调，把森林文化这一生态文化与当地的民俗风情相结合，打造一种生态休闲型的健康旅游产品。人们通过森林人家进行森林野营、森林疗养等森林生态文化体验，增长知识、陶冶情操、增强体魄、丰富生活，在休闲的同时又体验了森林生态文化。因而，森林人家是弘扬生态文化的重要载体，推进森林人家推广过程就是传播森林文化的过程，是对社会主义生态文明建设有效途径的大胆尝试。

森林人家以绿色、自然、环保为形象，在迎合了广大旅游消费者健康旅游需求的同时也赋予森林人家森林资源保护的内涵。而森林资源保护的重点恰恰是对森林资源的合理利用，合理地利用森林资源是对森林资源最好的保护，并且能够使得这一林区的从业人员获得不菲的经济效益，避免林区人民因生活水平低而对森林资源过度消耗，有利的促进了森林资源的保护。

从历史纵深看，一方面，中国近40年来的改革开放取得了令世界瞩目的一系列惊人成果，但另一方面也形成了"要金山银山不要青山绿水"的悖论。现阶段，美丽中国建设与弘扬生态文明建设更是成为全面建成小康社会中"最后一公里"。森林人家的提出，不但使传统生产型、木质化型的粗放林业转化为低耗、低碳、环保、绿色的集约型新产业。更是将生态资源资产化，产生经济价值，是"绿水青山就是金山银山"的实践参考。

3.2 森林人家成为乡村振兴战略实施的重要阵地

习近平总书记在党的十九大报告中指出：实施乡村振兴战略。农业农村农民问题是关系国计民生的根本性问题，必须始终把解决好"三农"问题作为全党工作重中之重。要坚持农业农村优先发展，按照产业兴旺、生态宜居、乡风文明、治理有效、生活富裕的总要求，建立健全城乡融合发展体制机制和政策体系，加快推进农业农村现代化。在"实施乡村振兴战略"的大背景下，林业如何在党的十九大精神指引下，结合林业建设实际，精心谋划，努力攻坚，解决好"三农"问题，加快推进农业农村发展，值得思考。

森林人家的建设，为乡村产业建设提供了一个新的思路，以现有的森林资源打造新的森林旅游体验，森林人家作为构建农村第一、第二、第三产业融合发展体系的重要产业形式，是乡村旅游、生态旅游的重要表现。森林人家建设成为展示实施乡村振兴建设成果的"金名片"和带动农民增收致富的"聚宝盆"。创造新的乡村旅游品牌，推动乡村振兴、促进了美丽中国建设和增加民生获得感，让市民走进森林，让城市拥抱森林，让森林拥抱城市，促进森林城市建设。

调整林区就业结构：转移农村剩余劳动力、提升就业结构中的人才层次；促进林农增收致富：增加林农收入、延伸林业产业链以致富；优化林村产业结构：聚集林业经济、林业与旅游业的互动机制。

森林人家"建设突出了"家"的概念，让旅游者进得来、住得下、留得住、回得来，促进了生态旅游区从一般的游览观光型旅游方式，向以休闲度假型为主、参与体验型为辅的旅游方式转变。作为乡村旅游的重要组成部分，"森林人家"是福建省森林旅游资源特色的全新品牌和旅游方式，也是福建新农村建设的一个重要手段，具有广阔的前景和很强的生命力。

3.3 森林人家有助于落实国家脱贫攻坚战的需求

按照2015年11月《中共中央国务院关于打赢脱贫攻坚战的决定》文件精神，坚持脱贫攻坚战基本原则，实现到2020年让7000多万农村贫困人口摆脱贫困的既定目标。国家将扶贫开发作为消除贫困的主要抓手，林业部门在这场国家意志的攻坚战中需要找准传统的森林生产发展急需调整的产业结构，为林区贫困人口寻找适合本地的产业出路。

精准扶贫、精准脱贫是新时期我国扶贫开发战略的重大创新，需要不断探索和创新扶贫机制和模式。据国务院印发的《"十三五"旅游业发展规划》提出，要推出一批具备森林游憩、疗养、教育等功能的森林体验基地和森林养生基地，鼓励发展"森林人家""森林小镇"，促进森林旅游的发展及落后地区林农脱贫致富。在自然生态条件好的乡村山区，打造乡村旅游民宿品牌，突出"森林"和"人家"特质，把乡村旅游作为扶贫产业来抓，以森林人家为载体推进农、商、旅深度融合。

好的旅游往往能够给经营主体带来不菲的利润，因而可以促进产业经济增长。森林人家将第一产业与第三产业有机结合，创新林业发展产业链，是森林非木质化利用的有效模式。在这个绿色、低碳、环保逐渐被人们认识、接受的时代背景下，森林人家无疑与人们心目中绿水青山的形象相合。这一思想的出现有利于破解长期困扰生态公益林的严格保护与科学利用的矛盾；有利于林业产业结构的合理调整和林区经济的发展，实现了林业管理的职能转变，是林业第三产业的新亮点，是林业经济新的增长点。森林人家突出了"家"的概念，让旅游者进的来、住得下、留得住、回得来，促进了生态旅游区从一般的游览观光型旅游方式，向更加亲近人心的休闲度假为主、参与体验型为辅相结合的旅游方式转变，引领了生态旅游产品升级。

森林人家是实现贫困乡村居民和财政脱贫致富的有效途径，通过开发贫困乡村的森林资源，兴办森林人家旅游实体，促进林村的旅游基础设施和服务设施的建设，为精准扶贫创造一个有力的支撑点。

3.4 森林人家是进一步深化林权制度改革的需求

开展林权改革后，森林资源非物质化可持续利用是体现林业的良性发展，实现"资源增长、农民增收、生态良好、林区和谐"的关键。森林人家的提出顺应林权制度改革需要，立足三农，把砍树人变为看树人，创造新的经营手段，变被动保护为主动保护，走出了一条森林资源保护与利用并举，生态、社会、经济三大效益并存的林业可持续发展之路。

森林人家作为深化林权改革的重要配套措施，拓展了生态公益林的利用模式，合理结合了生态公益林的保护与利用，解决了生态公益林的保护资金及职工和林农的生活与就业问题，开辟了一条解决生态公益林保护与利用矛盾新的有效途径，是构建社会主义和谐社会，倡导生态文明建设的关键一环。

林业改革之后森林保护与林农生计间的矛盾逐渐显现，如何在森林保护的基础上切实增加林农收入，协调两者间的发展成为解决矛盾的关键与难点。森林人家发展模式，使林农通过参与森林人家的经营管理，拓宽生计途径，增加生计资本从而提高生计水平。森林保护与林农生计间的矛盾随着森林旅游及森林人家的进一步发展得以缓和，森林人家在实现林农增收、林区经济结构转型的同时，也增强了人们对森林资源的保护及合理开发利用的意识。

森林人家是创新的森林资源利用方式，有利于保护生态公益林，提高生态公益林的利用率，促进林村经济结构的调整，拓宽林农就业、盘活闲置资产，增加收入，从而促进林区经济和精神文明的建设。森林人家能提高林业的可持续发展，提供更多林产品供给，是集体林权改革的的配套措施。"森林人家"建设是林改重要配套措施之一，是生态公益林保护模式的重要尝试。

4 结 语

森林人家是森林生态资源转化为生态资产发挥经济效益的重要实践，在未来的发展中还具有广阔的前景。森林人家是一种规模相对较小，经营模式灵活的休闲健康旅游产品，其建设可以森林公园、风景名胜区为依托，可以建设在森林公园的服务区，从而成为森林公园接待游客的重要组成部分，也可以建设在森林公园周边，成为森林公园旅游线路上的一个节点。国家公园的传统利用区，主要为原住居民保留，用于基本生活和开展传统农、林、牧、渔业生产活动的区域，以及较大的居民集中居住区域。森林人家也可依托国家公园社区发展，开展休闲健康旅游产品的开发，作为国家公园生态旅游开发的有益形式。森林人家的经营主体是广大林农，但超越了农家乐。森林人家在"农家乐"的基础上，依托丰富的森林旅游资源，创新出一种有别于"农家乐"的生态旅游产品，形成具有特色的乡村旅游形式。

参考文献

陈婕，张光英. 福建省"森林人家"旅游发展意义研究[J]. 宁德师范学院学报（哲学社会科学版），2018（1）：13－14.

"绿色境遇"下的森林旅游模式探讨

——以江西武功山国家级森林公园为例

韩 旭[①] 陈 心[①] 徐聪荣[1②]

（1. 江西省林业调查规划研究院，江西南昌 330046）

摘 要：本文从森林康养的角度出发，探讨基于环境因子之下的森林旅游产品和旅游模式的设计。论文以江西武功山国家森林公园为例，选取其中 6 个样地，调查分析样地的小气候因子、空气颗粒物浓度、空气负离子浓度等森林生态因子，以及样地森林景观环境及心理情绪，打造"一道六境"的康养空间结构，归纳得出森林静态康养、森林运动康养、森林文化康养、森林医疗康养、森林科教康养、森林心理康养六大产品内容。

关键词：森林康养；森林旅游；江西武功山国家森林公园

1 引 言

美国作家梭罗曾在《瓦尔登湖》中说过："我到林中去，因为我希望谨慎地生活，只面对生活的基本事实，看看我是否学得到生活要教育我的东西，免得到了临死的时候，才发现我根本就没有生活过。"诚如梭罗所说，久居在玻璃幕墙和钢筋混凝土搭建的城市中，人们已越来越多的呈现了不同种类的"城市病"，"亚健康"成为了城市居民的生活常态。近些年，国际社会对人类的健康问题愈发重视。习近平总书记已在不同时间、不同场合、不同文件和会议中明确指出，要把人民健康放在优先发展的战略地位，只有全民健康才能全面小康。

党的十九大报告也明确了中国社会的主要矛盾已经转化为人民日益增长的美好生活需要和不平衡不充分的发展之间的矛盾，指出了人民健康是民族昌盛和国家富强的重要标志，提出了实施健康中国战略、完善国民健康政策、发展健康产业，为人民群众提供全方位全周期的健康服务，健康产业必将成为 21 世纪全球的重要产业。

基于此，大量的城市居民开始对原生态的森林景观多了一份向往。向往那里的奇峰林海、鸟语花香；向往那里的优质富氧、碧波荡漾；向往那里的游憩休闲、康体疗养……的确，森林中的空气负离子和植物精气，配备相应的中医药、养生休闲及医疗、康体服务设施，能极大的调适人体机能、延缓衰老，以"森林康养"为目的的森林游憩、度假、疗养、保健、养老等旅游方式，逐渐成了大多数城市人向往的生活。

论文题目中的"绿色境遇"即指以"森林康养"为主要目的的森林旅游和生活方式。论文将以位于江西安福县的武功山国家级森林公园为例，通过展示其森林康养的建设内容和规划愿景，进一步探讨森

① 作者简介 韩旭，男，注册城乡规划师，研究方向为森林公园规划。电话：13517005396。
陈心，女，工程师，研究方向为风景园林。电话：13979116615。
② 通讯作者 徐聪荣，男，教授级高级工程师，江西省林业调查规划研究院副院长，电话：15279160625。

林旅游的新理念、新目标、新模式。

2 森林康养旅游的国家行动

2016 年开始全面布局的森林康养产业，因其紧密贴合市场刚需，并与旅游体验和康复治疗紧密结合，内容形式多样，且直接关系到百万级的林业员工转换升级，已然成为我国林业新时代重要的转型升级产业行动，并将开创全新的大健康产业板块和数以万亿计的创意和创新产业规模。有国家智库专家指出，森林康养是大健康和森林旅游业高度融合的新板块、新模式、新业态，属于一个多元组合、产业共融、业态相生的主流生态综合体，也是经济新常态下的高能级创新引擎。借鉴德国、日本等国际先进经验，重点发展中国特色康养、旅游综合基地，促进森林康养、旅游与相关产业的协调发展，充分放大其协同带动作用，已成为"十三五"国家林业改革创新，转型升级的重要目标和标志性重大战略行动。

目前，国内森林康养旅游产业尚处于最初的起步阶段，江西、福建、湖南等森林大省率先响应，整体布局，规划建设全面铺开，但大多仅仅限于森林徒步、森林娱乐、森林医疗试验等，大多并未向纵深方向发展。在此背景下，武功山国家森林公园积极响应国家、省市的生态号召，勇于探索、积极创新，在江西省森林康养旅游试点的建设中先行一步，并已初步形成了全省标志性示范案例，探索和积累了宝贵的实践经验，形成了生态、经济和舆论热点效应。

3 武功山国家森林公园康养旅游建设模式

早在 3 年前，江西就在全省范围内启动了森林康养基地试点建设，并将武功山国家森林公园作为康养旅游建设的重点实践。位于安福县的武功山是国家森林公园、国家重点风景名胜区、国家 AAAA 级旅游景区、国家地质公园、国家自然遗产，具有开展森林康养旅游的绝佳条件，且经过多年的摸索与打造经营，已形成了一套独具特色的以森林康养为主要模式的旅游方式。

3.1 武功山森林公园的森林康养资源特点

武功山森林公园范围涉及武功山林场、明月山林场、坳上林场、钱山乡、章庄乡、泰山乡、严田镇、社上水库（武功湖），总面积为 25571.07 公顷。

（1）自然原真性突出，为森林康养提供了良好的视觉体验

武功山森林公园内地形地势复杂，海拔高差悬殊，林相景观保存完好，林木苍郁，融山、水、森林、瀑布、民族风情为一体，景观格局统一和谐，塑造了良好的整体风貌。神奇的地质景观，丰富的动植物资源景观，动静相宜的河流瀑布水体景观，变幻的云雾天象景观等具有极高的游憩观赏价值，为游客的康养旅游体验提供了良好的"第一印象"。

（2）森林生态系统丰富稳定，为森林康养提供了重要的科学支撑

森林公园内动植物资源种类丰富，其中不乏重点保护物种，为植物学、生物学、地质学、生态学专家的科学研究提供了重要场所。这些森林景观、动植物资源和独特的地貌特征蕴含着丰富的植物知识、生态知识及地理知识，同时也是重要的森林生态旅游资源，是开展科普宣教、普及森林文化知识的重要素材，通过对旅游者的宣传介绍可实现较好的森林康养科普效果。

（3）生态环境良好的"天然氧吧"，为森林康养提供了优良的基址条件

武功山森林公园森林覆盖率高达 90.03%，对调节气候、水土保持、水源涵养、环境保护以及野

生动植物的生存繁衍都发挥着重要的生态效益。森林公园生态环境优美,无工业废气污染源,空气负离子含量高,生态功能和康养旅游价值极高,可誉为"天然的森林氧吧",这是进行森林康养旅游的核心要素。

(4)人文景观与自然景观珠联璧合,为森林康养提供了文化旅游的底蕴

文化是森林康养旅游的基础,缺少了文化的加持,森林康养旅游就如同"无本之水,无根之木",无法形成康养产业的可持续发展。武功山森林公园内历史遗址散落各处,充分体现了历史文化与自然生态文化的巧妙融合,提升了森林公园的文化内涵,具有较强的感染力和吸引力。

(5)空间组合状况良好,为森林康养的发展搭建了绿色的立体平台

武功山森林公园内旅游资源在总体分布上呈"分布广泛、相对集中"的特点。瀑布水体景观与地质地貌景观巧妙结合;丰富的植物种类形成了高低不同、错落有致的森林景观;林间百鸟飞翔、偶见珍稀动物穿梭与珍稀植物共生其间,形成了天然稳定的生态系统,各类旅游资源相辅相成,互为依托,体现出极高的组合性,使自然山水风光更具旅游价值,更易于形成高品位、高质量的康养旅游产品。

3.2 森林康养空间体系及产品打造

3.2.1 研究方法

武功山在森林康养旅游的打造上以当地自然和文化特色为依托,确定本公园康养旅游的规划思路和总体定位,并根据公园内不同区域的本底情况,分别选取合适的样地进行相关康养指标的系统分析,进而划定森林公园具体的康养空间功能分区,最后从样地所在分区的环境因子出发,打造独具特色的森林康养产品。

3.2.2 规划思路及总体理念

(1)规划思路

其一为独特的森林生态系统。武功山森林公园资源类型与特色可概括为"山景雄秀、瀑布独特、草甸奇观、生态优良、天象称奇、人文荟萃"。整个公园内形成了"峰、洞、瀑、石、云、松、寺"齐备的山色风光。

其二为深厚的人文底蕴。武功山森林公园有两千年的祭天祈福历史,悠久的宗教文化和高山风景浑为一体。武功山作为著名福山,为古今游客留连忘返之所。

(2)总体定位

根据武功山森林公园康养资源特色,结合对公园内的民俗文化、宗教文化的提炼,确定武功山森林公园的康养旅游总体定位为:"康养福山,云中仙境"。

3.2.3 样地研究

(1)样地选择

研究表明,不同空间类型会对人的心理产生不同的影响,为了解本森林公园内不同类型区域森林康养保健因子的变化,在公园的各个区域选取了具有代表性的6个样地,对森林生态环境、森林景观环境进行样本采集和分析。其中,样地1位于羊狮慕区域,以谷地瀑布密林为环境特征;样地2位于武功湖区域,以湿地景观和林地为主要环境特征;样地3位于三天门区域,以名木古树和宗教遗址为环境特征;样地4位于三江区域,以峡谷和瀑布群为主要环境特征;样地5位于金顶区域,以高山草甸和云海为主要环境特征;样地6位于九龙山区域,以林地和宗教遗址为主要环境特征,各个样地面积不小于3000平方米。试验样地分布图见图1。

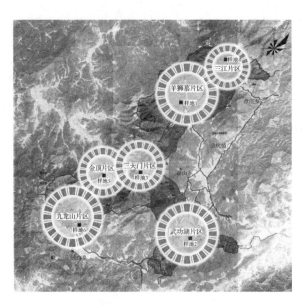

图1　试验样地分布图

（2）样地森林生态环境

森林公园景致多样，环境多变，通过对6个样地的森林生态环境进行信息采集，选取小气候因子、空气颗粒物质量浓度、空气负离子含量（距地面1.5米处）3大类型作为测定指标。详细见表1。

其中小气候因子主要测定包括温度、相对湿度、风速、光照强度、UVB辐射强度、气压等对人体的舒适度评价（表1）。人体舒适度指数采用陆鼎煌提出"气候综合舒适指数"，将气温、相对湿度、风速等要素建立的人体舒适度指数测评方法，计算方法如下：

$$S = 0.6(\mid T - 24 \mid) + 0.07(\mid RH - 70 \mid) + 0.5(\mid V - 2 \mid)$$

式中：S 为人体舒适度指数，T 为气温（℃），RH 为空气相对湿度（%），V 为风速（m/s）。

表1　气候舒适度评价表

指标	样地1	样地2	样地3	样地4	样地5	样地6
人体舒适度指数（S）范围	3.1	6	5.8	4.5	5.1	6.8
舒适程度	很舒适	舒适	舒适	很舒适	舒适	舒适
等级	I	II	II	I	II	II

空气颗粒物质量浓度包括 TSP，PM_{10}，$PM_{2.5}$。根据《环境空气质量标准》（GB 3095—2012），观测样地的 TSP，PM_{10}，$PM_{2.5}$ 等指标，使用日平均、年平均的质量浓度值标准对空气颗粒物浓度评价，污染等级分别分为清洁、中等、污染。详细见表2。

表2　空气颗粒物浓度评价表

项目	指标	样地1	样地2	样地3	样地4	样地5	样地6
TSP	年均值（ug/m³）	67	86	78	77	72	98
	日均值（ug/m³）	102	165	119	116	118	180
	清洁度	I	II	II	I	I	II
PM_{10}	年均值（ug/m³）	39	55	65	30	45	70
	日均值（ug/m³）	47	76	85	37	60	104
	清洁度	I	II	II	I	II	II

（续）

项目	指标	样地1	样地2	样地3	样地4	样地5	样地6
PM_{2.5}	年均值(ug/m^3)	12	21	14	13	13	29
	日均值(ug/m^3)	30	46	34	33	32	59
	清洁度	I	II	I	I	I	II

空气负离子含量主要受到林分类型、树种组成等多种因素影响，本文以林内人体呼吸高度（距离地面1.5 m）的空气负离子浓度进行监测。空气负离子评价方法以每平方厘米空气负氧离子个数分为5个等级，分别：优（大于1500个），较优（1000～1500个），中等（800～1000个），一般（400～800个），差（少于400个），详细见表3。

表3　空气负离子浓度评价表

指标	样地1	样地2	样地3	样地4	样地5	样地6
空气负离子浓度（个/cm^3）	31020	2998	3325	34680	1857	1216
评价等级	优	优	优	优	优	较优

（3）样地森林景观环境

针对武功山森林公园内的森林景观环境，以空间类型、景观特征、康养植物分布作为测定指标，研究不同景观空间类型和心理情绪。详细见表4。

表4　试验样地景观环境分析表

样地编号	位置	样地空间类型	样地景观特征	样地康养植物分布	心理情绪
01	羊狮慕大峡谷	环密	谷地＋瀑布群＋密林	常绿阔叶林	兴奋
02	武功湖	开阔	湿地景观＋林地风光	湿地植物	疏朗
03	三天门	半开朗	名木古树＋宗教遗址	针阔混交林	平和
04	三江峡谷风景栈道	环密	峡谷＋瀑布群＋康养基地	常绿阔叶林	平和
05	金顶高山草甸	开阔	高山草甸＋云海栈道＋古祭坛	草甸	疏朗
06	九龙山	半开朗	林地＋宗教遗址	针阔混交林	平和

3.2.4　康养空间分区

以武功山森林公园内独特的云中草原、碧潭飞瀑、绝特生境等生态系统为重要载体，以祭天祈福文化、宗教元素为主要特色，以样地指标采集为主要参考，整合当地特色资源，以服务社会和市场为目标，打造重要的森林康养旅游目的地。根据各区块特有的资源状况、场地要素、环境特色和空间布局，将公园内康养空间体系概括为——"一道串六境"。

一道：罗霄山国家森林步道。森林步道途径武功山国家森林公园的羊狮慕、发云界等片区，步道在森林公园内约10.2千米，沿线群山巍峨、层峦叠嶂、气势恢宏、景致绝佳。

六境：画境、灵境、悟境、幻境、仙境、幽境。

画境（峰花奇石，林海画境）——羊狮慕区域：位于武功山森林公园北部，面积3276.17公顷，区域内山环水绕，翠林古藤，两岸山峰夹峙，森林茂密，视觉空间愈向山行愈封闭。游道沿谷壑两岸蜿蜒穿行，或山或沟，或林中或水面，弯弯曲曲；或仰望峰峦，或俯视游鱼，突出"山穷水复疑无路"的意境。加之数条沟谷在此相会，林涛山籁，鸟啼虫鸣，一路行来，如仙乐天音。

灵境（翠岛绿珠，碧波灵境）——武功湖区域：位于武功山森林公园最南部，面积4378.74公顷，其主要资源为武功湖清澈宁静，倒影沉碧，两岸青山滴翠，绿树掩映。湖周有若干岛屿，景致丰富。武功湖以"碧水青山"为主要特征，可在户外开设划船、水上观光娱乐等拓展项目。另外，岸滩一带水清量大、乱石少、砾滩碧潭，景致较好，是休憩娱乐、养生休闲的好地方。

悟境（宗教探源，文化悟境）——三天门区域：位于武功山金顶草甸东南部，面积2468.29公顷。区域内现状道路路况较好，交通十分便利，基础设施较为完善。景观资源中以人文景观较突出，历史悠久的三天门遗址赋予本区良好的文化氛围。本区内拥有众多宗教文物古迹，悠久的历史使得公园宗教文化景观内涵丰厚，古树名木和青山翠林也是公园的一大特色。

幻境（云谷飞瀑，风情幻境）——三江区域：位于武功山森林公园最北端，面积1066.95公顷。区域内植被茂密，森林覆盖率高达96%以上，森林景观优美、周边生态环境良好，具备较好文化底蕴、无污染源。该区域海拔约500~1500米，山体绵延近20千米，森林景观层次丰富，水量充足，山泉众多，甘甜可口，四季不枯，山泉飞流直射，形成无数的大小瀑布群，区内高差达50~100米的瀑布多达十余处，空气负离子含量极为丰富，2016年该区段获"中国森林氧吧"称号，具有建设森林康养小镇的良好底蕴。

仙境（云中草原，朝天仙境）——金顶区域：位于森林公园西北部，以山脊线为界西北靠萍乡市，东南分别与九龙山以及三天门相连，区域内主峰金顶海拔1918.3米，极目远眺，云海茫茫，面积995.22公顷。本区植被以山顶草甸为主，数十万亩的高山草甸每逢春季到来都变得绿意盎然，随风浮动，仿佛一片望不到边际的绿色海洋，蔚为壮观。另外，此处还可观苍山、赏云海、看日出、等夕阳，景致极其丰富。

幽境（胜佛禅林，九龙幽境）——九龙山区域：位于武功山森林公园最西端，面积2220.51公顷。区域内山高林密，水文资源丰富，景观效果极好。除青翠的林海景观外，还有数量丰富的佛教遗址文化景观，具有较大的历史、宗教、文化价值。

3.2.5 产品打造

根据样地的不同特点以及康养空间分区的环境要求，从森林康养的产品内容出发，将其对应归纳为森林静态康养、森林运动康养、森林文化康养、森林医疗康养、森林科教康养、森林心理康养6种。

森林静态康养主要以静态、低运动量康养产品为主，通过坚持优美的森林生态环境与健康养生紧密结合，致力于满足现代人对森林养生的需求，提高人们对康养的认识，让人们到森林中去吸收空气负离子、植物精气。该类康养产品集大成于"画境"，具体的康养产品主要有羊狮慕彩林谷、万龙静心场、绿谷漫步道、绿谷沁心场、碧谷森林观光园等。

森林运动康养主要以运动体验拓展类康养项目为主，通过森林风景资源与运动的有机融合达到康养身心的目的。该类康养产品散于"灵境"和罗霄山国家步道，具体的康养产品包括碧湖绿道、悬湖之径、岛屿观光、武功乡村印象园、十八弯民俗大观园等。

森林文化康养主要以区域内特色文化为依托，通过对历史文化的传承与发扬，使康养产品形成富含底蕴的特色产品。该类康养产品位于"悟境"，具体的康养产品主要有道教探源、其峰森林博览园、密林瑜伽、天门垂吊、流芳亭、观瀑曲径等。

森林医疗康养主要通过建设现代康养设施，结合先进医疗手段，实现康复疗养的效果。该类康养产品落于"幻境"，具体的康养产品主要有三江村落森林人家、康养体验示范园、三江幽谷、三江峡谷风景栈道、峡谷康养台、三江林农科普基地、三江健身步道等。

森林科教康养主要将森林公园"科普宣教"这一主体功能与"康养旅游"这一附加值有机融合，实现两者的和谐统一。该类康养产品集于"仙境"，具体的康养产品主要有祈福静心台、云中养生步道、云中草原科普仙径、抱云揽月、云中森林科普学堂、云中浴场等。

森林心理康养重视"养生"，更关注于"养心"，强调在身体物理康养的同时加强心理健康的塑造，适宜通过"山水禅"文化的塑造，打造一系列的养生产品。该类康养产品隐于"幽境"，具体的康养产品主要有礼佛栈道、品禅亭、林下听风、禅意养生园、春花长廊、徐霞客游线等。

4 武功山国家森林公园发展森林康养旅游的主要途径

4.1 将森林康养产业纳入市县宏观统筹战略地位

为响应吉安市和安福县重点打造"三山一江"康养旅游发展战略的要求，亟须提出国家森林公园的康养发展新思路，以更好的对接大区域康养旅游的发展。安福县作为省直管县，其体制改革试点工作的开展和吉安市"三山一江"战略提出了要推动武功山"大旅游·大健康"的发展，对森林公园康养旅游的发展提出了新要求。在这样的宏观背景下，武功山森林公园亟待制定和完善康养产业来应对新的生态保护要求、发展形势和省市发展战略要求，以对全县的森林康养旅游发展做出标杆和指导，使山城一体，山上山下康养旅游协同发展。

4.2 强化森林康养的分片规划和分类指导

不同区域由于其所处的自然、经济和社会条件不同，其森林康养资源的特点、特色以及森林康养的需求也不尽一致，需要从宏观上对不同区域的森林康养发展进行差异化的分区指导，引导不同区域利用其自身的森林康养资源，积极发展突出自身特色和特点的森林康养产业。同时加强森林康养发展的分类指导，不同的森林康养实体，由于其资源禀赋例如森林覆盖率、湿度、温度、负氧离子含量等不一样，按照其满足森林康养人群的需求来划分，其主导功能和主导产品也是不一样的，需要从宏观上对森林康养实体进行科学分类，提出不同类型森林康养有针对性的发展措施。

4.3 强化"三区叠加"的协作和共享发展机制

武功山森林公园的康养旅游产业在共享理念的指引下，按照"林区 + 景区 + 社区"的原则，与周边社区形成了良好的协作机制，让园内社区中约 3000 余人参与到森林康养的建设中，并得到实惠，通过康养基地的建设和康养产业的发展促进了不同景区的旅游发展。在三区同步完善森林康养的运营过程中，充分发挥了人民群众的监督作用，在督促森林康养沿着健康持续的轨道发展的同时，也为森林旅游的可持续发展保驾护航。

4.4 提升"三栖合一"的康养综合体发展理念

武功山森林公园将自身的文化特色和优质的森林资源作为其开展森林康养旅游的核心竞争力，紧密结合自身条件，围绕"医药业 + 森林康养业 + 旅游业"定位"三栖合一"的森林康养发展方向，建设独具特色的森林康养项目，推出具有武功山品牌的森林康养产品和森林康养服务，并且与时俱进地根据游客需求的变化不断推陈出新，使森林康养这一旅游目的对游客产生较为持久的吸引力，从而保障长久持续发展。通过医药、康养和旅游的相互促进和良性循环，完善了森林康养产品体系，朝着建设森林康养综合体，形成完整的森林康养产业链的目标更进一步。

4.5 加强科研监测和人才队伍的培养

不同目标人群对康养的要求与目的有所不同，要在深入研究森林与人体健康相互关系的前提下，开展森林康养的关键科学检测及其医学实证研究，为不同受众的康养人群开展森林康养旅游提供科学依据，为森林康养旅游发展提供有效的技术支撑。为实现后期康养旅游具有针对性，要针对主要的环境因子建立完善的监测体系，全面掌握森林康养基地的生态环境状况及其变化情况，为森林康养产品的设置和森林康养基地的管理提供决策依据，也为游客开展森林康养提供参考。

另外，加强森林康养人才队伍建设，康养讲解员、康养教育培训师等专业人才是森林康养旅游健康发展的重要保障，要在发展前期聘请相关医疗机构的康养保健专家，采取"定期培训＋专人指导＋科学引导"的方式对森林康养旅游的具体操作进行专业指导。

5 结　语

近些年，随着人们身心压力的逐渐增加，对绿色环保的森林康养旅游需求也日趋强烈，康养旅游的产业虽起步较晚，但随着各级政府和民众的重视，后期必然将持续快速的发展。这就需要我们在借鉴外国、外省的先进经验的前提下，不断的自主试验，总结经验，不断的发现问题，解决问题，创造成功典型，突出示范作用，塑造推广价值，武功山森林公园的康养旅游产业正是在这种要求和背景下，结合当地特色，深入挖掘优势森林康养和旅游资源，结合物理环境、心理环境打造出了具有代表性的森林康养旅游模式，进一步促进了森林公园及安福县相关产业的升级与发展。

参考文献

柏方敏，李锡泉．对湖南发展森林康养产业的思考[J]．湖南林业科技，2016，43(03)：109－113.

陈清惠．三明市森林公园和森林旅游发展方向探讨[J]．林业经济，2018，40(10)：66－70.

邓三龙．森林康养的理论研究与实践[J]．世界林业研究，2016，29(06)：1－6.

段文军．深圳园山三种典型城市森林康养环境保健因子动态变化[D]．北京：中国林业科学研究院，2017.

管宇．森林康养基地建设条件及发展规划研究[D]．福州：福建农林大学，2018.

郝冬梅．基于森林康养理念的产业发展思考——以栾川县为例[J]．农家参谋，2018(18)：99.

蒋宏业．城市森林康养发展新探索——以湖南省为例[J]．吉林农业，2018(20)：102－103.

刘峰．森林康养产业生态发展模式探讨[J]．绿色科技，2019(09)：210－211.

谭益民，张志强．森林康养基地规划设计研究[J]．湖南工业大学学报，2017，31(01)：1－9.

吴后建，但新球，刘世好，等．森林康养：概念内涵、产品类型和发展路径[J]．生态学杂志，2018，37(07)：2159－2169.

肖艳红，申绍林．大健康与大旅游背景下森林康养的科学发展路径[J]．绿色科技，2018(17)：236－237.

肖艳琼，申绍林，肖艳红．森林康养与森林资源的开发利用探究[J]．绿色科技，2018(19)：147－148.

周彩贤，朱建刚，袁士保．精准提升北京市森林质量的思路与建议[J]．国土绿化，2017(10)：42－44.

江西省森林康养旅游发展对策浅析

孙　浩① 　徐聪荣　刘晓勇

（江西省林业调查规划研究院，江西南昌　330045）

摘　要：目前，森林康养旅游作为一项综合性的朝阳产业，已成为国际林业发展的一个最新趋势。江西省作为林业大省，森林旅游发展潜力巨大。本文以国内外发展森林康养所需的条件出发，分析江西具备开发森林康养旅游的优势，剖析江西森林康养旅游存在的问题，提出江西森林康养旅游发展的对策建议。

关键字：森林旅游；森林康养；江西

现代经济社会的高速发展，生存竞争的愈发激烈，迫使人们的生活节奏逐步加快，工作压力也逐渐增大，高度紧张的精神状态和超负荷的心理承受力导致日常生活质量下降；同时，经济发展所带来的生态破坏和环境污染日益加剧，亚健康人群逐渐扩大，因此，提高生活质量、改善身心状况成为人们的普遍追求。森林养生是指充分利用森林资源与自然环境的特点，让到访者置身于森林中，通过开展静养、运动等活动，科学地发挥森林保健效果，从而达到预防疾病、修养身心和提高生活质量的效果。森林养生作为一项新兴产业，在我国还处于起步阶段，尤其是江西还未完全开展该项目的建设，发展潜力巨大。因此，笔者综合国内外森林养生旅游的建设经验和发展趋势，并结合江西省森林资源特征及经济社会发展方向，提出江西省森林康养旅游发展对策，旨在为我省森林康养基地建设提供理论指导和科学借鉴。

1　森林康养原理与发展需求分析

森林康养，是指以森林资源开发为主要内容，将旅游、休闲、疗养、度假、运动、健身等融入其中，充分利用森林提供的丰富的芬多精、负氧离子、绿色果蔬、林下药材等生态环境、生态产品和生态文化，通过调节人们的情绪变化，有效提高人体的免疫功能，增强人体的抗癌机能，从而达到修身养心、调节机能、延缓衰老的目的，具有保健、康复、预防和治疗四个层次的效果。

森林康养对人类健康的影响受到社会各部门和普通民众的高度关注。从政府层面来看，国务院2013 年出台的《国务院关于促进健康服务业发展的若干意见》指出，可以整合当地绿色生态旅游资源，发展养生、体育和医疗健康旅游；2015 年，国家针对国有林场和国有林区的改革明确提出，在保持林场生态系统完整性和稳定性的前提下，鼓励社会资本、林场职工发展特色产业，有效盘活森林资源；中共十八届五中全会公报将生态文明建设写入"十三五"发展的指导思想，并强调坚持绿色发展理念。

---

①　作者简介　孙浩，男，硕士研究生，工程师，研究方向为森林生态监测、森林公园规划等。电话：15579116983。邮箱：hbsjz2007@126. com。

江西省相关部门也出台了贯彻上述文件或精神的实施方案，如原江西省林业厅下发的《江西省林业厅办公室关于贯彻落实国家林业局大力推进森林体验和森林养生发展的通知》，对推进我省森林康养的发展提出了具体要求和工作方向。各种政策利好为森林康养产业发展带来了重大战略机遇。从经济社会层面来看，在当前我国经济转型升级的新常态下，森林康养产业势必会带动住宿、餐饮、交通等发展，同时还会衍生康养师、疗养师等职业需求，因此发展森林康养产业可以释放出诱人的市场空间和巨大的就业机会；此外，国有林场能够抓住发展机遇，改变经营模式，将森林资源与森林康养产业相结合，发展特色产业，增加林场经济来源；由此来看，森林康养可以促进社会和谐稳定和经济健康发展。从普通民众层面来看，面对工作压力的增大、生态环境的恶化以及亚健康人群的扩大，森林康养作为释放压力、调节心情、改善身体机能的一种有效途径，越来越受到消费者的青睐。

总之，发展森林康养旅游产业是改善我省民生福祉的重要举措，也是加快推进我省生态文明试验区建设的重要内容，不仅符合习总书记"绿水青山就是金山银山"的生态发展理念，而且对于拉动内需，增加就业，推动经济也具有重要意义。

2 江西省森林康养旅游发展条件分析

江西省森林资源丰富、森林类型多样，发展森林康养旅游产业具有得天独厚的优势条件。

2.1 自然环境优越

江西省地处大陆东南部，具有亚热带温暖湿润季风气候，江湖众多，以鄱阳湖为中心呈向心系。林业用地面积为 1072.02 万公顷，森林覆盖率 63.1%，位于全国第二位。据统计，全省森林和湿地面积占国土总面积的比重超过 70%，拥有林业自然保护区 190 处，森林公园 182 处，湿地公园 99 处，我省 11 个设区市全部成功创建"国家森林城市"，实现"国家森林城市"全覆盖，另有 2 个县成功创建"国家森林城市"，69 个县创建"省级森林城市"。

我省特色动植物资源丰富，其中珍稀、濒危树种有 110 种属于中国特有，这些品种约占全省珍稀树种的 73.3%。江西境内尚有不少古木大树。如庐山晋植"三宝树"、东林寺"六朝松"以及树龄逾千年的"植物三元老"之一的古银杏也保留有数十处。据不完全统计，全省保留下来的古木大树有近 40 种，分属 13 科 29 属，分布点达 95 处之多。国家一类、二类保护动物达 20 种；山麓鄱阳湖候鸟保护区，是"鹤的王国"，有世界最大的白鹤群，被誉为中国的"第二座万里长城"。

2.2 康养资源丰富

国外对森林康养的研究认为，体验者置身于优美的森林环境中发挥五感体验，通过享受森林资源所创造的康养环境等达到增进和维持身心健康的目的，因此有关学者将温度、湿度、高度、优产度、洁净度、绿化度、负氧度、精气度等作为评判一个地方是否适合发展康养产业的重要因素。

结合江西的自然气候条件，我省在 8 个评价指标中均表现良好。一是温度，相关研究认为当气温在 18℃～20℃时，为人体舒适温度，江西年均气温为 18℃左右，气候温暖，日照充足，雨量充沛，为修身养心创造了适宜的气候条件；二是湿度，江西省多年平均相对湿度为 75%，属于人体健康活动的适宜湿度范围；三是高度，江西省以山地、丘陵为主，海拔在 200～1000 米不等，而研究认为 500～2000 米是人体对大气压感觉最佳的海拔高度，因此江西是较为理想的开展森林养生的地区；四是优产度，江西素有"鱼米之乡"之称，良好的气候条件和地理位置为优质农产品的生产提供了优越环境，其中南丰蜜桔、赣南脐橙、南康早熟柚等为全国知名品种，"庐山云雾茶"被列为中国十大名茶之一，泰和乌鸡、乐平猪和赣州白猪等均为优良猪种；五是洁净度，据统计，2018 年全省 $PM_{2.5}$ 浓度为 38 微克/

立方米，有9个设区市年均值超二级标准；六是绿化度，江西省森林覆盖率达63.1%，位居全国第二，是全国平均水平的3倍，部分县（区）的森林覆盖率接近90%，是名副其实的"天然氧吧"；七是负氧度，江西拥有甘甜的空气，负氧离子浓度年平均值为1070个/立方厘米以上，个别地区高达10000个/立方厘米以上，对人体的养生保健具有积极作用；八是精气度，即植物的油性细胞在自然状体下释放出的以萜烯类化合物为主的挥发性气态有机物。江西分布有大量的杉木、马尾松、樟树等树种，而这些树种的单萜烯含量较高，对人体的保健具有重要作用，为开展森林浴提供了优质场所。

2.3 人文底蕴深厚

江西拥有源远流长的赣鄱文化，素有"物华天宝，人杰地灵"之美誉，陶渊明、欧阳修、曾巩、王安石、朱熹、文天祥、汤显祖等一大批文学巨匠，千年的临川文化、庐陵文化、佛教净土、禅宗文化、客家文化、古村文化等内涵独特，构成了丰富多彩且极富多元性、原生性的人文生态环境；此外，江西还是"红色摇篮"，中国革命的星星之火从这里燎原，军旗在这里升起。

2.4 区位交通便捷

江西位于东南部三个经济金三角即长三角经济区中心——上海、中部汉江平原区的经济中心——武汉以及珠三角经济区的中心——广州之间，优越的地理位置推动了江西海陆空交通的高速发展。江西铁路交通运输发达，京九线、浙赣线、沪昆高铁等铁路纵横贯穿全境，城际铁路拉近各城市间距离；公路系统四通八达，高速公路通车总里程达到5916千米，出省主要通道和各设区市全部实现高速化。江西民用航空已发展成以南昌为轴心，辐射周边城市和全国各地的航空运输网；水运干线形成两纵两横的格局。随着现代综合立体交通体系加快建设，江西的交通网络会更加的完善和便捷。

3 江西省森林康养旅游存在的问题分析

3.1 初步阶段经验不足

"森林康养"的成功开展，不仅需要良好的森林资源和生态环境，还需要政府的支持和多部门的配合，包括资金支持、政策支持和营销支持等；除此之外，森林康养基地科学合理的建设、长远的发展规划、有效的运行管理机制等均应符合江西省的省情和发展要求。虽然森林康养产业在国外已发展多年，并积累了一定的成功经验，但我国仍处于初步阶段，供学习的成功经验不足，因此需要进行多维度、深层次的科学探索，得出一批理论成果，并指导建设。

3.2 基础设施单一落后

森林康养旅游是一个庞大的产业群集，涉及到土地、房产、旅游、交通、医疗、文化、休闲、娱乐等多个行业，而目前江西省的一些森林公园、湿地公园等建立时间较晚，并且以森林旅游为主，导致基础设施单一、档次不高，没有形成一定的规模和产业链。一是交通条件有待于进一步改善；二是需要多个行业的相互配合，完善产业链；三是通讯、网络等高科技设施还不足以满足体验者需求；四是未完全将森林资源的发展潜力挖掘出来，资源的保护和发展不协调，制约着森林康养的发展。

3.3 人才队伍参差不齐

森林康养基地建设包括森林体验中心、森林浴场、森林养生中心、健身步道等，不同的体验场所需要配备专业人员的指导，从而帮助体验者有针对性的开展静养、运动和保健教育等项目，以达到缓解压力和促进身心健康等目的。而目前森林公园等景区主要是观赏为主，缺少专业人员的引导，导致体验者没有目的性和针对性，旅游产品对游客的吸引力不够。

3.4 社会认知有待加强

以往人们对森林的认识只限于对木材的加工利用和生态价值的保护上，个别部门及人们对森林康养的内涵及作用了解较少，对森林康养旅游所带动的产业发展、市场潜力和就业机会等方面积极作用认识不足，导致参与性较差，森林康养的建设进程缓慢。

4 江西省森林康养旅游发展对策

4.1 加大政策保障

森林康养产业的持续发展需要政府强有力的支持，在指导森林康养基地基础设施建设的同时，落实财税扶持等优惠政策，保障基地用水、用电、用地的科学规划，放宽市场准入机制，制定有利于森林康养产业发展的政策、体制，确保森林康养产业健康、全面发展。

4.2 借鉴经验逐步推进

国外的森林康养产业已经积累了丰富的成功经验，因此需要我们了解国外先进的设计思路和发展规划，结合我省的森林资源特征和经济社会发展要求准确定位。在建设过程中应坚持以下三个方面：一是坚持生态优先，生态与发展应协调发展，建设初期因缺乏经验，应避开在生态脆弱区、生态敏感区开展森林康养建设；二是合理布局，在建设初期，应选择自然资源好、交通便利的森林公园、自然保护区、国有林场等进行探索性建设，坚持高标准、高起点的要求，形成典型示范作用，为后期大规模建设提供参考借鉴；三是引入地方特色文化，将生态文化、民俗民风、历史人文等地方特色融入到森林康养产业中，实现森林生态和人文生态的有机融合。

4.3 加大基础设施投入

森林康养产业包括森林养生、生态农庄、森林别墅等基础设施和水、电、路、网络等配套设施，因此需要对森林景区进行改造升级，实现交通、食宿、网络、体验等工程的全覆盖。具体包括：一是实现航空、铁路、高速公路的综合立体交通体系；二是统筹区域路网、电网、水网、气网、网络通讯、污水和垃圾处理等内部综合基础设施建设；三是加强公寓、餐饮、停车场、厕所、休闲、娱乐等设施配套建设；四是加大医疗保健设备的引入，配合森林保健、森林运动等项目，真正起到森林保健作用。

4.4 重视人才队伍培养

森林康养产业的人才事关服务质量和行业持续发展，因此要加大人才队伍建设，实施人才引进计划，吸引林业、医学、护理等相关专业的学生加入进来，聘请相关专家组成顾问团；同时，要强化人才的专业技能和服务水平，不断进行技术培训和交流；此外，加强国际合作，学习国外先进的服务理念和管理机制，拓宽专业技能，形成综合素质较高的专业化人才队伍。

4.5 建立科学认证体系

森林康养的主要特点是多元组合，涉及的产业较多，在设计和规划时，需要综合考虑对各方面的影响。因此，在借鉴发达国家森林康养基地认证、管理等方面经验的同时，结合我省森林资源特征和区域发展的实际情况，科学制定基地认证评价体系，建立严格的准入机制和规范的行业标准，从森林生态系统稳定性、交通畅达性、健康状况的改善效果、基础设施的利用水平等方面进行认证评价，从而加强对森林康养基地建设的管理。

4.6 提高社会认知度

从多层次、多渠道宣传森林康养的保健效果：(1)开展免费体验，让体验者亲身参与，实际感受森林对人们身心起到的保健作用；(2)开展立体宣传，借助电视、报刊、网络等传媒工具进行宣传；(3)加强与其他活动宣传平台的合作，扩大森林康养的知名度。

参考文献

程希平，陈鑫峰，沈超，等．森林康养基地建设的探索与实践[J]．林业经济问题，2015，35(6)：548－553.

程希平，陈鑫峰，叶文，等．日本森林体验的发展及启示[J]．世界林业研究，2015，28(2)：75－80.

方震凡，徐高福，张文富，等．新时期发展森林休闲养生旅游探析[J]．中国林业经济，2014(6)：68－78.

冯新灵．中国四季旅游舒适气候的分区与评价[J]．绵阳师范高等专科学报，1995(S1)：32－40.

江西省统计局．江西省2018年统计年鉴．北京：中国统计出版社，2019.

林金明，宋冠群，赵利霞．环境、健康与负氧离子[M]．北京：化学工业出版社，2006：106－119.

刘甜甜，马建章，张博，等．森林公园养生旅游产品开发策略研究[J]．学术交流，2013(9)：119－122.

刘甜甜，马建章，张博，等．森林康养旅游研究进展[J]．林业资源管理，2013(2)：130－135.

孙抱朴．森林康养是我国大健康产业的新业态、新引擎[J]．商业文化，2015，22：82－83.

孙抱朴．森林康养是新常态下的新业态、新引擎[J]．商业文化，2015，19：92－93.

唐永顺．应用气候学[M]．北京：科学出版社，2004.

汪俊芳，袁铁象．森林养生旅游产品开发[J]．广西林业科学，2015，44(2)：194－199.

郄广发，房城，王成，等．森林保健生理与心理研究进展[J]．世界林业研究，2011，24(3)：37－41.

杨荀荀，杨晓霞，张云．重庆缙云山发展山地养生旅游的SWOT分析[J]．西南农业大学学报(社会科学版)，2012，10(3)：1－7.

殷菲，梁定栽，柏智勇．森林公园养生项目研究——以海南省南药森林养生公园为例[J]．2012，40(2)：8－11.

张琛琛，乌恩．自然保护区养生旅游产品开发浅析——以内蒙古大青山国家级自然保护区为例[J]．中南林业科技大学学报(社会科学版)，2015，9(2)：41－43.

赵敏燕．森林养生[J]．森林与人类，2015(9)：4－5.

周蕾芝，张国庆，张爱光．森林公园旅游设施建设中舒适度问题的探讨[J]．林业资源管理，2002(2)：55－58.

浅谈森林公园的风景游憩林分类及发展策略

赵　铭① 王凤楼

（甘肃省小陇山林业实验局黑虎林场，甘肃定西　748305）

摘　要： 近年来，随着人们物质文化生活水平的不断提升，人们对于精神上的追求不断提高，渴望身临其境地感受大自然的魅力，更向往大自然对人们心灵和精神上的洗礼。在此种情况下，森林旅游得以迅速发展，在进入森林公园游憩时，游客应当了解风景游憩林的类型，从而选择适宜的游憩路线。有山有水的环境让人心旷神怡，忘记工作压力，回归自然感受清新的绿色。森林公园也应当结合自身实际情况，在发挥生态效益的基础上，创新旅游形式，如开发森林亲子游、发展"互联网＋森林生态旅游产业"、宣传"森林氧吧"等方式，为游客提供更周到的服务，使森林公园的生态效益、社会效益、经济效益得以充分的发挥。

关键词： 森林公园；风景游憩林；亲子游；"互联网＋"；森林生态旅游；森林氧吧

1 森林公园概念和功能

1.1 森林公园的概念

1999 年发布的中国森林公园风景资源质量等级评定国家标准，对森林公园作了科学的定义，并得到了学术界的认可，指出森林公园是具有一定规模和质量的森林风景资源和环境条件，可以开展森林旅游，并按法定程序申报批准的森林地域。这一定义明确了森林公园必须具备下列条件：第一，是具有一定面积和界线的区域范围；第二，以森林景观为背景或依托，是这一区域的特点；第三，该区域必须具有旅游开发价值，要有一定数量和质量的自然景观或人文景观，区域内可为人们提供游憩、健身、科学研究和文化教育等活动；第四，必须经由法定程序申报和批准。

森林是地球陆地上最重要、最复杂和生物多样性最复杂的生态系统。近年来，随着人民生活水平的不断提高和可自由支配时间的增多，走进森林、回归自然的户外游憩游逐步成为消费热点，森林公园旅游有着十分巨大的市场潜力。

1.2 森林公园的功能

森林公园内覆盖率高，森林在涵养水分、净化空气、降低噪音、散发芳香等方面有巨大的生态作用，公园内水质清洁，空气清新湿润，负离子含量高，含尘量、含菌量低，气候温和，为游客提供了一个消除疲劳、恢复身心的良好生态环境。

森林公园内景观类型多样，有繁多树种组成的林相、季相、垂直带谱、古树名木、奇花异草等绚丽多彩的森林景观；有奇峰怪石、溶洞温泉、溪泉瀑潭等雄壮秀美的地质地貌景观；有日出日落，霞

---

① 作者简介　赵铭，男，本科，林业工程师。电话：13993881608。

光异彩，云雾冰雪等变幻莫测的天象景观；有历史遗迹、民俗风情、民间传说、古代建筑等内涵丰富的人文景观。它们与森林内的珍禽异兽共同构成为森林公园的观赏佳境，供游人享用。

森林公园除可进行一般游憩活动，如爬山、划船、游泳、垂钓、野营、观赏等外，还具有较高的情趣和娱乐性，如滑雪、骑马、采集标本、摄影绘画、休息疗养、观赏野生动物、洞穴探险以及限制性狩猎等，这一特色使森林公园成为旅游者强身健体、陶冶情操的好去处。

应当注意的是，在森林公园内，游憩活动类型及娱乐服务设施建设不得以破坏自然景观和生态环境为代价，应控制不同区域的游客类型、数量和行为，这样不仅能有效地减少游憩对资源造成的负面影响，同时也能最大限度地满足游客的游憩愿望。

2　小陇山林业实验局森林公园的现状

甘肃省小陇山林业实验局管辖小陇山林区的全部和西秦岭、关山林区的一部分。地跨长江、黄河两大流域，是兼有我国南北方特点的典型天然次生林区，也是全国天然林保护工程重点实施区。总经营面积1243.05万亩，其中林地1118.76万亩，非林地124.29万亩。林地中有林地790.70万亩，灌木林地150.47万亩，疏林地42.42万亩，未成林造林地26.13万亩，苗圃地0.2万亩，宜林地108.84万亩，活立木总蓄积量3451万立方米，森林覆盖率63.6%，现有21个国有林场，11个局直单位，2处国家级森林公园(麦积国家森林公园、小陇山国家森林公园)，1处国家级自然保护区(小陇山国家级自然保护区)，2处省级自然保护区(麦槽沟自然保护区、黑河自然保护区)，7处省级森林公园(三皇谷、卧牛山、太阳山、云屏三峡、榜沙河、洮坪、李子园森林公园)。

甘肃省小陇山林业实验局榜沙河省级森林公园，位于甘肃省定西市漳县东南部，秦岭山脉西端，渭河上游一级支流龙川河南岸，隶属甘肃省小陇山林业实验局黑虎林场，距漳县县城57千米。北临漳县新寺镇，南连岷县，东邻武山，西与漳县东泉乡相接；榜沙河省级森林公园道路交通便利，与天定高速公路相连通，公园南连岷县—武山公路，北接漳县—武山公路。地理坐标东经104°22′~104°45′，北纬34°40′36″~34°51′36″之间，总面积为13.18万亩。地势南高北低，海拔最高处3160米，最低处1720米，森林覆盖率50.3%。森林公园地处我国南北生物区系的交汇地带，在中国植物区系分区系统中属中国—日本植物亚区、华北植物地区、黄土高原植物亚地区，区系组成具有明显的温带性，区系成分以华北成分为主，尚含有华中、喜马拉雅与蒙新成分。复杂的地理环境及多种植物区系成分，形成了丰富的植物种类和良好的森林环境，是温带向亚热带过度的基因库，有木本植物53科113属290余种，动物资源也较为丰富，国家重点保护的有林麝、秦岭细鳞鲑、黑熊、红腹锦鸡等。

榜沙河森林公园的五大景区各有特色，以南谷飞瀑、滴水崖为主的南谷景区，瀑布高差50余米，瀑面岩石倾斜状，急流飞泻而下，势如雪涌；以绝岩松涛、碧溪萦回、千仞绝壁的地貌景观为主的十里逍遥景区、蜂斗山景区、和尚崖景区内奇峰、怪石层出不穷，溪流清澈，在巨石横卧的沟道中形成跌水；龙潭景区以深潭星布见长，潭中偶有野鱼出没，更增加了潭水的灵气。

榜沙河森林公园处于起步阶段，主要以自然景观为主，目前适宜游憩和观赏旅游，吃住游玩功能尚不健全，资金投入不足，开发利用较为缓慢。

3　风景游憩林的分类

"以满足游憩者视觉审美需求为目的"的风景林和"以满足游憩者林下休息需求为目的"的游憩林称为风景游憩林。榜沙河森林公园的植物种类多样，形成不同的群落类型和不同特征、功能的风景游憩林类型。参考前人对森林类型及风景游憩林的划分成果，从观赏、休憩等主要功能对榜沙河森林公园的风景游憩林进行划分。

3.1　依观赏功能划分

3.1.1　依观赏季节划分

森林群落因季节更替呈现不同色彩和物候相的景观，形成不同的季相特征。根据观赏季节不同，可将风景林划分为春景林、夏景林、秋景林、冬景林四种类型。

3.1.2　依观赏距离划分

不同观赏距离，再加上地形等构景因素和外部因子的影响，会产生不同的景观效果。由于地形破碎、地势陡峭、高差大，榜沙河森林公园的的可观赏距离相对较小。根据观赏距离分为远景林、中景林、近景林。

3.1.3　依观赏部位划分

植物一般都由花、果、枝、叶、茎、根等器官组成，表现出不同的形态、色彩、风韵等特征，形成了各具特色的景观效果。不同树种的树姿、叶形、花色、果实都具有较高的观赏价值，有些树种兼而有之，有些树种或叶、或花、或果或树姿有一种或几种形态可以观赏。根据观赏部位的不同，可以将风景林分为观姿林、观叶林、观花林、观果林等。

3.2　依游憩功能划分

游憩林是指具有适合开展游憩的自然条件和相应的人工设施，以满足人们娱乐、健身、休息和采摘等各种游憩需求为目的的森林。主要为了满足游憩者视觉、听觉、触觉等全方位的需求。这种森林的建设不仅要求林分质量，还应设置一定的游憩、休闲的设施。游憩林按功能可分为休憩林、休闲林、野营林等。

根据风景游憩林的不同类别，游憩者可以依据个人的喜好选择适宜个人游憩的路线，以达到愉悦心情、放松情绪的目的。

4　森林公园的发展策略

4.1　开发亲子游

亲子游是一般由父母和未成年子女共同参与，集认知、教育、体验、亲情、休闲等于一体的旅游方式。亲子游是现代社会提倡的一种积极的生活方式和家庭教育途径，带孩子去旅游，不仅让他们在旅途中学习了知识、感受了自然、提高了能力，而且还有助于培养父母与孩子间的感情，同时可以促进孩子和父母身心健康发展的积极作用。

亲子产品市场前景广阔，我们应认真体会亲子这一因素，在开展亲子游时既要考虑父母的角度，又要考虑孩子的想法，这两方面缺一不可。

4.1.1　亲子游与自然教育相结合，寓教于乐

自然教育包含三层含义：一是教育要遵循儿童自然发展规律；二是教育要创设自然化的环境；三是教育要寻求自然化的教学方法。这和亲子游的内涵存在相似之处，在很大程度上与亲子游相互补充发展。

大自然是活教材，大自然的一草一木皆是我们学习的最好内容，例如，在自然植被丰富的自然环境下，进行植被认知的亲子活动；在田园风光中，带孩子到田野里，认识麦苗、油菜、水稻；到山上认识各种果树；走进日光温室，了解蔬菜瓜果千姿百态的形态，动手亲自采摘果实。在父母的陪伴下，

孩子与大自然进行亲密接触，可以直接获得知识和经验，同时收获快乐，做到寓教于乐。

4.1.2 将亲子游与森林体验相结合

森林体验不同于一般林业活动，二者为游客提供保护环境的设施和环境教育，使参与者得以理解、鉴赏自然地域。走进森林，回归自然，提高生活质量，越来越受到欢迎和重视。森林体验是回归自然、感悟生命的重要形式。

森林里可以开展的亲子游活动有观光休闲、认知教育、运动探险等。

（1）观光休闲 进入森林的亲子观光活动，用心感受自然之美，父母给孩子讲述自然的奇特与奥妙，爬树、捡落叶、观花草。以亲子为单位，以自然为对象，进行与森林亲密接触，开展亲近森林、认知森林的生物培育等游戏，采集制作手工艺品所需的藤条、花果等，采集能够食用的山野菜、蘑菇等。将亲子之间的协作与自然活动的趣味性有机地结合起来。在活动中，促进亲子间的沟通和交流，使孩子的天性与思想更好地得以表达。

（2）认知教育 进入森林，捡拾果实，采集动植物标本，观察生物的生活习性，收集相关素材。利用收集的材料，参加亲子活动的家庭进行森林艺术品的制作。孩子在父母的帮助之下，一起制作作品，再进行展示和交流，进行绘画作品展示、摄影作品比拼。制作一些简单的设施，充分发挥孩子的思考和动手能力，使孩子对自然有一个更直接、更生动的感知，起到自然教育的作用。

（3）运动探险 利用自然环境与地形进行徒步与登山，在活动中，父母给孩子起到引导和带头作用，使孩子对父母的信赖感增强；在徒步登山中锻炼孩子的意志。开展露营等活动，比拼亲子搭帐篷，在露营活动中亲子共同完成做饭任务，并记录一天发生的事件。在此过程中可以增进孩子与父母的感情。同时在玩耍中孩子可以和同龄进行交流，与父母交流，达到增强孩子自信心和拓宽孩子视野的效果。

4.2 大力发展"互联网＋森林生态旅游产业"

"互联网＋森林生态旅游产业"的模式是一种新型的森林旅游管理运营模式，它是立足现有的森林旅游资源和基础设施，利用网络平台引导对接森林生态旅游产业的一种新型的森林旅游模式。利用新一代信息技术，建设线上线下相结合的森林旅游商务管理和服务模式，培育产业新业态，推动产业转型升级，不仅有利于发展建设森林生态旅游产业，也可以提升森林公园的建设、经营、管理和服务水平，使森林生态旅游产业实现网络化、智能化、多样化、精细化的现代化旅游新生态新模式。

"互联网＋森林生态旅游产业"是打造建设林业生态旅游和产品的电子商务平台的基础，也是大力推广宣传森林生态旅游的平台。

"互联网＋森林生态旅游产业"是名优林产品网上展示展销的平台，把具有地方特色的森林旅游产品在购物旅游消费平台上建立销售专柜，实现林产品交易电子商务化，使生产、管理单位与合作伙、客户之间共享信息并相互服务。

"互联网＋森林生态旅游产业"的新型发展模式不是简单的"＋互联网"，而是互联网在游前、游中、游后都发挥优势，同时通过线上的信息展示、营销、互动、决策、预定、支付等反作用于线下旅游体验服务的加强，形成线上线下服务体验的闭合过程。对用户来说，旅游不仅是在线订票、订酒店了，同时出发前通过丰富的资料和可信的评价对景点周围的实时交通情况、排队购票状况、景区内的游客密集程度等信息了如指掌。

4.3 加大森林氧吧的宣传

森林氧吧以森林、清泉、山石、溪涧、瀑布为基点，以高含量的对人体健康极为有益的森林空气负氧离子和植物精气等生态因子为特色，辅以各类简约、朴素且与环境格调相一致的游憩设施。森林氧吧的开发建设以"原汁原味，返璞归真"为理念，将健身运动、休闲旅游与自然山水有机融合，强调人与自然和谐共处，同时注重对生态环境、旅游资源的保护。森林氧吧是融合自然生态与保健养生于一体的新型生态游憩园区。

加大对"森林氧吧"宣传力度大，使广大游客了解森林氧吧的功效，自愿进入森林公园去游玩，体验森林氧吧内清新的绿色及青山绿水带来的愉悦身心。

5 结 语

榜沙河森林公园正处于初级建设阶段，要以习近平生态文明思想的理论为指导，认真践行"绿水青山就是金山银山"的理念，以促进生态系统稳定发展为出发点，摒弃一切追求短期森林生态旅游的经济效益，综合考虑森林的生态效益、社会效益和经济效益，合理定位森林公园的功能，以生态效益为重，坚持保护与发展并重的原则，在开发利用的过程中要保护和促进森林生态系统稳定发展，对自然景观资源合理利用，保护生物多样性。科学分析自然环境的承载能力，合理确定进入森林公园游憩的游客数量，防止因游客增加造成对自然环境的压力加剧，从而破坏森林生态系统的稳定性。同时应当充分发挥互联网的作用，把亲子游与森林公园旅游有机地结合起来，让更多的人知道森林氧吧的好处，使更多游客自愿进入森林公园游憩。还可以利用森林公园内生物多样性进行科学研究和科教活动。同时加大宣传教育力度，引导游客文明旅游，共同保护自然资源环境。

参考文献

陈希平，陈鑫平，叶文，等.日本森林体验的发展及启示[J].世界林业研究，2015，28(2)：43-47.

陈鑫峰，王雁.森林玫剖析——主轮森林植物的形式美[J].林业科学，2001，37(2)：122-130.

陈鑫峰.京西山区森林景观贫家和风景游憩林硬件研究——兼论太行山区的森林游憩业建设[D].北京：北京林业大学，2000.

董建文.福建中、南亚热带风景游憩林构建基础研究[D].北京：北京林业大学，2006.

何丽芳.试论森林公园的生态文化教育价值[J].湖南林业科技，2011，38(02)：78-80.

廖艳梅.福建省秋季风景林营建基础研究[D].福州：福建农林大学，2007.

皮军功.自然教育：农村幼儿教育的基本理念[J].学前教育研究，2012(11)：17-25

森林氧吧[EB/OL].百度百科，最后访问时间，2019-08-06.

吴楚材.张家界国家森林公园研究[M].北京.中国林业出版社，1991.